美国农业部风险评估案例分析

产气荚膜梭菌

陈伟生　姜艳彬　王　海　主　编
于　雷　单吉浩　刘勇军　蔡英华　副主编

科学出版社
北京

内 容 简 介

产气荚膜梭菌是临床上气性坏疽病原菌中最多见的一种梭菌，能分解肌肉和结缔组织中的糖，产生大量气体，导致组织严重气肿，继而影响血液供应，造成组织大面积坏死。广泛分布于人畜粪便、土壤、污水等外环境中，其产生的肠毒素是引起食物中毒的主要因素，被产气荚膜梭菌污染的食物即使在烹调加热后，其芽孢仍可在较高温度、长时间贮存的过程中生长、繁殖，随食物进入肠道并产生肠毒素而引起中毒。

本书编译了美国农业部针对即食和半熟肉类和禽类制品中的产气荚膜梭菌风险因子分析，可作为食品及农产品检测实验室和风险评估单位的参考用书。

图书在版编目(CIP)数据

美国农业部风险评估案例分析：产气荚膜梭菌/陈伟生，姜艳彬，王海主编. ——北京：科学出版社，2014.9

ISBN 978-7-03-041805-0

Ⅰ.①美…　Ⅱ.①陈…②姜…③王…　Ⅲ.①产气荚膜梭菌-食品污染-风险评价　Ⅳ.①X56

中国版本图书馆 CIP 数据核字（2014）第 205067 号

责任编辑：夏　梁　罗　静/责任校对：林青梅
责任印制：徐晓晨/封面设计：北京铭轩堂广告设计有限公司

科 学 出 版 社 出版
北京东黄城根北街16号
邮政编码：100717
http://www.sciencep.com

北京京华虎彩印刷有限公司 印刷
科学出版社发行　各地新华书店经销

*

2014 年 9 月第 一 版　　开本：787×1092　1/16
2014 年 9 月第一次印刷　　印张：16 3/8
字数：372 000

定价：118.00 元

编委会名单

主　编　陈伟生　姜艳彬　王　海

副主编　于　雷　单吉浩　刘勇军　蔡英华

编　者　（按姓氏汉语拼音排序）

侯东军　雷春娟　李艳华

李　颖　刘洪斌　牛宝龙

田亚平　王　莹　杨红菊

张　鹭

前　言

近年来，动物性食品安全事件不断发生，引起社会高度关注。在不断努力加强监管的同时，人们普遍认识到需要一个有效的工具，对食品中的风险因素进行评估，管理和交流。从 20 世纪 70 年代起，风险分析理论被逐步引入农产品质量安全的管理中，但在实际工作中，由于大多数人仅仅对风险评估的基本原理有所了解，如何结合实际开展评估工作还缺乏经验。

美国农业部食品安全检验局（food safety and inspection service，简称 FSIS）是依照美国联邦肉类检验法、禽产品检验法和蛋产品检验法对国内及进出口的肉类、禽和蛋产品实施检验，保证食品的安全卫生和适当标记、标签及包装的政府机构。在动物性食品风险评估方面起步较早，开展了大量卓有成效的工作，形成了一系列研究成果。如食用鲜蛋中的肠炎沙门氏菌以及蛋制品中的沙门氏杆菌风险评估；致死率标准对即食肉类和禽类制品所引发的沙门氏菌病的影响的风险评估；关于熟食肉类中的单核细胞增生李斯特氏菌的风险评估等。为让更多的人了解和掌握风险评估技术，我们经美国农业部食品安全检验局同意，将美国农业部食品安全检验局有关动物性食品安全风险评估的经典案例进行了编译整理，可为从事该工作的人员提供参考和借鉴。由于篇幅有限，本书只收录了产气荚膜梭菌污染风险部分报告，其余报告将陆续出版。相信本书的出版将对我国动物源性食品的风险评估工作起到积极作用。尽管在编写过程中我们尽量仔细，并力求忠实于原文，但由于编者水平有限，加之时间仓促，疏漏与不当之处在所难免，恳望读者不吝赐教。

编　者

2014 年 4 月

目　　录

概　要

美国农业部（USDA）食品安全检验局（FSIS）对即食或半熟畜禽肉制品中的产气荚膜梭菌进行了一次定量风险评估。风险评估目的如下：①评估即食和半熟畜禽肉制品加热后，产气荚膜梭菌污染情况对公众卫生的影响；②检查为控制即食和半熟畜禽肉制品中产生的产气荚膜梭菌而采取的措施，是否也能够防止肉毒梭菌的生长。

公共卫生法规条例

产气荚膜梭菌在厌氧环境下，可以在肉制品和禽制品中良好生长，在相对高温下的生长。由于产气荚膜梭菌在环境中无所不在，以营养细胞形式或芽胞形式呈现，使肉制品受污染的可能性很高。营养细胞可以在生产即食产品加热过程中被消灭，却可能在生产半熟食品的过程中存活下来；而芽胞不会在加热和其他过程中被消灭掉，相反，热量能够促进芽胞生长并使其发展成营养细胞。

受到一定量的产气荚膜梭菌营养细胞高度污染的消费食品可能导致腹泻，发病通常较轻，病症一般持续 1～2 天，症状包括腹泻、呕吐及一定程度的腹痛。目前还未发现由摄食产气荚膜梭菌芽胞导致的食物中毒。

美国食品安全检验局负责确保美国肉类、禽类及蛋制品的安全和卫生，曾采取措施发表关于该局管理的产品中的产气荚膜梭菌的报告。1999 年 1 月 6 日，食品安全检验局在联邦公报上发表了一项最终条例，为熟牛肉、烤牛肉和熟腌牛肉制品，全熟和半熟肉饼，以及一定程度的全熟和半熟禽制品中的产气荚膜梭菌设立了污染标准，试图降低由产气荚膜梭菌给公共卫生带来的风险。这些产品的生产要求包括，在即食食物制作过程中，产品中的产气荚膜梭菌的含量限制在 $1\text{-}\log_{10}$ 以内。2001 年 2 月 27 日，食品安全检验局发表了肉类和禽类加工制品产品标准，将现有的产品标准延伸到所有即食产品和所有半熟肉类和禽类产品中。

一些评论要求对当前产品标准做出进一步的评估，阐述该性能标准将产品类的产气荚膜梭菌的限量值减少为 $1\text{-}\log_{10}$ 的理由。为了更好地解释该原因，美国农业部食品安全检验局要求公众投入作为即食肉类和禽类产品的部分提议条例并发起一次风险评估。

风险评估问题

风险评估的目的在于提出以下问题。

（1）若在稳定期间，产气荚膜梭菌由 $1\text{-}\log_{10}$ 增至 $2\text{-}\log_{10}$ 或 $3\text{-}\log_{10}$，对人类疾病发生的概率会有什么影响？

（2）各个稳定标准中的产气荚膜梭菌的相对增长将会怎样？

当前风险评估的结构和范围

产气荚膜梭菌风险评估为概率风险评估。风险评估包括一个依照数据处理的模型，该模型在消费点追踪来自加工厂的生肉和禽肉产品上的产气荚膜梭菌芽胞和营养细胞。风险评估使用了一个计算机程序，以便对包含肉类的食品实行蒙特卡罗模拟，该肉类食品选自人食物摄入的持续调查（CSFII）（USDA，2000）。所选择的食物用于限制食品分析，而此类食品可能包含即食或半熟食品或被认为能够支持产气荚膜梭菌的生长（货架稳定食品和高度含盐和亚硝酸盐的食品除外）。

基于各此类食品，获得了产气荚膜梭菌芽胞和营养细胞污染的原数额，计算出了制作后的合成数（包括一个或多个稳定步骤），并根据制作和零售销售之间的储存、零售销售和准备之间的储存，以及准备期间的芽胞发芽和营养细胞生长与死亡追踪了污染数。最终计算出各食品消耗的营养细胞、由这些营养细胞导致疾病的可能性并确定该特殊食品是否真的导致疾病。蒙特卡罗模拟方法也提供了有关风险评估与估计的必然性的信息。

风险评估输出

风险评估主要结果总结如下。

（1）在美国，大约每年79000疾病由即食和半熟肉类与禽类制品产生（以$1\text{-}\log_{10}$的速度增长）。

（2）稳定期间，由$1\text{-}\log_{10}$增长至$2\text{-}\log_{10}$和$3\text{-}\log_{10}$的变化导致每年腹泻病症分别平均增加$1.23\sim1.59$倍。

（3）由于在零售店和在家不恰当地冷藏即食和半熟肉类与禽类制品而导致预测产气荚膜梭菌食源性疾病所占的比例大约为90%。而由不恰当地对即食和半熟肉类和禽类制品进行保温而导致的预期疾病所占的比例大约为8%，且在稳定期内以$1\text{-}\log_{10}$的随度增长，但是风险评估可能低估了此部分的比例。

（4）加工厂的稳定占了预期疾病的0.05%和0.4%，且分别以$1\text{-}\log_{10}$和$2\text{-}\log_{10}$的允许增长速度增长。因此，相对少部分的预测疾病与加工厂的稳定相关联。

（5）据观察，产肉毒杆菌的生长速度在实验室实验中的低温环境下更快，且其可能在产气荚膜梭菌的最低温度以下的温度生长。为阻碍或防止产气荚膜梭菌的生长而采取的任何措施都并非一定对产肉毒杆菌有着相同的效果。

不确定性和灵敏度分析

除了每年获得一个疾病的单个估计之外，蒙特卡罗模拟还考虑了用作模型输入的数据和假设的不确定性，即对于每年疾病数结果的确定程度。由于不确定性估计并不包含未知的不确定性，不确定性估计低估了真正的不确定性。

对于风险评估中的特殊参数或假设的灵敏度由连续的情境检测，在该情境中，除了一个之外的所有输入都被设定在基线值。剩余的输入被大量的数额改变，使其与其可能上限或下限具有可比性。通过这样的手段，可评估各参数对年度疾病的最终估计的贡献，并可确定风险的驱动因素。

研究需要

基于灵敏度分析，进一步研究的领域包括以下内容。

(1) 根据 CSFII 对即食和半熟食品的分类。

(2) 热处理产品中产肉毒杆菌的生长特点。

(3) 保温的即食和半熟食物部分。

(4) 香料和香草中 A 类型、CPE 阳性产气荚膜梭菌芽胞的扩散和浓度。

(5) 各种肉类和禽类制品中的产气荚膜梭菌的最大浓度。

(6) 消费者的加热和保温时间行为。

(7) 即食和半熟食品的附加零售，以及消费者的储存时间和温度。

(8) 生肉和禽肉制品中 A 类型、CPE 阳性产气荚膜梭菌芽胞的扩散和浓度。

总结

即食和半熟肉类和禽类制品中产气荚膜梭菌的风险评估建立在所有可靠证据的科学评估的基础之上。风险评估通过公众评论接收到了利益相关者的输入，并执行了与美国政府管理预算局（OMB）的指导方针一致的同业互查。模型是一个评估干预和风险管理选择的工具而并不用于预测疾病的绝对数。

大多数与即食和半熟肉类和禽类制品中的产气荚膜梭菌相关的人类健康风险都与消费者和零售时不恰当的冷藏相关，且在较小的程度上与消费者对这些制品进行保温有关。虽然风险评估表明，少数预测疾病与加工厂制冷行为的当前法规限制对应的稳定期间的生长相关，但是随着生长增加，预测疾病也会有所增长。

1　范围和条例

1.1　范围

此风险评估起始于 FY2003，以回应美国农业部食品安全检验局风险评估问题。这些问题被提供给风险评估部门以便收集信息回应食品安全检验局（FSIS）提议的条例的公众评论。该条例为：肉类和禽类加工制品生产性能标准（66FR12590，2001 年 2 月 27 日[①]）。几种评论对当前的性能标准表示了异议，该性能标准将产品中产气荚膜梭菌的增值限制为最大 $1\text{-}\log_{10}$（USDA，1999）。为了更好地理解这些顾虑，美国农业部食品安全检验局要求公众的意见应当作为即食肉类和禽类制品的提议条例（66FR12601，op. cit）。除了对数据的公众需求，美国农业部食品安全检验局还制订了此风险评估的计划和发展以便回复以下风险管理问题。

（1）若在稳定期间，产气荚膜梭菌的允许生长由 $1\text{-}\log_{10}$（即 10 倍）升至 $2\text{-}\log_{10}$（即 100 倍），则对人类疾病发生概率的影响是什么？

（2）若在稳定期间，产气荚膜梭菌的允许生长由 $1\text{-}\log_{10}$（即 10 倍）升至 $3\text{-}\log_{10}$（即 1000 倍），则对人类疾病发生概率的影响是什么？

（3）对各个稳定标准来讲，产肉毒杆菌的相对增长将会是什么？

此风险评估将对即食和半熟食品在细菌致死处理（即执行消灭生物体的处理之后）至消费期间的以上风险管理问题做出答复。此报告也将为研发的风险评估模型、经考虑并最终使用的数据、潜在的假设、风险评估输出和灵敏度分析提供信息。此报告包含以下章节。

1. 公共卫生和管理环境
   a. 公共卫生背景
   b. 政策环境
2. 危害鉴定
   c. 产气荚膜梭菌
   d. 产气荚膜梭菌源
   e. 由产气荚膜梭菌产生的流行病学
   f. 影响生存和生长的因素
   g. 发病机制
3. 暴露评估

---

① 可从 http：//www.fsis.usda.gov/OPPDE/RDAD/ProposedRules01.htm 获得（可于 2004 年 2 月 4 日开始访问该站点）。

4. 暴露模型的局限性

5. 危害特征

　　h. 数据评估

　　i. 剂量反应函数起源

6. 风险特征

　　j. 结果

　　k. 不确定性

　　l. 风险管理问题

　　m. 灵敏度分析

7. 研究需要

8. 参考文献

9. 附录 A 食品类别模型

10. 附录 B 食品类别列表

11. 附录 C 共同保温食品

12. 附录 D 食品含肉量

13. 附录 E 使用程序

1.2　公共卫生和管理环境

本章节提供了关于产气荚膜梭菌造成的健康风险的背景信息，并为美国农业部食品安全检验局管理的即食和半熟肉类和禽肉类制品中的病原体提供了管理环境。

1.2.1　公共卫生背景

产气荚膜梭菌是一种厌氧的、革兰氏阳性的、形成孢子的杆状细菌。当营养细胞在人类的消化道形成孢子时，产气荚膜梭菌产生一种毒素由此导致人类疾病（Craven，1980）。产气荚膜梭菌在环境中广泛地分散，并频繁地在人类和许多国内野生动物的肠道内出现。生物体的芽胞存留在遭受人类和动物排泄物污染的土壤、沉淀物和地区。

在所有的产气荚膜梭菌菌株中，大约仅 5% 产气荚膜梭菌能够生产有毒物质（McClane，2001）。人们估计产气荚膜梭菌中毒是美国最普遍的食源性疾病之一。Mead 等表明，美国每年大约有 250 000 例产气荚膜梭菌中毒（Mead et al.，1999）。产气荚膜梭菌中毒的发作主要与肉类和禽类制品相关，且 1992～1997 年上报至美国疾病控制与预防中心（CDC）的 57 例病例（CDC，2000）显示，该病的发作具有周期性，且其巅峰期为 3～5 月和 10～12 月。

产气荚膜梭菌中毒的特征是腹部剧烈绞痛和痢疾，这开始于吃了含有大量产气荚膜梭菌（通常情况下每克高于 10^8，也可能低到每克 10^6）的食物后的 8～22h。这种疾病通常是在 24h 之内就会结束，但是在某些个体中轻微的症状可能持续一周或两周（FDA，1992）。自 1992 年以来，只报道了几例死亡病例，是由脱水和其他并发症引起的。年轻人和老年人最容易得由产气荚膜梭菌引起的疾病（米德等，1999）。30 岁以下的人可能得病，但恢复很快，然而老年人同小孩不一样，他们可能经受疾病的时间更长，症状也更加严重，而且还有可能有并发症（如有憩息病引起的感染恶化）。

在大多数情况下，温度不当已经同认为导致疾病的食物有着密切的联系，不管这些食物是在学校、餐馆还是家里准备的（CDC，2000）。如果含有这些细胞的食物是：①在足够热的温度上持续加热；②冷却不当；③储存不当，那么在加热期间，芽胞就会产生，由此产生的细胞就会达到很多（每克 10^6 或更多）。大多数的中毒不是出现在美国农业部食品安全检验局规定的企业生产的即食食物中，而是源于由生肉和禽肉制成的制品，以及如辣椒、炸玉米饼和卷饼这样的制品中，这些制品源于消费者提前准备的生产品，或者餐馆、学校和能够支持生长的温度下的持续时间长度。在 74 例暴发的疾病中，有 69 例的影响因素是"不当的持续温度"，因为至少报道了一个影响因素（1988～1997年共确认了 109 例疾病暴发），1973～1987 年，在 97％的暴发的疾病中，这一因素被确定为有影响或没有影响（报道了 147 例其他因素引起的疾病）。

烹调不充分是第二个最常见的已确认的影响因素，在 1973～1987 年的 74 例疾病暴发中只报道了 23 例，1973～1987 年 65％暴发的疾病中，这一因素被确定为有影响或没有影响（Bean and Griffin，1999；CDC，1996，2000）。

1.2.2　政策环境

为了保护公众的健康，1999 年 1 月 6 日，美国农业部食品安全检验局在联邦公报上发表了最终条例（美国农业部食品安全检验局记事表 95-033F 号；64FR732），确定了一些即食食物和半熟食物中产气荚膜梭菌的性能标准。这些产品的生产要求包括了将产品中的产气荚膜梭菌的数量限制在最多为 1-$\log_{10}$ 的性能标准（USDA，1999）。

2001 年 2 月 27 日，美国农业部食品安全检验局在联邦公报上发表了题为《加工肉类和禽类制品生产量的性能标准》管理规则。有关产气荚膜梭菌的该规则的目的是扩大所有即食和半加热肉类和禽类的现行性能标准。

根据管理规则收到的评论，这引起了对现行性能标准的有效性的提问，美国农业部食品安全检验局计划进行一次风险评估并评估不同潜在性能标准的有效性，以减少由即食和半熟肉类与禽类制品导致的疾病的风险。

该报道陈述了上面列出的风险管理问题，在 2003 年 1 月 13 日由美国白宫科技政策办公室、美国农业部食品安全检验局项目与就业发展（OPPED）呈递给 USDA 风险管理部门。

2 产气荚膜梭菌的危害识别

2.1 影响和发病率

感染产气荚膜梭菌后可能会引起两种不同的人类肠道疾病：①A 型产气荚膜梭菌食物中毒；②坏死性肠炎，又称火灾肠子或猪痢（McClane，2001）。坏死性肠炎在工业社会很少见，因而不是本风险评估的重点。

产气荚膜梭菌食物中毒常常要么未被确认出，要么未得到报告。因此，该疾病的真实流行率可能大大为人们所低估（McClane，2001）。尽管如此，当前估计显示，在美国产气荚膜梭菌每年引发约 25 万人发病，41 人住院治疗和 7 人死亡。据报道，所有病例均由摄入受污染食品而引起，而产气荚膜梭菌本身就是排名第四的最常见食物源疾病的病菌（排于空肠弯曲杆菌、非伤寒性沙门氏杆菌和志贺氏杆菌之后）（Mead 等，1999）。

2.2 暴发流行病学

在产气荚膜梭菌食物源疾病暴发中所牵涉的最常见载体一直是牛肉和禽类。此外，诸如炖肉、肉汁等食品和墨西哥食品也一直是公认的重要疾病载体（CDC，2000）。在1990～1999 年共报告了 153 例带确认致病源和载体的疾病暴发（见 2.4），但时至今日，仅证实了其中一例是因一种即食（RTE）食品（即火鸡面包）引发的（CDC，2000；个人沟通：R. F. Woron，纽约州卫生部，2002 年 8 月）。产气荚膜梭菌细胞的水平似乎是引发疾病所必需的，数量非常庞大（如每克食品中约有 1000 万个细胞）；如此高的水平几乎总是与食品的温度失控密切相关（McClane，1992）。

传统意义上，产气荚膜梭菌食物源疾病暴发的识别依赖于呈现症状、确定潜伏期和牵连温度失控食品。然而，这种做法并不准确科学，尤其是考虑到这些标准与其他种类的食物源疾病的症状相似时，如那些由芽胞杆菌引发的疾病（McClane，2001）。

证明产气荚膜梭菌食物源疾病的细菌标准包括：①两名或以上受感染个人的每克粪便中出现 10 万个产气荚膜梭菌孢子；②有关食品中每克出现 10 万个产气荚膜梭菌细胞（CDC，2000）。为证实产气荚膜梭菌食物源疾病，建议进一步检测多个患者排泄物中的产气荚膜梭菌肠毒素（CPE）（CDC，2000；FDA，1992）。

2.3 疾病暴发中产气荚膜梭菌的克隆特性

一直以来，对从疾病暴发所涉及的食品和暴发中的患者中采集的产气荚膜梭菌的隔离群之间的克隆关系的调查比较有限。Ridell 等（1998）在 DNA 限制后利用脉冲场凝胶电泳（PFGE）来确定源自 14 例疾病暴发中 39 株产气荚膜梭菌菌株的克隆性，其中至少有两个隔离群。对于排泄物中隔离了产毒性产气荚膜梭菌的暴发。

·在从每个排泄物样本中取出一个以上隔离群 3 例暴发中，各 PFGE 模型相同，从而显示单克隆性。

·在从每个排泄物样本中取出一个隔离群两例暴发中，各 PFGE 模型相似（一或两个带不同），从而再次显示单克隆性。

·尽管如此，在从每个排泄物样本中取出一个以上隔离群两例暴发中，各 PFGE 模型却不相同，从而证明在一次疾病暴发中涉及一个以上的菌株。

对于在食品中确认出产气荚膜梭菌的暴发而言，只有一例暴发带有来自同一食品中的两个样本。虽然各 PFGE 模型并不相同，但却非常相似。

1999 年，Miwa 等在日本研究了一个单个暴发并在有关食品和患者排泄物中确认出两种产气荚膜梭菌阳性[①]血清型。在不同频率下均在食品和排泄物中发现了这两种血清型。

Lukinmaa 等（2002）在限制 DNA 后利用 PFGE 对比了来自各暴发的产气荚膜梭菌隔离群的基因型。在 6 例暴发中，Lukinmaa 等从患者身上取出的多个隔离群并发现这些隔离群呈 cpe-阳性，结果发现，5 例暴发的隔离群带有相同的内隔离群 PFGE 模型。在一例不同 PEGE 模型的两 cpe-阳性菌株的暴发中，有一株菌株实际上是无法产生毒素的，说明该菌株可能不涉及疾病暴发（但是还未在活的动物体内进行试验）。在两例来自食物的暴发中，取出多个 cpe-阳性隔离群，证明出相同的 PFGE 模型。

如上所述，这些论文暗示大体观察出单克隆性。如果确认出一株 cpe-阳性菌株，则最大确认数量为 2。但是，

·由于隔离群的样本尺寸较小，可能会疏漏其他菌株。

·隔离菌株所用的技术可能会产生偏倚。

·审查的大多数信息均来自排泄物而非食品，因而宿主内的选择可能成为一个问题。

2.4　产气荚膜梭菌食物源疾病的暴发

数据来自：①CDC，基于 30 个州的报告（CDC，2002）；②来自公共利益科学中心的暴发报告（De Waal et al.，2001）；③与各州卫生部的个人沟通。1990～1999 年，在美国 153 例产气荚膜梭菌暴发共引发 9209 例疾病。下列是对由此所获得数据的概述。

图 2.1 指示了 1990～1999 年报告的产气荚膜梭菌暴发数量。

4 月和 11 月为报告产气荚膜梭菌暴发的高峰月（图 2.2）。

虽然报告暴发的最大数量出现在纽约州，随后是威斯康星州和伊利诺伊州（图 2.3），但产气荚膜梭菌食物源疾病的个体病例的最大数量出现在威斯康星州，随后才是伊利诺伊州和纽约州（图 2.4）。注意，这些差异可能是因州到州的流行病调查方案的不同而引起的。

---

① CPE 指代全成形产气荚膜梭菌肠毒素蛋白质，*cpe* 指代基因编码 CPE。

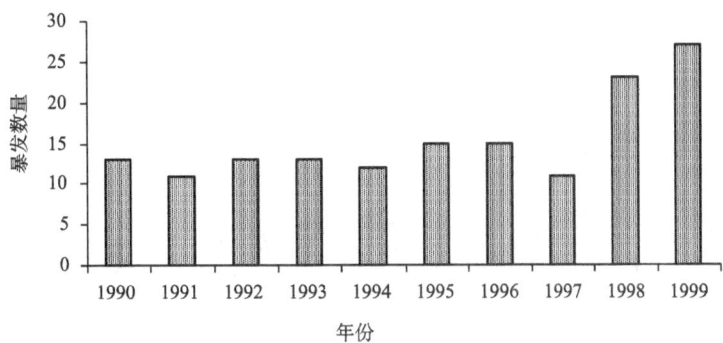

图 2.1 气荚膜梭菌暴发的时间分布（年）（1990~1999 年）

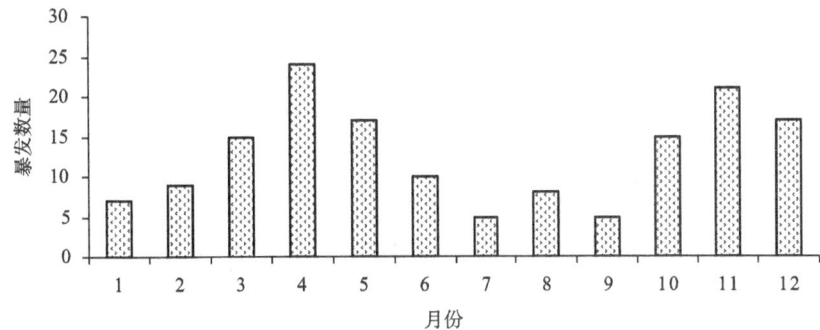

图 2.2 气荚膜梭菌暴发的时间分布（月）（1990~1999 年）

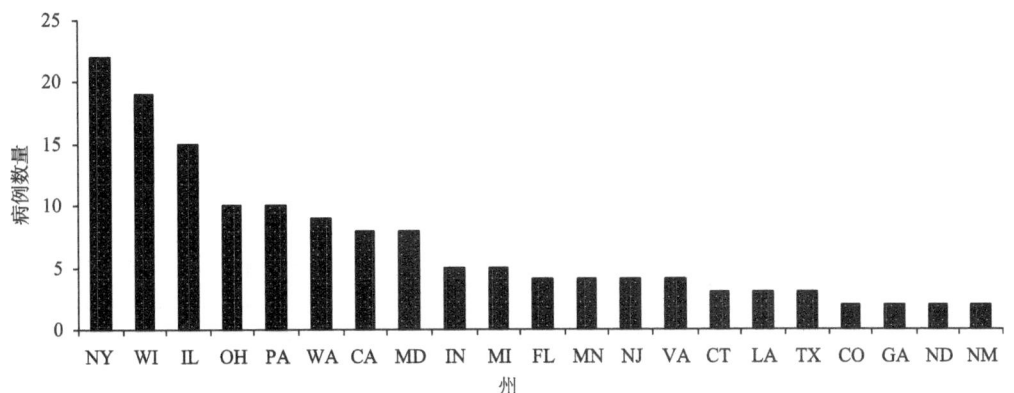

图 2.3 产气荚膜梭菌暴发的地理分布（州）（1990~1999 年）

44 例产气荚膜梭菌暴发（28.8%）都与食用含牛肉食品相关，而 37 例（24.2%）与禽类有关（图 2.5）。

如图 2.6 所示，各公共机构（学校、医院、养老院、宴会厅、教堂和作业场地）为绝大多数（46.5%）产气荚膜梭菌暴发的来源，随后是餐馆/自助餐馆（33.1%）。

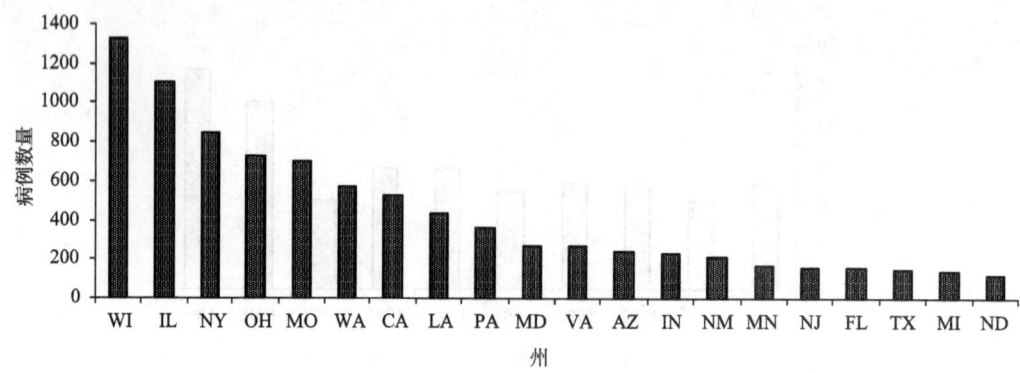

图 2.4　产气荚膜梭菌病例的地理分布（州）（1990～1999 年）

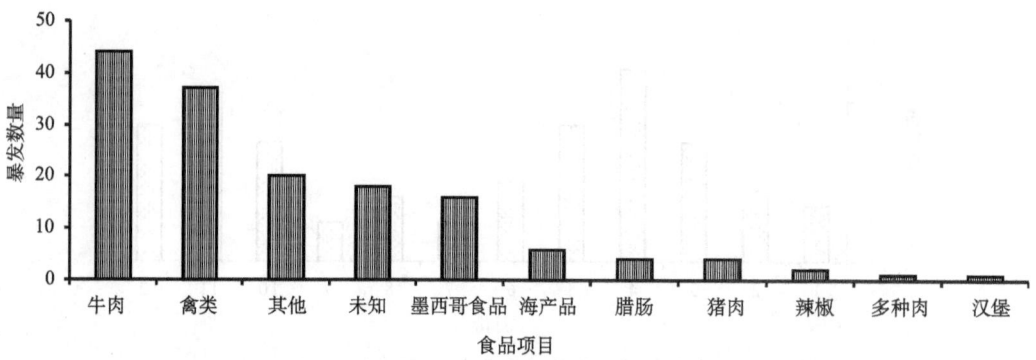

图 2.5　产气荚膜梭菌暴发的食品项目的分布（1990～1999 年）

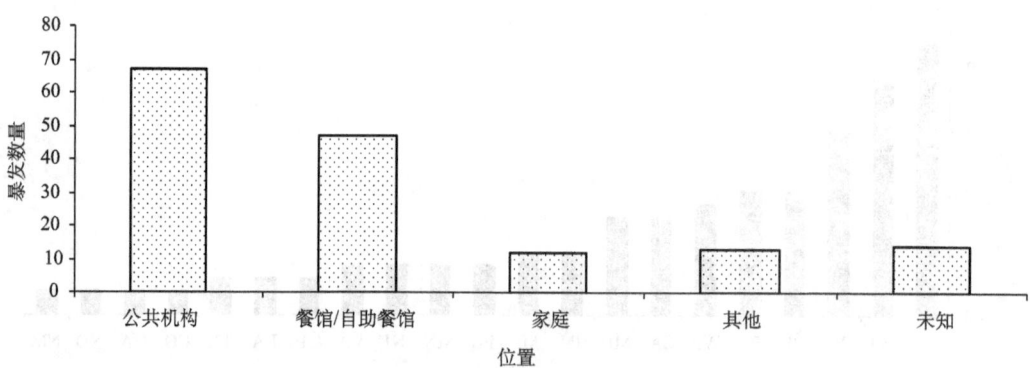

图 2.6　产气荚膜梭菌暴发的位置（1990～1999 年）

在总的产气荚膜梭菌暴发中，USDA 管制食品负有 76％的责任，而 24％食物源尚未知（图 2.7）。

由于疾病症状反应相对轻微，公共健康当局可能并未意识到涉及较少人员的疾病暴发，因而使观察到的任何给定暴发中的病例数量朝更高数量偏斜。同时，公共机构常常事先会准备大量的膳食，随后会保留并重新对其加热。结果，温度滥用更可能出现在这

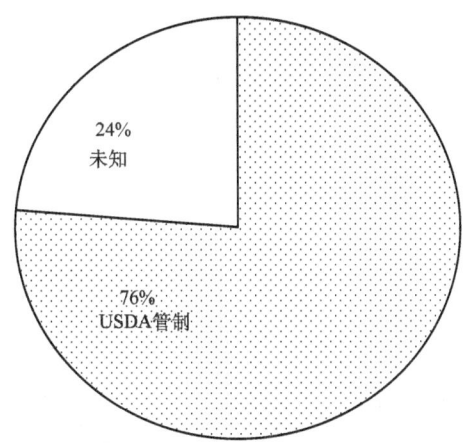

图 2.7 与产气荚膜梭菌暴发相关的 USDA 管制食品所占比例（1990～1999 年）

些情况下，从而大型产气荚膜梭菌的暴发通常与公共机构环境相关这一情况变得理所当然了（McClane，2001）。

2.5 临床表现

A 型产气荚膜梭菌食物中毒的受害者通常会遭遇严重的腹部痉挛和腹泻；也可能出现头痛、呕吐和发烧，但这些症状很少见。一般在摄入受污染食物后 8～16h 内，各种症状会随地发生，进行自我限制并在随后的 24h 内的某个时间溶解（McClane，2001）。在更严重的病例中，可能显示需要做包括补水在内的深层支持性治疗。症状持续时间相对较短，归因于两大因素：①疾病相关腹泻很可能会将大部分产气荚膜梭菌细胞从感染人员的小肠内冲出；②产气荚膜梭菌肠毒素（CPE）倾向于黏结到绒毛顶端细胞中的受体上，因为这些细胞为最老旧的肠细胞，在健康个体中会经历迅速的代谢回转（Sherman et al.，1994）。

A 型产气荚膜梭菌食物中毒的发病机制步骤如下。

（1）食品中的营养细胞积极繁殖到较高水平［例如，1000 万菌落形成单位（CFU）每克食品］。

（2）营养细胞在食物摄取过程中被消化并在小肠内分裂成孢子。

（3）孢子繁殖细胞合成 CPE，经母细胞的溶菌作用，被释放到肠道内（图 2.8 中显示了细菌孢子形成事件）。

（4）CPE 黏结到小肠腔内的特定毒素受体上，随即促使受体形态受损，并最终导致腹部痉挛和腹泻（McClane，1992）。

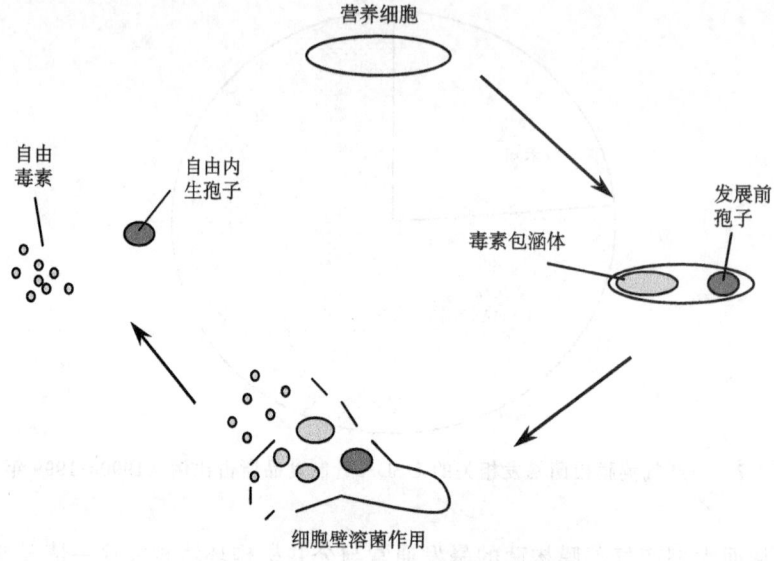

图 2.8　细菌孢子形成过程的简化示图

改编自 Boyd 和 Hoerl（1991）

3 暴露评估

3.1 方法概述

该暴露评估旨在针对消费者摄入的存在于 RTE 和半熟食品中的产气荚膜梭菌的 A 类产气荚膜梭菌肠毒素（CPE）阳性营养细胞的数量、摄入该类细胞的频率，以及生产 RTE 和半熟食品过程中因有关产气荚膜梭菌的容许增长的法规方面的变化而可能引起的这些数量上的变化进行评估。暴露评估连同危害鉴定一起被用于因摄入此类营养细胞而导致腹泻疾病的数量的估算。

暴露评估开始于个人摄入的 RTE 和半熟食品的分量。在美国，摄入的 RTE 和半熟食品在第 3.4 节和附录 A 中规定的 CSFII（1994～1996 年和 1998 年）（USDA，2000）中进行了鉴定。基于 CSFII，也用那些食物的个人分量来表示在美国摄入的 RTE 和半熟食品的分量。

为对摄入的 RTE 和半熟食品分量中的产气荚膜梭菌进行估算，产气荚膜梭菌芽胞和营养细胞的产生和浓度①可追溯至从制造工厂到达消费者的过程。产气荚膜梭菌芽胞和营养细胞存在于进入食品制造工厂的生肉②制品，以及某些食物中使用的切片；这些被认为是 RTE 和半熟食品中产气荚膜梭菌的主要来源。在食品制造工厂内，对 RTE 食物的烹调会杀死营养细胞，但也会激发芽胞的发芽；然而部分烹调也会允许原始营养细胞组分的生存。在烹调后对食物进行冷却时，发芽的芽胞和存活的营养细胞会生长，直到食物足够冷却到防止此类生长。当前法规的目标和法规方面的可能变化主要是针对烹调后该冷却步骤。

随后的加工、储存和运输步骤将在某种程度上改变食物中任何营养细胞的浓度，这主要取决于较温暖环境下的细胞生长和较低温度下的细胞死亡，以及某些剩余芽胞的缓慢萌芽。随后消费者在摄取前对食物的制备也可能影响产气荚膜梭菌细胞的浓度，同样，这主要也是通过食物中产气荚膜梭菌细胞所经受的温度变化。

为对消费者接触到的产气荚膜梭菌营养细胞的频率和数量进行估算，必须考虑摄入的 RTE 和半熟食品的类型、食用分量、食用频率，以及各食用分量中产气荚膜梭菌细胞的数量。任一食用分量中含有的 RTE 或半熟食品可能各有不同，并且此类任一食用分量在最终被摄取前可能会做不同的处理，所以必须对各分量之间的变化做出解释。另外，不确定计算中涉及的许多因素，需要跟进结果的不确定程度的动向。

---

① 术语"浓度"的使用贯穿本章节，表示每毫升（ml）或每克（g）集落形成单位（CFU）。

② 在整个文件中，除非具体案例中在上下文中明确，"肉类"通常表示猪肉或禽肉。例如，涉及具体肉类相关的实验。

为跟进食用分量之间的变化和不确定性，该评估采用名为蒙特卡罗分析的概率技术。为了对食用分量之间的变化进行评估，从制造工厂到消费者，对大量个人食用分量进行了追踪，并记录了估计摄入的各分量中含有的产气荚膜梭菌细胞个数。在采用各分量之间存在差异的某个数量进行计算的各个位置，针对该数量采用的数值随机选取自该数量的可变性分布。例如，生肉中产气荚膜梭菌芽胞的浓度会随时间和地点的不同而不同，因此生肉中进入任何给定食用分量的此类芽胞的浓度也会有所不同。对于在计算过程中跟进的各食用分量，在预先计算好的此类浓度分布（可变性分布）的表示中随机选择了生肉中产气荚膜梭菌芽胞的浓度。再举一个例子，各食用分量中RTE或半熟食品在尺寸和成分方面有所区别，因而从CSFII中记录的若干份RTE和半熟食品中随机选取了在计算过程中跟进的任一此类食用分量，并将其视为美国人所摄入食物的典型TE和半熟食品（经验可变性分布）。

按规定方式记录各食用分量中摄取的产气荚膜梭菌细胞的个数可对描述各分量摄入的此类细胞数量的可变性制作概率分布，同时，采用危害鉴定（剂量反应关系），并针对通过摄入产气荚膜梭菌细胞引发腹泻疾病的各跟进分量进行概率计算。在所有跟进的食用分量中增加这些概率会引起对美国每年因RTE和半熟食品中腹泻疾病总数的估算[①]，以及该数字随制造过程中产气荚膜梭菌的容许增长而发生变化，以及该评估的主要预期终点。

另外，许多计算涉及有关存在的显著不确定性的数量。继续给定的样板，我们只知道在实质不确定性范围内生肉中产气荚膜梭菌的浓度的可变性分布。由于其所依据的观测的数量有限，预先计算好的浓度的可变性分布的表示本身是不确定的；这同样适用于更大或更小程度上使用的其他许多重要数量。在本风险评估中，预先计算好的此类不确定数量的可变性分布的表示被选择作为通过参数值的有限集合进行描述的数学分布函数；同时，数量上的不确定性通过将不确定性分布指定给那些可变性分布参数得以表示。

为了对不确定性效应进行评估，用于评估可变性的规定的整个程序被重复了很多次，每一次都从可变性分布参数的不确定性分布中选择不同的估计值。对于每一组（可变性）参数值，我们获得了摄入的产气荚膜梭菌细胞数量和美国每年腹泻疾病数量的可变性分布。从许多此类分布中可以看到，我们针对可变性分布（更精确地说，针对可变性分布的变量）和美国每年的疾病数量建立了不确定性分布。

并不是所有可变性分布都被指定为不确定性分布并通过这种方式进行处理。例如，对于食物分量，假定大量观测结果足以将不确定性降低至无关紧要的水平；甚至在这种情况下选择预先计算好的可变性分布本身作为观测到的经验分布，并将相同经验分布用于所有不确定性计算。

最后，对于某些在风险评估中重要或可能重要的参数，我们不具备足够信息来确定

---

① 该评估只针对RTE和半熟食品检查了原材料中存在的产气荚膜梭菌的影响。有可能存在某些食物的外部污染，但是在这里不予考虑。可假定此类污染不受食物最初烹调后冷却和稳定过程中允许的增长数量的影响，从而不在风险评估中做重点阐述。

带有任何可信度的可变性和/或不确定性分布，例如，如果不存在有价值的数量的实验测量，或者如果可用测量不具有典型性。在这种情况下，我们尝试着规定极少数可用测量或猜测基础上数量的可变性或不确定性程度（通过选择概率分布）。在这些猜测基础上做出让步的风险评估的范围随后通过对结果进行的敏感度分析而获得评估，实质上是通过选择备选猜测和了解结果变化的多少获得。

3.2　评估中的原理步骤

通过以下步骤跟进 RTE 和半熟食品及禽制品进行评估（图 3.1）。

· 加工（冷冻和次级烹饪步骤与伴随冷冻）。用原材料制备熟透食品和半熟食品，烹调，然后冷却和稳定（可能具有一个以上烹调和稳定步骤）。这些过程贴有"加热"和"冷却及稳定"标签，见图 3.1。

· 运输和储存。针对 RTE 和半熟商品，在储存的两个阶段——制造商和零售之间（见图 3.1 中"制造商和零售商处的储存和运输"），以及零售后消费前（见图 3.1 中"家中储存"，将储存时间和温度的影响纳入考虑范围）。运输和储存期间的发芽被指定其自身的步骤（见图 3.1 中"储存和运输中的发芽"）。

· 制备（再热）。我们检查了消费前制备 RTE 和半熟商品的影响（见图 3.1 中"再热"）。某些食物在摄入时进行了再热以便保温（见图 3.1 中"再热和保温"），而某些食物则可以冷吃（见图 3.1 中"冷吃"），某些食物进行再热，以便立即食用（见图 3.1 中"仅再热"）。

· 保温。包括为延长期限将某些食物保持在高温条件下的作用（见图 3.1 中"保温"）。

图 3.1 阐述了上述步骤，展示了模型中对营养细胞和芽胞进行跟进的位置，以及芽胞可能发芽，从而促成营养细胞计数的位置。在图 3.1 中，左边的标题表示模型中的步骤；右边的标题表示该步骤中用于参数的数据来源。对于每一对方框，左边内容说明营养细胞的情况，而右边则说明芽胞的情况。水平箭头表示将芽胞激活并发芽从而生成营养细胞的情况。标有"X"的方框表示的是完全杀死该步骤前存在的营养细胞的情况，不包括杀死该步骤过程中芽胞生成的那些营养细胞〔假定在初始加工致死步骤中，以及保温前的加热过程中（但不一定在消费者烹调过程中）完全杀死所有先已存在的细胞〕。

图 3.1 明确地对制造、零售和家庭进行了区分。但是，这些标签不仅是为了便利，而且旨在作为所有食物分量移动的通用指示器；另外，我们不打算将（例如）食品服务部门排除在外。由于在此类运作中可能会涉及附加食品制备步骤（包括进一步冷却、冷藏和加热步骤），单独对食品服务运作的处理进行了初步考虑，但是没有充分数据在风险评估中将该部门同零售和家庭加以区分。

评估中针对各食用分量进行的计算可概括如下。

· 初始加工后（冷冻和稳定，以及任何次级烹调步骤之前），在分别提供 A 类 CPE-阳性营养细胞和可能在储存或制备过程中发芽的 A 类 CPE-阳性芽胞过程中立即获得现有数字 n_v 和 n_s。

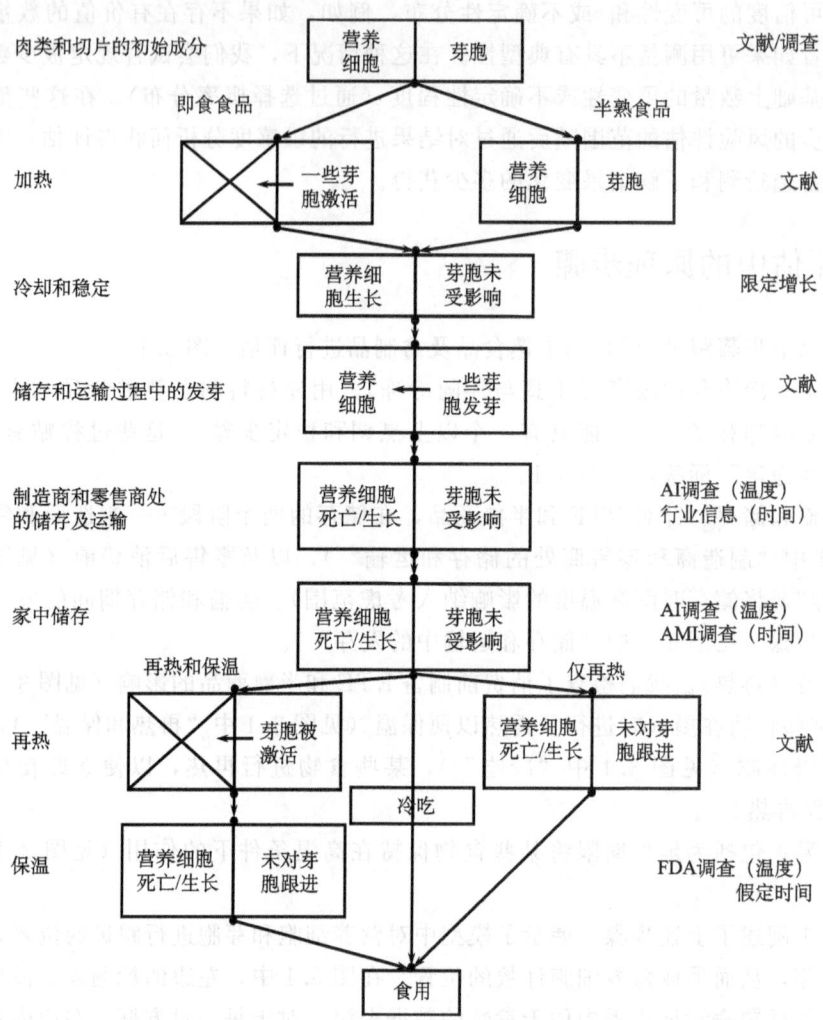

图 3.1　建造 RTE 和半熟食品及禽制品中产气荚膜梭菌的生存/生长模型流程图（更多详情，见文本）

AI 调查. 国际审计/FDA（1999 年）；AMI 调查. 美国肉类协会（2001 年）；FDA 调查. FDA（2000 年）。

$$n_v = P(wC_m f_m f_{vmA}) + \sum_j P(wC_{sj} f_{sj} f_{vsA})$$

$$n_s = P(wc_m f_m f_{smA}) + \sum_j p(wc_{sj} f_{sj} f_{ssA})$$　　　(3.1)

式中，P（z）表示带预期值 z 的泊松样本；计算中包括以下输入数据。

W：所提供食物的质量（见 3.4）。

C_m：初步加工后所立即获得的所提供食物的肉制品成分中产气荚膜梭菌营养细胞的浓度（见 3.5：RTE 产品。见 3.7：半熟食品）。

f_m：所提供食物为肉制品的食物组分质量（见 3.4）。

f_{vmA}：初步致死步骤后，肉制品成分中立即出现的 A 类 CPE-阳性产气荚膜梭菌营养细胞组分（见 3.10）。

j：显示具体切片成分的指数［在执行过程中，指数 j 是 0～3（包括 0 和 3）的整数］。

C_{sj}：初步加工后通过 j 立即索引到的所提供食物切片成分中营养细胞或发芽芽胞的浓度（见 3.8）。

f_{sj}：通过 j 索引获得的所提供食物为切片的食物组分质量（见 3.4）。

f_{vsA}：初步致死步骤后，切片中出现的 A 类 CPE-阳性产气荚膜梭菌营养细胞组分或发芽芽胞组分（见 3.10）。

c_m：初步加工步骤后立即获得的所提供食物的肉类成分中的芽胞浓度（见 3.6）。

f_{smA}：储存和运输过程中发芽的或制备的肉类成分中 A 类 CPE-阳性产气荚膜梭菌发芽芽胞组分（见 3.10）。

c_{sj}：初步加工步骤后通过 j 索引获得的所提供食物切片成分中芽胞的浓度（见 3.8）。

f_{ssA}：储存和运输过程中发芽的、或通过切片中的芽胞制备的 A 类 CPE-阳性产气荚膜梭菌营养细胞组分（见 3.10）。

如果要区分可能在储存过程中发芽的 A 类 CPE-阳性芽胞和可能在制备过程中发芽的组分，可能需要采用将其差别纳入考虑范围的更为复杂的方法。但是，目前对此差别还无能为力（见 3.10）。

・估算在储存过程中发芽的此处所提供食物中的 A 类 CPE-阳性芽胞 n_g 的数量；另外，如果该食物是保温的，估算随后在制备过程中发芽的 n_p 的数量。

$$n_g = B(n_s, g_s)$$
$$n_p = B([(n_s - n_g)l_s], g_p) \tag{3.2}$$

式中，$B(m, z)$ 表示样本尺寸为 m；概率为 z 的二项式样本；符号 ［］ 表示最近的整数函数。对计算的进一步输入数据为以下几项。

g_s：储存和运输过程中发芽的芽胞组分（见 3.13.1）。

l_s：储存和运输过程中的芽胞致死率系数（见 3.13.2.3）。

g_p：制备过程中发芽的芽胞组分（见 3.14.3）。

・通过下式估算摄入所提供食物时营养细胞的数量。

$$N = \lfloor ([(n_v G_c] + n_g)G_s]L_p + n_p)G_h \tag{3.3}$$

式中， 表示最低值函数（小于下一个整数）；［］ 表示最近的整数函数，输出结果为：

N：摄入时所提供食物中出现的产气荚膜梭菌 A 类 CPE-阳性营养细胞的计算。

对于计算进一步输入的数据如下。

G_c：初步稳定（冷却）模式下（以及通过初步加工过程中任何其他加热和冷却步骤）产生的营养细胞生长的生长因子（见 3.12）。

G_s：储存和运输过程中出现的营养细胞的生长或存活因子（见 3.13.2）。

L_p：制备过程中[1]出现的营养细胞的致死率系数（见 3.14.1）。

① 对于保温食品而言致死率系数 L_p 通常为零，据推断，保温前的再热足以杀死所有营养细胞和活性芽胞。

G_h：保温过程中营养细胞的生长因子（见 3.14.5）。

对于所有提供的食物而言，并不是所有这些计算都有必要，这取决于所提供食物的类型（见 3.4）和早前的计算结果（例如，在任何时候，如果所提供食物中不具备营养细胞或芽胞，则无需做进一步计算）。

在该计算中采用了几类近似法。特别是在任何时候所提供的食物中只能有整数个数的细胞，但是这里将生长和死亡过程视为不限于整数的细胞个数。在任何模仿的生长或死亡过程之后，通过找到低于计算值的下一个整数或计算值的最近整数将细胞个数整数化（上述公式中的⌊」和 ［］符号）。这样使用近似法是为了最大限度地降低对疾病计算个数的影响[①]。

蒙特卡罗分析的过程描述如下。

重复若干次｛

（该环节计算不确定性的影响）

· 从描述公式（3.1）～公式（3.3）中所使用各输入数据[②]的不定分布中选择一个样本作为 N，并考虑其互相之间的关联。

重复许多次。｛

（此循环评估了不同菜式间区别所产生的影响）

从 CSFII 数据库中选择一种即食食品菜式或一种半熟食品菜式（USDA，2000）。

从描述公式（3.1）～公式（3.3）等号右边各输入数据的不定分布中选择一个样本作为 N，对菜式中的食物类别附加条件，（如有必要）并对已经从不定分布中得到的值附加条件，然后考虑其相互之间的关联。

使用不定样本值和可变性样本值计算公式（3.1）～公式（3.3）中与所取样本相关各输入数据的值，并将计算结果作为 N。

使用上述样本值根据公式（3.1）～公式（3.3）计算 N，（可选）并储存计算结果。

在可变性分布中取样作为剂量反应曲线，使用该剂量反应曲线计算此数量的产气荚膜梭菌导致痢疾的概率，并使用该概率随机决定该菜式是否会导致痢疾。储存结果。

｝（可变性循环完）

· （可选）根据储存值，为细胞数建立可变性分布。

· 根据储存的可变性分布计算所导致的痢疾数，（可选）并计算平均染病人数。

· 储存与可变性分布相关的所有希望储存的细节（例如，储存一套关于该分布的百分位数和平均数）。

｝（不定循环完）

· 根据储存的痢疾数量及细胞数量的可变性分布来建立不定分布（例如，为痢疾数

[①] 在准确计算中，如果所提供食物中存在大量（几千个以上）细菌，只有在这种情况下才会引发疾病，受整数限制的影响可以忽略不计。

[②] 公式（3.1）～公式（3.3）中的某些输入数据，如生长因素和杀灭因素，自身就是需要计算的量。在这种情况下，应从相应的分布中对所有将用于此附属计算过程的输入数据进行取样，以获得用于公式（3.1）～公式（3.3）的新值。

量，以及为各储存的可变性百分位数建立不定百分位数）

> • （可选）计算不定分布的平均数。
>
> • 将结果便捷地打印出来，并加以解释。

某些计算可以忽略，尤其是菜式里的产气荚膜梭菌细胞和芽胞数量为零时，便没有必要再开展进一步的计算，因为在此模型中，假设菜式未受到外部产气荚膜梭菌的污染。

循环所重复的次数取决于所需要的是何种信息，以及对于计算结果数值精度①的要求。如只需要获得变异信息，则可变性循环只需要进行一次便足够了。例如，在固化过程中容许的因变异而增加的细菌数对痢疾数量所产生的影响。可变性循环需要重复的次数通常应以能得到预期精度的结果为宜。例如，要得到菜式中产气荚膜梭菌细胞数量的分布，仅需模拟几百万份菜式便足以得到数值稳定的估算结果了。而若是想获得数值精度更高的预期痢疾数量，需要模拟的菜式数量自然也就更大了（模拟 1 亿～10 亿份菜式，才能得到足够稳定的数值）。

3.3　获取可变性分布和不定分布的一般途径

以下章节将详细描述是如何对公式（3.1）～公式（3.2）中 N 的各输入数据进行估算的。关于技术含量较高的细节，请详见附件。然而，各章节却有一个相同的主题。在各个情况中，我们将就各个可用的，产品了即将估计的数量的观察资料进行评估，选用我们认为对于风险评估具有代表性的观察资料，或（在某些情况下）翔实那些完全缺失的信息。

当数据充足，足以采用更详细的方法时，我们将提供一种数学模型，其能代表数量的可变性分布，且如有可能，还可提供现有的证据来验证该数学模型，并对文献中记载的实验数据进行中继合成（"荟萃分析"）。例如，即食食品及半熟食品中肉制品的产气荚膜梭菌细胞浓度和芽胞浓度应呈伽玛分布。然而，为了进行风险评估，产气荚膜梭菌的芽胞或营养细胞为 A 类且为 CPE—阳性的概率应是一个常量。

通过使用所选用的观察资料，便能将数学模型用于可变性上，并估算出该数学模型的参数。这一选择过程即为以该数学模型为条件的观察资料写出似然函数，最大的似然估算值就是可变性模型的最佳估算值。

---

① 数值精度是因为在蒙特卡洛分析中进行的计算次数有限，而催生出的产物。例如，在计算痢疾数量时，在可变性循环中模拟使用了大量的菜式（1000 万～1 亿份）。然而，每 100 万份菜式中，可能只有极少的一部分计算出的结果是其将导致痢疾。因此，最后估算出的痢疾总数可能只在几百几千。使用不同的随机数重复相同次数的计算将就痢疾的数量得到不同的估算结果。（技术上而言，应使用泊松过程中描述的方法）。总不同随机数的实验中所得到的这一变量代表了数值精度。因此，数值精度便与蒙特卡洛迭代的数字联系了起来，且不具备根本意义上的重要性，因为它没有给出与估计相关的真正不定性信息。如增加蒙特卡洛迭代的次数，则数值精度也会增加，但为此必须付出额外的计算时间。如要将数值精度提高两倍，则所需的迭代次数也增加 4 倍；相反，如果将数值精度降低 10 倍，则所需的迭代次数将减少 100 倍；通常而言，如果数值精度的变化为系数 k，则相应的迭代次数变化应为 k^2。

　　作为估算参数的函数，似然函数表现出了估算参数的不定性，而我们的目的，则是要直接使用似然函数。在大多情况下，我们将通过选择参数的变形（通常是参数的幂，有时是对数，或是此类变形的联合体或复合体）来达到此目的。选择方法应使经变形参数的截面似然大多基本呈正态①。然后使用经变形变量中的多维正态分布及信息矩阵中的数学估计估算似然函数。

　　该估算数值是连同偏导数的差额估计值，以及与边缘分布的标准偏差大致相等的步长一起得到的，确保了所得出的此类偏差的相关性皆合理地彼此相似。通过提供变化参数的最大似然估计值，给出标准偏差的矩阵（连同矩阵的主对角），以及变化参数间的相关性系数（位于矩阵左下位置次对角处），将此分析的结果以文本形式呈现了出来。不言而喻的是，似然方程的渐近正态对于分布百分点的估算精度不大理想，而若使用引导计算法等其他方法，将能得到更为准确的估算结果。然而，采用渐进正态是利大于弊的。

　　虽然此方法使用的都是标准统计工具，但其依然略微有些不符常规。经多维正态微变变量得出的该似然的近似值获取了参数估计值间相关性的细节，并充分利用了（通常而言数量稀少的）观察资料。

　　蒙特卡洛模拟中所用的大部分数值都是通过以下一套方法获得的，此类数值包括以下内容。

　　·生肉和调料中产气荚膜梭菌的预期营养细胞和芽胞的浓度，以及各样本间浓度的差异。

　　·产气荚膜梭菌营养细胞和芽胞中，为 A 类，且对 CPE 毒素呈阳性的组分。

　　·产气荚膜梭菌的芽胞生长为营养细胞的速度，以及该速度在不同菌株、不同环境中随温度改变的情况（例如，改变盐分和亚硝酸盐浓度）。

　　·冷藏期间营养细胞的存活率，以及存活率在不同菌株中的变化情况。

　　·高温下营养细胞的死亡率，以及死亡率在不同菌株中的变化情况。

　　·所消耗的营养细菌数与疾病概率之间的关系（剂量反应函数），在不同产气荚膜梭菌菌株中的变化情况。

　　对于其他要求的输入数据，文献中记载的信息可能不足以进行荟萃分析。在这样的情况下，应使用看起来较为合理的方法进行估算，当然也可进行猜测；并同时对不同估算产生的结果进行评估。可进行如此处理的输入数据如下。

　　·在不同条件下发芽的芽胞组分（例如，在即食食品的加工过程中、冷藏过程中及运输过程中）。

　　·从生产商至零售商的储存时间。

　　·开袋即食、火炉加热后食用及用微波炉加热后食用的食物组分。

_____

　　① 将截面似然设计为变形参数值的函数，并将变形以某种方式参数化，以进行该流程（例如，使用幂律指数值）。计算出截面似然与最大似然差值对数平方根与变形参数值之间相关系数，并将此与所选变形参数相关的相关系数最大化（如是负相关系数，则将其最小化）。由于该步骤是一个近似步骤，且由于此种相关系数总是变化量的慢函数，将变化系数向前进了位，以方便选择。通常而言，经由与从最大似然中获取的 2～3 项标准偏差对应的一系列截面似然来获取绝对值高于 0.998 的相关系数是十分简单的。

- 完工后，保持温度的食物组分，此类食物保持温度的时间。
- 任意食物中营养细胞可能生长到的最大浓度。

第 3 种输入数据源是作为即食食品和半熟食品代表的研究，虽然此类研究的设计初衷并非以获取代表性样本为目的。此类输入数据如下。

- 在储存即食食物和半熟食物期间记录的温度信息。
- 家庭在食用即食食物和半熟食物前最长可将其储存的时间。
- 烹饪温度。

3.4 为本评估选择、标志菜式，并评估 w、f_m 和 f_{sj}

附录 A 描述了选用 4 种特定食物进行建模的原因，以及从 CSFII 数据库（USDA，2000）中选择菜式并将其包含至风险评估的原因。简而言之，使用 CSFII 的食谱及原料数据库，便能建立包含畜肉或禽肉的食品列表。在该列表中，所有食物原料都将被移除（因为规则提案仅影响即食产品和半熟产品），同时被移除的还有特性或原料会防止产气荚膜梭菌或其他由产气荚膜梭菌引发的人类疾病生长的食物。让商品不大可能导致因产气荚膜梭菌食物特性而引起的人类疾病的食物特性包括：①以耐储存食物制备法加工的食物，如干肉和罐装食物；②食盐（氯化钠）含量（＞8%）极高的食物；③加有亚硝酸盐，食盐含量较高（3%～8%）的食物。之后，再根据与食物最为相关的特性对其进行分类，分出的类别包括以下几方面。

（1）含亚硝酸盐，食盐含量为 2.2%～3% 的食物。

（2）食用前通常不需加热的食物。

（3）食用前通常需要加热，且加热后需马上食用的食物。

（4）食用前需要加热，但加热后无需马上食用的食物（"保温"）。

为了暴露问题，进行风险评估，又使用了食物实例作为指导，根据 4 类食物中所含产气荚膜梭菌的营养细胞被食用的可能性对其进一步进行了细分。细分后的结果见表 3.1，用于建模的食物的完整列表见附录 B（被移除建模的食物，以及其被移除的原因见附录 A）。所有满足了选择标准的菜式皆根据表 3.1 进行了分类，并用于了风险评估。

表 3.1　能支持产气荚膜梭菌生长的即食食品和半熟食物

食物类别		实例	特性	选例原因
1. 食用前通常需要加热的食物	a	热狗（franks），单独说明	一加有亚硝酸盐，食盐浓度为 2.2%～3%	热狗是本组中消耗量最大的食物。另带冷食热狗比例的信息
	b	火腿、香肠	一食用前通常需加热，有时候也会保温	
2. 食用前通常不需加热的食物		冷食火鸡三明治	一食用前通常不需加热	罐装禽肉是在 1992 年的产气荚膜梭菌大暴发中唯一确定的食物载体

续表

食物类别		实例	特性	选例原因
3. 加热后需要马上食用的食物	a	刷有烤肉汁的鸡肉或火鸡肉	一多在加热后马上食用 一多于冷冻后出售 一含酸味调料	此类产品为与酸味调料半均匀混合的混合物
	b	鸡肉馅饼	一多在加热后马上食用 一多于冷冻后出售 一烹至半熟	在 CSFII 列表中，此类食物仅为半熟食物（USDA，2000）
	c	牛肉和奶酪玉米卷	一多在加热后马上食用 一多于冷冻后出售 一另含调料	墨西哥风味食物（不一定是即食食品）已被认为是产气荚膜梭菌食源性暴发的第 4 常见的载体
	d	冻鸡肉	一多在加热后马上食用 一所于冷冻后出售	此类食物是速冻型食物，pH7.0 左右，水分活性高，无额外添加抗菌剂，如亚硝酸盐。
4. 食用前需要加热，但加热后可保温，无需马上食用的食物	a	叉烧或炒牛肉酱三明治	一多在加热后食用 一多于冷冻后出售 一可保温 一含酸味调料	此类产品为与酸味调料半均匀混合的混合物
	c	玉米肉卷	一多在加热后立即食用 一多于冷冻后出售 一可保温 一另含调料	墨西哥风味食物（不一定是即食食品）已被认为是产气荚膜梭菌食源性暴发的第 4 常见的载体
	d	带汁牛肉	一多在加热后立即食用 一多于冷冻后出售 一可保温	带汁牛肉在保温过程中是产气荚膜梭菌食源性暴发的最常见因素

注：本来表中也有 4b 类食物，但因为其对评估无用而被移除了。然而，原编号仍然保留，以与之前编制的数据文件相符。

第 1 类中的食物多在食用前略微加热。如食物被污染，这一步骤可杀灭产气荚膜梭菌的营养细胞。然而，如食物在食用前被保持在一个不具杀灭性的较高温度下较长时间，正如保温过程一般。则接下来的加热步骤也可能引起芽胞发芽，并随即导致细菌生长。第 2 类食物在食用前通常无需加热。这便意味着食物中所有的产气荚膜梭菌都将被食用掉，但不会引起芽胞发芽。第 3 类食物加热后需立即食用，因此无需保温。加热有可能会杀灭食物中存在产气荚膜梭菌，尽管其最终的杀灭率还要看加热的温度和时间。产气荚膜梭菌芽胞也有可能会发芽，但由于食物是立即食用的，因此细菌不会生长。第 4 类食物食用前需要加热，且在食用前可能会保温一段时间。因此，细菌的营养细胞会被杀灭，在本风险评估中，假定保温前的加热已经杀灭了所有存在的细菌营养细胞。然而，在加热过程中发芽的芽胞可能会在保温过程中繁殖。

对于被 CSFII 数据库（USDA，2000）识别为可能的即食食品或半熟食物的 607 种食物而言，其对应了 26 548 种菜式。对于这些被 CSFII[①] 选中的菜式而言，其分量与食客食用它的概率是呈反比的。这 26 548 种菜式被认为是美国所消费的即食食品和半熟食物的代表，并以特定分量进行了取样（分量与其在数据库里的出现率呈反比）。按以上方法被选中的菜式按表 3.1 中的类别进行了分类，并随后使用各类别的适宜参数值进行了计算。

根据其特性，每一份 CSFII 选中的菜式都提供了将用于该风险评估的进一步信息，正如公式（3.3）所示。而在从数据库得到的信息中，又有以下 3 项信息尤为重要。

w：菜式的分量。

f_m：菜式中肉的比例（见附录 D）。

f_{sj}：菜式中以 j 为索引编制的"调料"比例。

各编号调料（实为调料的混合物，详见第 3.8 节）根据其相对于产气荚膜梭菌芽胞的浓度不同而分别进行考虑，但假设芽胞的属性与调料无关。然后，我们便能进一步得到各菜式的盐含量参数（假设所有的钠皆来自氯化钠，根据 CSFII 数据库菜式中钠的估计含量计算得出），但该参数只能间接使用。该参数用于改变生长率估计值（见 3.11.5.2）。

3.5 经热处理的肉中营养细胞含量——即食食品的 C_m

为进行本分析而从 CSFII（USDA，2000）中选择的大多菜式皆是即食食品，且经热处理的肉中的营养细胞浓度说明了此类食物中产气荚膜梭菌的主要来源。这些营养细胞来源于生肉中产气荚膜梭菌的芽胞；在生产即食食品过程中运用的杀灭步骤杀死了产气荚膜梭菌的所有营养细胞，同时激活了一部分芽胞，使其发育成营养细胞。因此，对于经杀灭处理后的营养细胞估计浓度，此后又进行了广泛的分析（3.5.1～3.5.5），其结果也随之被用于估计经杀灭处理的生肉中的营养细胞浓度（3.6）。[②]

3.5.1 研究选择

要制作成即食食品的商品将在生产厂中进行热处理，以杀灭一开始在肉表面或内部的产气荚膜梭菌。然而，原材料中的芽胞遇热后可能会被激活，因而成为热处理后即食食品的产气荚膜梭菌源。

在热处理后发芽，并最终污染即食食品的产气荚膜梭菌芽胞比例取决于热处理的时间-温度曲线，产气荚膜梭菌菌株，食物基质提供的特定物理和化学环境，以及芽胞的生长历程。所有的这些因素（连同其他对发芽有影响的因素）可因商品的不同和生产厂的不同而不同。下文对其中一部分因素做了更详细的评估。

为得到牛肉、猪肉和禽肉产品经热处理后所预期的流行病信息和产气荚膜梭菌数量

---

① 所有可用菜式皆作为独立样本进行使用，且使用的是一天的分量。

② 本节中所报告过的分析皆已在风险评估包含的工作手册 CP _ count _ RTE 中进行过了。

信息，我们确定并评估了 6 项研究（表 3.2）。这 6 项研究皆估算了经热处理后的肉类中产气荚膜梭菌的数量，用于评估各研究间关联的标准已在表头给出。

表 3.2　肉制品中的产气荚膜梭菌

参考文献	收集的季节性样本	地区	致死步骤[a]	假定 CP[b] 菌落确认	评估产品	结论[b]
Kalinowski 等，2003 年	2000 年 1 月、2 月、3 月、5 月及 6 月	美国火鸡：AR、MO 和 CO 猪肉馅：IL 猪肉香肠：KS	加热至 73.9℃	是[f]	后期致命的牛肉、猪肉和火鸡	1% (2/197) 样本、>(0.5～2)-$\log_{10}$ CP 孢子/g。0/197 样本及 > 2-$\log_{10}$ CP CFU/g
Taormina 等，2003 年	2001 年 8 月～2002 年 6 月	4 个美国中西部地区	以 75℃ 持续加热 15min	否	后期致命的牛肉、猪肉和鸡肉	2.5% (11/445) 样本及 > 01.62-$\log_{10}$CP 孢子/g
Hall 和 Angelotti，1965 年	未知	美国俄亥俄州	无	是[e]	生牛肉、牛犊肉、羔羊肉、猪肉和鸡肉	58% (93/161) CP 污染样本
			有[c]	是[e]	不需要烹饪的加工肉类和肉碟[d]	4.8% (2/42) CP 污染样本
全国微生物基准数据采集程序，USDA/FSIS，1992～1996 年	不同研究的时间不同	全国	无	否	公牛肉、小母牛、奶牛、公牛和肉猪的生的表皮样本，以及绞碎牛肉、绞碎鸡肉和碎火鸡肉的样本	奶牛 & 公牛：+8.4%。公牛肉 & 小母牛：+2.6%。肉猪：+10.4%。绞碎牛肉：53.5% 患病率。绞碎鸡肉：50.6% 患病率。碎火鸡肉：28.1%患病率
Greenberg 等，1966 年	全年	美国北部 7 个区域	以 60℃ 持续加热 15min	否；评估的所有腐烂厌氧芽胞菌，并非产气荚膜梭菌专有	后期致命的牛肉、猪肉和鸡肉	2.8 腐烂厌氧孢子/g 的平均值，随产品和季节而变化。最大 115 孢子/g
美国农业部食品安全检验局，2003 年	2003 年 9 月 27 日～11 月 17 日	48 州及波多黎各	以 75℃持续加热 20min	是[f]	546 个加工厂的绞碎牛肉样本	2/593 样本，其中一个菌落的探测极限为 3CFU/g。

注：a. 一种致死步骤有望通过加热将芽胞从营养细胞中区分开来，因为加热能在杀死细胞的同时促进芽胞的生长。

b. CP：产气荚膜梭菌。

c. 样本食品被描述成"无需烹饪"，这表明了食品制造厂曾使用了一种致死步骤。

d. 食品包括切成片的三明治夹肉、三明治夹馅、小香肠和腌制牛肉干。

e. 分析后，通过生产磺胺嘧啶-多黏菌素-亚硝酸盐（SPS）琼脂、吲哚-亚硝酸盐-媒质和卵磷脂酶，分离菌被确认为产气荚膜梭菌。

f. 参见 3.5.3 正文。

将格林伯格等（1966）、霍尔和安杰洛蒂（1965）及 USDA/FSIS（1992～1996）的研究数据用于后续的定量建模并不可靠，其因有三。

（1）格林伯格等（1966）的研究是针对所有易引起腐败的厌氧芽胞菌的，而非特定的产气荚膜梭菌。其研究的目的是分析能否得出经热处理后，产气荚膜梭菌可能的最大值。然而，尽管热处理的确能杀灭营养细胞，但这样的热处理比起常规的烹饪步骤而言太过温和，因此无法表现出产气荚膜梭菌在烹饪中的激活活动。然而，以此方法得到的数据还是根据下文所述进行了定量使用（见 3.5.2）。

（2）霍尔和安杰洛蒂（1965）没有列举出样本中发现活性的产气荚膜梭菌。因此，细胞数量（如营养细胞浓度）未知。

（3）USDA/FSIS（1992～1996）的基本线研究未确认假设产气荚膜梭菌菌落的总数，也没有在分析法中引入热处理步骤来区分营养细胞和芽胞。而且，所有的肉样本都仅测量了表面生肉样本的表面细菌浓度（而非整块肉的细菌浓度）。因此，这些数据不能用于确立经热处理后，肉中的产气荚膜梭菌数量。

3.5.2 浓度分布初步分析

对 Greenberg 等（1996）的研究进行了检查以便获得质量证据，该证据关于产气荚膜梭菌热处理后的营养细胞分布的可能形状，这是因为该项研究是被检查项（各样本相当于 3g 肉类样品）中最大且最敏感的研究，且产气荚膜梭菌细胞可能为观察的腐烂厌氧芽胞菌的构成部分。Greenberg 等发表了与样本数对立的观察的 CFU/g 估算的图形分布。通过该图，可获得近似样本数及样本孵化后观察的菌落给定值，且该估算通过分布上端的信息得到补充。观察的分布上端形状与肉制品中芽胞浓度伽马分布中的预期形状一致，通过与此类分布一致以确认该项观察[①]（图 3.2；方法论参见附录 3.1，计算参见练习簿 CP-计算-RTE-肉类 .xls）。

此分布伽马形状用于精选研究分析（见下文），这是因为已选研究中允许区别分布形状的数据太少。

3.5.3 精选研究数据——RTE 食品

Kalinowski 等（2003 年；表 3.3）、Taormina 等（2003 年；表 3.4）及美国农业部食品安全检验局（2003 年；表 3.2）的研究被选择用来提供热处理后 RTE 产品中产气荚膜梭菌营养细胞期望分布的有关信息。如前所述，这些由生肉芽胞中产生的营养细胞由应用于 RTE 食品的致死步骤促进其生长。据推测，生肉上的所有营养细胞都在这一致死步骤中被杀死。所有 3 个研究都包括采样和分析前与 RTE 食品的期望步骤紧密相关的加热步骤。Kalinowski 等（2003）将样本在一个流动的蒸汽室煮至 73.9℃ 的最低

---

① 图 3.2 中的浓度分布为两个伽马分布的总和，第一个分布在本质上相当于恒定浓度 2.17CFU/g。与上端相配的伽马分布的尺度参数为 5CFU/g。

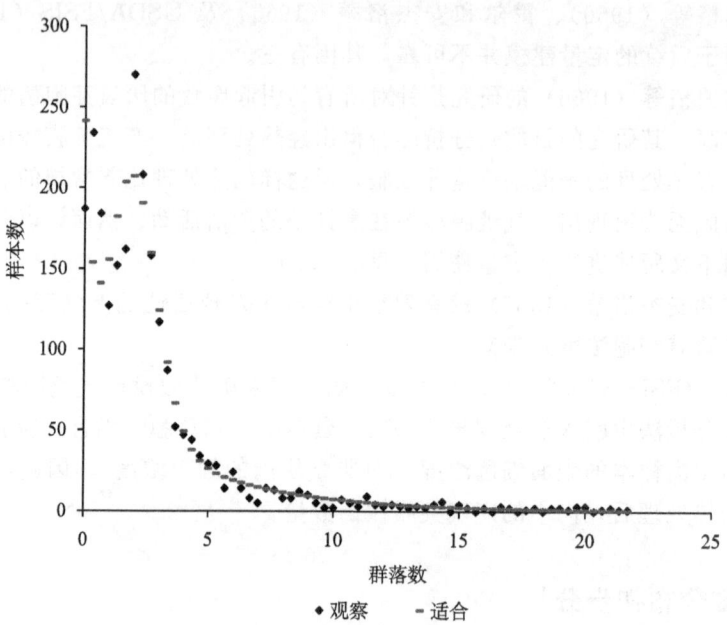

图 3.2　样本的近似观察数和合适期望数与 Greenberg 等于
1996 年观察的群落数相对立，这表明这些数据充分符合伽马分布

内部温度。Taormina 等（2003）将样本加热至 75℃ 并持续加热 15min。在 ISFS
（2003）中，样本被加热至 75℃，并持续加热 20min。在所有事例中，同样的步骤应用
到了所有样本中。此类烹饪有望杀死生肉产品中的营养细胞，以及促成芽胞接近最优生
长（Duncan 和 Strong，1968）。

表 3.3　热处理后生肉混合物中的产气荚膜梭菌营养细胞（Kalinowski et al.，2003）

产品类型	检查的样本数	占总样本数比例	具特定的产气荚膜梭菌菌落数的样本数[a]		
			0[b]	1	20
碎火鸡肉	154	78.2	154	0	0
碎猪肉	11	5.6	9	1[c]	1[c]
绞碎牛肉	6	3.0	6	0	0
猪肉香肠	26	13.2	26	0	0
合计	197	100	195	1	1

注：a. 未观察其他的菌落。

b. 相当于 3CFU/g 的检测极限。对于一个样本中的 n 个菌落数，由于各片状组织相当于 1/3g 原肉制品，则估
计的 CFU/g 为 3n。Kalinowski 等（2003）用 3.3n 估计 CFU/g。

c. 相当于估算浓度为 3CFU/g 和 60CFU/g 的两种样本。一个片状组织仅有一个黑色的菌落，该菌落被确认为
产气荚膜梭菌。第二个片状组织有 48 个黑色菌落，其中 12 个菌落进行了测试，5 个菌落被确认为产气荚膜梭菌。
这提供了（5/12）×48＝20CFU/g 产气荚膜梭菌的估算（个人通信，R Kalinowski，2003 年 7 月）。附录 3.1 中描
述的分析考虑了导致的实际菌落数不确定性。

表 3.4 热处理后生肉产品混合物中推定的产气荚膜梭菌营养细胞（Taormina 等，2003）

产品类型	检查的样本数	占总样本数比例	具特定的产气荚膜梭菌菌落数的样本数[a]						
			0[b]	1	2	3	4	10	13
治愈的全身肌肉	194	43.6	194	0	0	0	0	0	0
				5	0	0	1	2	0
治愈的碎产品或乳化产品[c]	152	34.2	144	4	1	1	0	2	0
				3	3	0	0	2	0
未治愈的全身肌肉	81	18.2	81	0	0	0	0	0	0
				1	0	1	0	0	1
未治愈的碎产品或乳化产品[c]	18	4.0	15						
				0	2	0	0	0	1
合计	445	100	434	6 种可能混合物[d]				2	1

注：a. 未观察其他的菌落。

b. 相当于 103CFU/g 的检测极限。对于一个样本中的 n 个菌落数，由于各片状组织相当于 0.1g 原肉制品，则估计的 CFU/g 为 $10n$。

c. 若提供了已发布的信息，则各排相当于菌落数目的可能图案。

d. 基于已发布的信息，菌落数的实际图案并未提供给任何产品类型，而对治愈的和未治愈的全身肌肉而言是非常清晰的。治愈的碎产品或乳化产品有 3 种可能的组合，未治愈的碎产品或乳化产品有两种可能的组合，所有产品共有 6 种可能的组合。

在 Kalinowski 等（2003）的研究中，通过革兰氏染色法、细胞形态学、乳糖发酵法、明胶液化、硝酸盐还原和运动反应，假定的产气荚膜梭菌菌落被确认为产气荚膜梭菌。在美国农业部食品安全检验局（2003）研究中观察的移脎-亚硫酸盐-环丝氨酸媒质（TSC）上的假定产气荚膜梭菌菌落在 TSC 上进行再处理并由革兰氏染色法确认，根据制造商说明，该再处理和确认应遵循 API20A® 配件（bioMerieux 公司）①。Taormina 等（2003）并未确认假定产气荚膜梭菌菌落。因此，上一项研究用于为加热步骤后植物的产气荚膜梭菌细胞浓度提供上部界限。尽管 Taormina 等（2003）测试的样本数目比美国农业部食品安全检验局（2003）的少，但其比 Kalinowski 等（2003）的多。额外的数据在很大程度上减少了估算的不确定性。

虽然被设计用于获取任何周期性的、地理的及浓度变化的种类的研究将被优先用于评估热处理后的产气荚膜梭菌营养细胞，但是任何在其他方面也合适的这类研究仍未曾执行。Taormina 等（2003）、Kalinowski 等（2003）及美国农业部食品安全检验局（2003）的研究有着若干缺点，这些缺点与评估牛肉、猪肉和家禽的确认的产气荚膜梭菌水平相关，其中最值得注意的几项如下。

（1）对数量相对少的样本（445、197 和 593）进行了测试。若要获得有关产气荚膜梭菌芽胞浓度分布的上端形状的有关信息，将需要大量的大型样本，可能需要成千上万的样本。

---

① 对此系统进行了筛选，以获得吲哚形成、尿素酶和过氧化氢酶生产、明胶和七叶灵水解，以及 D-葡萄糖、D-甘露醇、D-乳糖、D-蔗糖、水杨苷、D-木糖、L-树胶醛糖、甘油、D-纤维二糖、D-甘露糖、D-松三糖、D-棉籽糖、D-葡糖醇、L-鼠李糖和 D-海藻糖酸化。

（2）在这些数据中，不能检查到季节性的或地理变化。Greenberg 等（1966）研究表明，那时在整个腐烂厌氧芽胞菌浓度中，有小的季节性和地理变化发生。

（3）各种肉类样本（碎的或完整的、治愈的和未治愈的牛肉、猪肉和鸡肉）的比例可能并不代表 RTE 产品中的比例。Greenberg 等（1966）表明，那时在整个腐烂厌氧芽胞杆菌浓度中的不同肉类产品之间发生了小变化。

（4）人们未曾尝试过增加腐烂的反面样品的数量或提高正面样本的任何营养细胞的发育能力，因此对反面样本的数目可能估计过高[①]，而正面样本中探测的菌落数可能低估了现有能生长发育的芽胞的数目。

显然，将这些数据用于代表所有热处理 RTE 产品的产气荚膜梭菌的普遍性和等级并未达到完美程度。然而，由于缺乏任何其他数据及注解了其缺点的原因，Kalinowski 等（2003）、Taormina 等（2003）和美国农业部食品安全检验局（2003）的数据被用于评估热处理后牛肉、猪肉和家禽的产气荚膜梭菌营养细胞的最初水平（即热处理过后稳定之前）。

3.5.4　伪阴性或阳性特定类型的评估

对 Kalinowski 等（2003）、Taormina 等（2003）和美国农业部食品安全检验局（2003）使用的方法的有效性进行了测试，以便确定是否任何已知伪阴性或伪阳性率都应该应用于其结论。Kalinowski 等（2003）和美国农业部食品安全检验局（2003）确认了假定产气荚膜梭菌菌落，并暗示了一种低的或不存在的伪阳性率。作者使用 TSC 计算肉类样本中的细菌。为估计此种可能性，由于非典型菌落的生长，这种媒质可能产生伪阴性，Araujio 等（2001）将水样本及其他 3 种标准媒质放在 TSC 上（表 3.5），这些数据表明，将水样本放在 TSC 上并不会导致一种实质性的伪阴性。

表 3.5　产气荚膜梭菌媒质的有效率（Araujo et al.，2001）

媒质	伪阴性[a]
mCP	1/53（1.9%）
TSC	0/28（0.0%）
TSN	4/16（25.0%）
SPS	2/6（33.3）

注：a. 伪阴性，此列数据确认为产气荚膜梭菌的非典型菌落数/测试的非典型菌落总数。

Kalinowski 等和美国农业部食品安全检验局的研究利用了肉类样本而非水样本且

---

① Hall 和 Angelotti（1965）及 MacKillop（1959）曾证实，预先增加样本中的 C 型产气荚膜梭菌数目对于 C 型产气荚膜梭菌是消极的，这表明，即使能生育的营养细胞可能不会被标准类型的片状组织数探测到。Kalinowski 等（2003）、Taormina 等（2003）或 USDA/FSIS（2003）都未尝试过增加样本中的 C 型产气荚膜梭菌数，因为这被推定为对 C 型产气荚膜梭菌产生消极的效果，因此，绝对不能规定包含 C 型产气荚膜梭菌的实际致死后样本的实际频率。

将其置于 TSC 上面。Araujo 的研究表明，这些研究的方法论不将产生一种实质性的伪阴性率时，肉类样本的镀层可能产生伪阴性的可能性并未被否定。至于这个风险评估，明确的伪阴性或阳性率未应用 Kalinowski 等（2003）和美国农业部食品安全检验局（2003）报道的观察数据。

Taormina 等（2003）研究使用了莎希迪-弗格森产气荚膜梭菌（SFP）琼脂和补充物以列举其样本产生的细菌。显示表明，该琼脂的敏感度大约与 TSC 一样，但其选择性更小（Hauschild and Hilsheimer，1974；de Hong 等，2003）。而且，由于作者并未确认产气荚膜梭菌菌落，因此他们的结论可能对产气荚膜梭菌的浓度估计过高。所以并未应用伪阴性，但是观察结论被用作了产气荚膜梭菌的浓度的上限值。

3.5.5 RTE 食品的营养细胞浓度的精选研究数据分析

考虑到观察阳性检测的数量小，Kalinowski 等（2003）、Taormina 等（2003）和美国农业部食品安全检验局（2003）的所有 3 个研究，仅使用总数据（表 3.3、表 3.4），并未尝试将猪肉、鸡肉和牛肉分开；也未尝试将全肌肉和碎肉或治愈的和未治愈的产品分开。这可能导致对特别产品的浓度的低估而高估高浓度产品数，但更常见的是，低估了浓度的不确定性。

在最初的烹饪步骤之后，RTE 肉制品中的产气荚膜梭菌的浓度变化由此浓度的可能分布作为模型。这种可能分布由 Kalinowski 等（2003）、Taormina 等（2003）和美国农业部食品安全检验局（2003）的数据估算而来，结果如下。

这些研究中的数据由单一的产气荚膜梭菌浓度的伽马分布单独用于制作模型（方法论参见附录 3.1；所有于此报道的分析在工作簿 CP-计算-RTE-肉类 . xls 中执行）。也就是说，假定包含浓度 x（CFU/g）d 的肉类样本的可能分布由下列公式给出：

$$p(x, a, b) = \frac{(x/b)^{a-1}\exp(-x/b)}{b\Gamma(a)} \tag{3.4}$$

式中，a 和 b 为该分布的参数（b 为尺度参数）。

此分布形状建立于观察 Greenberg 等（1966）的分布上端的形状（见 3.5.2），尽管极少数探测允许对 3 种研究中的产气荚膜梭菌数据集进行正式的适合度分析，该数据集被用于建造最初密度的模型（Kalinowski 等，2003；Taormina 等，2003；美国农业部食品安全检验局，2003）。获得的 3 种分布的尺度参数（b）并没有很大的不同之处（$p=0.99$；Kalinowski 等和 Taormina 等之间的概率比测试；由于仅一个菌落曾由任何单个样本中被探测出来，因此这种对比对于美国农业部食品安全检验局而言是不可能的），因此这些尺度参数被设定为平等的且所有同时执行的频繁分析都应将这种平等性考虑进去。由 Taormina 等（2003）的数据得来的分布被假定形成产气荚膜梭菌浓度分布的上限，产气荚膜梭菌浓度分布由 Kalinowski 等的数据模拟而来，且美国农业部食品安全检验局研究被假定为相当于 Taormina 等的分析方法的特异性缺乏。这种分布由不平等强加而来（具有同等 b 参数），它要求与 Taormina 等的数据相关的伽马分布参

数 aT 大于与 Kalinowski 等和美国农业部食品安全检验局数据相关的对应参数 aK。这确保了 Taormina 等的数据分布完全位于 Kalinowski 等和美国农业部食品安全检验局数据分布的右侧（有更高的浓度）（图 3.3）。

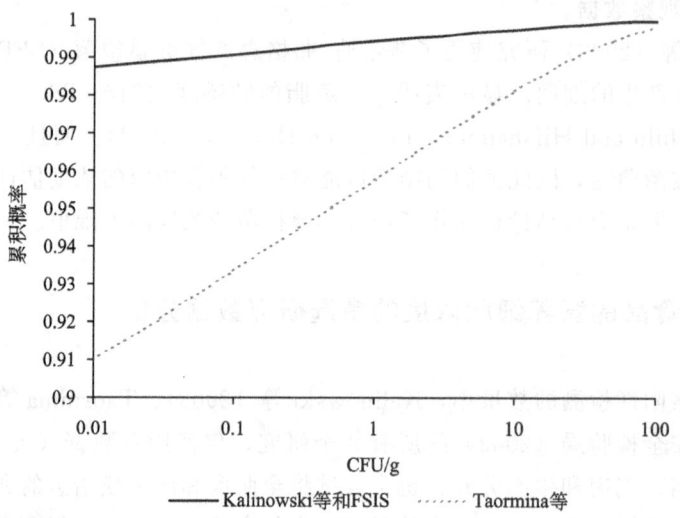

图 3.3　产气荚膜梭菌（Kalinowski 等，2003；美国农业部食品安全检验局，2003）
的累积概率（最大概似估计）上端，以及肉类和家禽内含的总假定
产气荚膜梭菌（Taormina 等，2003）浓度

表 3.6 显示了 RTE 食品中煮熟的肉类中产气荚膜梭菌的浓度分布的最大概似估计。参数 aK 相当于用于产气荚膜梭菌（基于 Kalinowski 等和美国农业部食品安全检验局的研究）的分布，而 aT 相当于上限（由 Taormina 等数据衍生而来）。第二个值之所以给出是因为不确定性分析的需要。

表 3.6　煮熟的 RTE 食品中产气荚膜梭菌浓度的分布参数的最大概似估计

功率参数 aK	0.001 50	产气荚膜梭菌
尺度参数 b	84.5	CFU/g
功率参数 aT	0.011 1	上限

通过利用附录 3.1 中描述的可能性方法，获得了这些参数估计的不确定性。人们发现，不得不转化参数以获得正常的误差结构，这些转化为

尺度参数，　$\ln(\ln(\ln(b)))$

功率参数 aK，Kalinowski 等的数据　$\ln(\ln(-\ln(aK)))$

功率参数 aT，Taormina 等的数据　$\ln(-\ln(aT))$

表 3.7 为这些转化参数提供了标准偏差和相关系数估计。为了对分布实施限制，审查了多种正常不确定性分布的样本，以确定抽样参数值是否满足 $aK \gg aT$（即重复采样直至 $aK > aT$）。

表 3.7 煮熟的 RTE 食品中产气荚膜梭菌浓度转化参数的标准偏差/相关系数矩阵

	$\ln(\ln(-\ln(aK)))$	$\ln(\ln(\ln(b)))$	$\ln(-\ln(aT))$
$\ln(\ln(-\ln(aK)))$	0.0438		
$\ln(\ln(\ln(b)))$	0.2647	0.0783	
$\ln(-\ln(aT))$	0.1506	0.5689	0.0833

主要对角线包含了标准偏差估计，非对角线记录为相关的系数估计。

表 3.6 的最大概似估计 aK 和 b 用于伽马分布，该伽马分布代表着 RTE 食品生产过程中（以及稳定之前）任一加热过程之后的肉类的产气荚膜梭菌的生长芽胞浓度的变化。这种分布还可以以平均值 0.13CFU/g 和标准偏差 3.28CFU/g 为特征。与平均值相比，极大标准偏差由非常长的分布右侧造成（图 3.3）。由此分布获得的 RTE 食品中的营养细胞扩散建立于 RTE 食品的肉类含量上[①]。例如，食品中的细胞扩散包含 100g 肉类，为表 3.6 中的最大概似估计的 1.35%。该值随着肉制品的质量的大小而做出相应的改变。在此风险评估中估计的每份食品中肉的加权平均质量为 69.5g（2.45 盎司[②]）；带有该质量的肉中的扩散率大约为 1.30%。

3.6 肉类组分的芽胞浓度 C_m

所需的芽胞浓度为最初加工步骤后的 RTE 和半熟食品的肉的构成部分的剩余浓度。对于 RTE 食品而言，初步加工包括加热，该种加热将促进大部分芽胞进行生长（以及杀死营养细胞）。RTE 食品中的肉制品构成部分的有效剩余芽胞浓度为和芽胞组分一样的原始芽胞浓度组分，该芽胞组分并不在最初的加工步骤内进行生长（见3.9.4）。对于半熟食品，此评估内的最初加工步骤被假定为对生肉内的营养细胞或芽胞浓度不具任何作用，因此，食品中肉的组成部分的有效芽胞浓度仅为出现于生肉中的浓度。

3.6.1 即食食品的芽胞浓度 C_m

3.5 部分根据加热肉类的测量结果对即食食品的肉类成分中的营养细胞浓度 C_m 进行了评估。由于加热过程杀死了原本存在的营养细胞，测量结果得到的加热肉类中的营养细胞实际上是来自于肉类中被激活并发育的芽胞。因此，3.5.5 中估量的营养细胞浓度是首次加热处理过程中（因此生肉中原本就存在芽胞成分）被激活而发育成营养细胞的芽胞的浓度。3.9.4（下文）将评估加热过程中被激活的芽胞成分 η。因此，为了观测由芽胞发育而来的营养细胞的浓度 c_m，生肉中芽胞的原本浓度应该是 c_m/η，其中有

---

① 通过使用附录 3.1 中的等式（A3.1.3）计算扩散率。该扩散率相当于食品类的单个或多个细胞的可能性，因此，该扩散率为 1 减去零个细胞的可能性。

② 1 盎司=28.349523g。

部分（$1-\eta$）芽胞在加热后没有被激活。故肉类成分中没有被激活的芽胞的浓度为

$$c_m = \frac{1-\eta}{\eta} C_m \qquad\qquad (3.5)$$

在蒙特卡洛算法中，每份食品的浓度 c_m 是从其可变性分布规律中获得的，而 η 估值是独立地从 η 的可变性分布规律中获得的，从而得到，浓度 c_m 的计算公式（3.5）。

3.6.2　半熟食品的芽胞浓度 C_m

对于半熟食品，营养细胞浓度 c_m 是从芽胞浓度的估值中独立获得的（见3.7）。既然如此，芽胞浓度的独立估值便通过从即食食品浓度 c_m 的分布中取样，并采用与即食食品相同的方法（见3.6.1）而获得（见3.5），这样芽胞的浓度便为

$$c_m = C_{\mathrm{RTE}}/\eta \qquad\qquad (3.6)$$

式中，C_{RTE} 是即食食品浓度分布的一个样本（见3.5）。

3.7　生肉中的营养细胞——半熟商品的浓度 C_m

目前只有一种食品（3b，见表3.1）被认定为半熟商品，而可以用来推断此类商品中产气荚膜梭菌浓度的数据却寥寥无几。因此，对此类产品中营养细胞浓度的分析不如即食食品那么详细（见3.5）[①]。

3.7.1　部分选用的研究数据分析——生肉

半熟产品（表3.1）的烹制比即食食品的烹制温度要低，平均温度仅为46℃（用于软化和制作熏肉）的烹制可视为半熟烹制。这么低的温度对产气荚膜梭菌的很多营养细胞都不足以构成致命的危险。另外，即食食品采用的致死温度要求整块肉类食品完全到达所需的最低温度，而半熟烹制程序并没有这种要求。目前，半熟商品的次致死温度对产气荚膜梭菌营养细胞和芽胞的所有影响都只是推测性的。虽然部分营养细胞可能被杀死，还有些可能受到损伤，但仍有一些并未受到影响。另外，虽然部分芽胞可能被激活发育，但半熟食品中发育的芽胞很可能比高温下烹制的即食食品要少得多。

目前没有关于半熟商品中产气荚膜梭菌营养细胞的测量结果。替之，本风险评估报告假设半熟商品中产气荚膜梭菌芽胞的浓度与生肉中的相同。如果半熟烹制步骤中没有杀死产气荚膜梭菌营养细胞，也没有引起产气荚膜梭菌芽胞发育，这条假设便可能成立；或者，如果营养细胞的净杀死率被芽胞的发育率抵消，假设同样成立。

经确认，有7份研究推测了生肉中产气荚膜梭菌营养细胞的盛行率和水平，这些数值被应用于半熟产品中（表3.8）。

---

① 风险分析报告中的记事本 CP_count_raw_meat.xls 演示了本节报告的分析内容。

表 3.8 生肉中产气荚膜梭菌营养细胞的盛行率和水平

参考文献	样本收集时间	地区	致死程度	推断的产气荚膜梭菌菌落的确定情况	评估的产品	结果
Strong 等，1963	未记载	美国威斯康星州	无	是	生牛肉、小牛肉、羔羊肉、猪肉、鸡肉	18%（20/111）的样本呈阳性，每克含有 10～1180 个细胞[d]
Hall 和 Angelotti，1965	未记载	美国俄亥俄州	无	是	生牛肉、小牛肉、羔羊肉、猪肉、鸡肉	36 件样本中大多数样本每克含有 1～100 个菌落形成单位；其中一个样本每克含有 760 个菌落形成单位[e]
Taormina 等，2003	2001 年 8 月～ 2002 年 6 月	美国中西部地区的 4 家工厂	无	否	生牛肉、猪肉、鸡肉；熏制和未熏制过的；完整的和绞碎过的	21.6%（96/445）的样本呈阳性，平均每克含有 102 个菌落形成单位，最多每克含有 525 个菌落形成单位
Foster 等，1977	11 个多月（未记载年份）	美国加利福尼亚州	无	否[a]	生牛肉	56%（84/150）的样本每克含有少于（1～2.7）×10^3 个菌落形成单位；平均每克含有 55 个菌落形成单位
Ladiges 等，1974	未记载	美国科罗拉多州	无	否[c]	生绞绞碎牛肉	47%（45/95）的样本每克含有 0～700 个菌落形成单位
Bauer 等，1981	未记载	美国佐治亚州	无	是	猪肉香肠[b]	39%（7/18）的样本每克含有 5～95 个菌落形成单位

续表

参考文献	样本收集时间	地区	致死程度	推断的产气荚膜梭菌菌落的确定情况	评估的产品	结果
全国基准微生物数据收集项目，美国农业部/食品安全检验局，1992～1996	随调研的不同而不同	全国	无	否	小公牛、小母牛、母牛、公牛、肉猪上的表皮生肉；绞碎牛肉、鸡肉末和火鸡肉末	母牛和公牛：8.4%呈阳性。小公牛和小母牛：2.6%呈阳性。肉猪：10.4%呈阳性。绞碎牛肉：53.5%盛行率。鸡肉末：50.6%盛行率。火鸡肉末：28.1%盛行率

注：a. SPS 培养基中假定的产气荚膜梭菌转变为吲哚-亚硝酸盐介质。不能游动的亚硝酸盐阳性反应被报告为产气荚膜梭菌。但该分析没有包括明胶液化或乳糖发酵，因此被视为不完整的分析（Hauschild，1975）。

b. 据描述，使用的肉类样本是来自当地超市的猪肉香肠样本。并不清楚这些样本究竟是烹制过的产品（经过加热处理），还是没有烹制过的产品（没有经过加热），还是这二者的混合物。

c. 另外检测了假定产气荚膜梭菌菌落的游动性和硝酸盐还原作用。这种证实性分析被认为不完整（Hauschild，1975）。

d. 排除 11 个鱼肉样本，其他的都非阳性。

e. 虽然不大可能，但并不排除部分样本是已经烹制过或以其他方式处理过的肉类产品，而非生肉。

其中 4 项研究是仅基于定性分析的。Bauer 等（1981）测量了猪肉香肠样本中的产气荚膜梭菌，但没有确定香肠是烹制过的产品还是未烹制过的产品。Lagies 等（1974）并未完全证实产气荚膜梭菌，他们的测量结果被后来对绞绞碎牛肉的研究取代了。Hall 和 Angelotti（1965）确定了产气荚膜梭菌，但他们报道的信息太少，不足以进行分析。尽管如此，这些研究的测量结果似乎与本次分析报道使用的测量结果是一致的。美国农业部/食品安全检验局（1992～1996）全国基准微生物数据收集项目收集了具有代表性的母牛、公牛、小公牛、小母牛表皮生肉样本，以及绞碎牛肉和家禽肉样本，目的是为了获得受污染盛行率的估值。然而，项目中没有证实产气荚膜梭菌，报道的生肉浓度并不代表进入处理中肉类的浓度（基于体积的），而且发布的关于绞绞碎牛肉和家禽肉的浓度信息太少，不足以使用。

另外 3 项研究是基于定量分析的。Strong 等（1963）、Foster 等（1977）及 Taormina 等（2003）提供了关于未经热处理的生肉的测量结果信息，因此测量结果主要是针对营养细胞的。Strong 等（1963）证实了所有的产气荚膜梭菌，Foster 等（1977）证实了部分产气荚膜梭菌，而 Taormina 等（2003）并未在他们的测量结果中证实产气荚膜梭菌菌落。在本风险评估报告中，假设 Strong 等的测量结果是典型的生肉产气荚膜菌落浓度，而 Foster 等和 Taormina 等的测量结果则是提供了浓度上界。

虽然 Strong 等的研究是在 50 多年前进行的，但此后并没有其他关于证实所有产气荚膜梭菌的数据获得肯定。他们的结果中没有假阴性。

3.7.2 部分选用的研究数据分析——半熟食品

在选用的研究中可获得的数据太少，无法确定半熟食品中产气荚膜梭菌浓度的可变性分布。对于即食食品，分布状态呈现一条长尾，很有可能是因为产气荚膜梭菌浓度相对较高（表3.8）。为了解释这条长尾，用伽玛分布模拟了即食食品的可变性分布。正如前文分析中使用的技术（见3.5.5），这里也使用了相同的技术，采用Foster等（1977）和Taormina等（2003）的数据，将界值应用到从Strong等（1963）的数据导出的分布上。伽玛分布的尺度参数与相等完全一致（$p=0.51$；概似比检验）[1]。因为尺度参数相等，所以伽玛分布幂指数参数的最大概似估计（表3.9）落入产气荚膜梭菌证实程度相应的阶数上；较低数值（对应较少微生物）说明了菌落证实更加可信。（附录3.1给出了本风险评估报告所用方法的详细情况，以及在记事本CP_count_raw_meat.xls中演示的计算过程。）

表 3.9 半熟食品浓度伽玛分布参数值最大概似估计

幂指数参数 a_s[a]	0.068 35
幂指数参数 a_t	0.097 56
幂指数参数 a_f	0.207 8
尺度参数 b，CFU/g	298.9

注：a. 下标s表示Strong等的幂指数参数，t表示Taormina等的幂指数参数，f表示Foster等的幂指数参数。由于不确定分析，这3种参数都需要。

表3.9中给出的参数对应平均每克含20.4个菌落形成单位，每克78.1个菌落形成单位标准偏差的半熟食品中产气荚膜梭菌营养细胞浓度的可变性分布。相比平均水平，较大标准偏差的出现是由于假定伽玛分布的右侧长尾，并且观察结果［尤其是Foster等（1977）的观察结果］支持这条长尾。半熟食品中肉里面营养细胞的盛行率取决于这份食品中肉的含量[2]。例如，对于一份含100g（3.53盎司）肉类的食品来说，当达到表3.9中的最大概似值时营养细胞的盛行率为50.6%。

为了估量限定浓度分布的参数的不确定性分布，可以找到参数的变换量，使剖面概似分布正规化。采用的变换量为

参数	变换
幂指数参数 a_s	a_s（没有变换）
幂指数参数 a_t	$a_t^{0.2}$
幂指数参数 a_f	$a_f^{0.25}$
尺度参数 b	$1/\sqrt{b}$

---

① 严格来说，Strong等数据中的尺度参数是不明确的，由于Strong等提供的测量结果统计数据太少，可获得的数据仅提供了一个上界。

② 可使用附录3.1中的公式（A3.1.3）计算盛行率。盛行率对应于一份食品中一个或多个细胞的可能性，因此盛行率应等于1减去零细胞的概率。

表 3.10 给出了变换后参数（采用的方法请见附录 3.1）的估计标准偏差和相关性。

表 3.10　半熟食品中产气荚膜梭菌浓度分布的变换后参数不确定性
分布的标准偏差（主对角线）和相关系数（非对角线）

	$1/\sqrt{b}$	a_s	$a_t^{0.2}$	$a_f^{0.25}$
$1/\sqrt{b}$	0.004 33	0.231	0.480	0.000
a_s	0.231	0.017 14	0.111	0.140
$a_t^{0.2}$	0.480	0.111	0.013 66	0.291
$a_f^{0.25}$	0.000	0.140	0.291	0.019 22

这些数值用来定义一种多项分布，表现半熟食品中产气荚膜梭菌浓度的不确定性。为了坚持下界和上界的假设值，计算中删除了多项式中不符合 $0 < a_s < a_t < a_f$ 的数值。

3.8　调味料中产气荚膜梭菌营养细胞（c_{sj}）和芽胞（c_{sj}）的浓度

调味料中可能含有较高水准的产气荚膜梭菌芽胞（de Boer et al.，1985；RodriguezRomo et al.，1998；Neut et al.，1985；Eisgruber and Reuter，1987）。很多调味料都被处理成干的粉末状，却没有将它们与空气中的氧气隔离开来，这将不利于产气荚膜梭菌营养细胞的存活。调味料可通过辐照或化学处理手段降低细菌的数量。尽管这些处理过程对产气荚膜梭菌芽胞的作用变化不定，但却摧毁了营养细胞。因此可以推测，与调味品相关的大多数产气荚膜梭菌是以芽胞的形式存在的，而非营养细胞。

给生肉产品添加调味料主要发生在即食食品的处理过程中。因此调味料中存在的所有产气荚膜梭菌在加热处理过程中都可能被激活并发育，并且在有利的条件下还可能生长（的确如此，现有研究表明有些芽胞即使没有经过加热处理也会在调味料中发育）。因此，含调味料的食品可能比不含调味料的食品更受污染。实际上，因产气荚膜梭菌暴发的流行病迹象表明添加过调味料的食品，例如，墨西哥风味的食品，可能是产气荚膜梭菌食品中毒（见"危害识别"）的一种重要媒质。因此，食品中添加的调味料也纳入本次风险评估之中。

3.8.1　香料中的产气荚膜梭菌研究精选

表 3.11 列出了针对香料中产气荚膜梭菌芽胞盛行率和等级的调查研究。有效研究检查显示，实验者发现不同时间和不同地点某些香料的产气荚膜梭菌浓度存在实质性差异，大概是由于来源、处理方式和应用的消毒程序存在差异。

表 3.11 香料中产气荚膜梭菌芽胞等级和盛行率

参考文献	香料/香草	等级/(CFU/g)	盛行率
Candlish 等，2001[a,c]	辣椒粉、咖喱粉、白胡椒粉、红辣椒粉、大蒜粉、姜粉、黑胡椒粉、丁香、月桂叶	ND-900	不确定、两种报告样本的平均值
Pafumi，1986[d]	辣椒-saromex、中国辣椒、细香葱、肉桂、丁香、芫荽、小茴香、葫芦巴、大蒜、姜、肉豆蔻、薄荷叶、混合香草、芥菜籽、肉豆蔻核仁、洋葱粉、牛至叶、红辣椒粉、荷兰芹叶、胡椒、黑胡椒、白胡椒、甘椒、姜黄	<100[f]～>10 000	每种香料 3～50 个样本的 0～67%
罗德里格斯-勒姆等，1998[b]	大蒜粉、黑胡椒、小茴香籽、牛至叶、月桂叶	<100[f]～500	每种香料 76 个样本的 3%～20%
波瓦斯-勒姆等，1998[b]	月桂叶、红辣椒粉、辣椒、肉桂、大蒜粉、芥末粉、牛至叶	<100[f]～2850	每种香料 15～18 个样本的 0～53%
Salmeron 等，1987[d]	黑胡椒和白胡椒、胡椒颗粒或胡椒粉的 83 个样本	<10～>50	0/18、1/17、7/24 和 8/24 样本
史密斯，1963[h]	胡椒颗粒、辣椒粉、白胡椒、黑胡椒、红辣椒、红辣椒粉、红椒	0～12	不确定
斯特朗等，1963[b]	20 种香料	10～30	3/60（5%）
DeBoer 等，1985[b]	香料和香草的 150 个样本	<100～10 000	100/150（67%）
Neut 等，1985[b]	香料，未指明	>100～<10 000	2/2（100%）
Eisgruber 和罗伊特，1987[e]	辣椒粉、黑胡椒、芫荽、肉桂和其他	未指定	21/70（30%）
Kneifel 和伯杰，1994[d]	55 种香料的 160 个样本	<100	仅 1 个葛缕子样本[i]
马森，1978[h]	辣椒粉、咖喱粉、黑胡椒、白胡椒、红辣椒和其他	<10～650	1～9 个样本的 0～89%
巴克斯特和 Holzapfel 等，1982[b]	各种香料和香草	未规定检测极限	未检测任何样本
Leitao 等，1974[b]	脱水辣椒和桂皮	<10～<1000	15/45 辣椒、22/42 桂皮
Krishnaswamy 等，1971[d]	黑胡椒、姜黄、芫荽、芥末、葫芦巴、红辣椒粉、小茴香、茴香	0～700	不确定

注：a. 明确规定了假设的产气荚膜梭菌菌落，但未详细说明，也未给出参考。
b. 证实了假设的产气荚膜梭菌。
c. n＝2，但若两种样本都为阳性，则情况不明朗。
d. 未证实假设的产气荚膜梭菌菌落。
e. 若证实了假设的产气荚膜梭菌菌落，则情况不明朗（原著，未从德语翻译过来）。
f. 检测极限。
g. 部分已证实：亚硫酸盐减少、乳糖发酵及运动性试验。
h. 若已证实产气荚膜梭菌，则不确定。未详细说明。
i. 本研究仅为采用了初发热步骤的研究。

表 3-11 列出的研究中有 4 项提供了最有用的数据，因此最引人注意，假定这些研究是本评估中最具代表性的研究。美国最具代表性的研究可能是波瓦斯等（1975）的研究，因为包括了美国各个地理区域 16 个不同军事基地（7 种香料）的样本，每种样本

都在当地购买，在某种程度上确定了产气荚膜梭菌菌落，尽管该研究距今将近 30 年。最近，罗德里格斯–勒姆（1998）调查了墨西哥 5 种香料的共 380 个样本，从而证实了假设的产气荚膜梭菌菌落。Candlish 等（2001）最近也去更远的野外调查了苏格兰的种群样本，虽然在一定程度上得到了证实，但只提供了很少的详细资料。最后，Pafumi（1986）的功劳是提供了许多香料的部分信息，尽管本研究中未证实产气荚膜梭菌并且研究的是进口到澳大利亚的香料。

3.8.2　"已测量"香料产气荚膜梭菌浓度研究的分析

按照以下方式使用精选研究中的数据[①]。表 3.12 列出了个人食物摄入的持续调查中（美国农业部，2000）指定的出现于选定的 607 种即食食品和半熟食品食物中的香料，以及包含各种香料的特殊食物数（此类食物中总共 26 548 种）和总食用分量中该种香料的最大百分比构成。还列出了波瓦斯等（1975）、罗德里格斯–勒姆等（1998）或Candlish 等（2001）提供数据的香料。对波瓦斯等和/或罗德里格斯–勒姆等提供数据的这些香料（牛至叶、芥末、大蒜、小茴香、肉桂皮、红辣椒、辣椒和黑胡椒）进行组合测量（连同 Candlish 等的相应数据）以便预计产气荚膜梭菌浓度的变化性和不确定分布。将同一种香料的不同形式进行组合（例如，粉和籽、法国第戎芥末和芥菜籽）。仅牛至叶和大蒜的数据很充分，可以用来区分各种分布的差别，将芥末、小茴香、肉桂皮、红辣椒、辣椒和黑辣椒的数据进行组合。对未按该方式选择的香料的所有测量进行组合并将其视为具有相同变化性和不确定分布的单一"香料"。并根据 Pafumi（1986）的组合数据对先前未选择的所有香料的测量进行估计。

表 3.12　个人食物摄入的持续调查中选定的食物中（即食食品和半熟食品）食品香料的出现率

香料/香草	个人食物摄入的持续调查		部分出现率数据由下列研究者提供		
	♯出现率	食品中的最大百分比	波瓦斯	罗德里格斯–勒姆	Candlish
辣椒粉	1223	1.02	•		•
黑胡椒粉	1017	0.57			•
大蒜粉	537	1.57	•	•	•
牛至叶	457	0.11	•	•	
黄芥菜籽	266	0.29	•		
法国第戎芥末	139	4.62			
姜粉	135	0.13			
辣椒粉	79	0.60			•
罗勒粉	63	0.57			
红辣椒粉、辣椒粉	53	4.31	•		
鼠尾草粉	49	0.51			
干荷兰芹	46	0.20			
咖喱粉	28	0.41			•

---

① 本节中报告的分析在本风险评估的工作簿 CP _ in _ species. xls 中进行。

香料/香草	个人食物摄入的持续调查		部分出现率数据由下列研究者提供		
	#出现率	食品中的最大百分比	波瓦斯	罗德里格斯-勒姆	Candlish
肉桂皮粉	25	0.13	·		
大茴香籽	24	0.05			
丁香粉	24	0.05			·
小茴香籽	24	0.05	·		
肉豆蔻粉	18	0.17			
多香果粉	15	0.08			
洋葱粉	11	0.51			
麝香草粉	8	0.57			
禽肉调味品	6	2.35			

几乎没有可以用来完全确定香料产气荚膜梭菌浓度变化性分布的形状的数据。本评估中假设可以通过伽玛分布［方程式（3.4）］，与所观察到的肉类腐败厌氧菌芽胞的最高浓度一致的形状对变化性进行充分模拟（见 3.5.2）。假设所有已报告的浓度测量都是准确的——由于菌落数量太少，通常提供的信息也太少，因此不能预计浓度估计的不确定性。通过取已报告的所有独特测量对数概似总和的最大值得到伽玛分布的参数 a、b 的最大概似估计［公式（3.4），b 用 CFU/g 表示］。$C_1 \sim C_2$ 一系列报告浓度内观测样本对数概似分布为

$$\ln(p(a, b, C_2) - P(a, b, C_1))\tag{3.7}$$

式中，

$$P(a, b, C) = \frac{1}{\Gamma(a)}\int_0^{C/b} t^{a-1}e^{-t}\mathrm{d}t$$

而具有单独报告浓度 C 的各个样本有助于

$$(a-1)\ln(C/b) - C/b - \ln(b\Gamma(a))\tag{3.8}$$

首先通过找到适当的变换法得到近似于常态的变换变量剖面图概似从而得到不确定性估计（参见附录 3 查看关于本方法的讨论）。通常认为 a 和 b 的幂次定律转换最合适。

$$u = a^{\omega_a} \text{ 和 } v = b^{\omega_b}\tag{3.9}$$

使用信息矩阵改写变化变量 u 和 v 的概似性可以得到对数概似的二次近似（通过单独形成和同时形成约等于各自剖面图概似显示的标准偏差的 u 和 v 增量，以及求出对数概似合成联立二次方程式进行估计）。通过转化信息矩阵得到 u 和 v 的方差-协方差矩阵估计。然后将 u 和 v 的不确定性分布预计为具有该方差-协方差矩阵的多维正态分布。

表 3.13～表 3.16 显示了得到的结果。每个表都显示了参数 a（无因次）和 b（CFU/g）的最大概似估计（MLE）、该分布平均值偏差（mean）和标准偏差（SD）相应的最大概似估计（前者为 a 和 b 的乘积，后者为 b 和 a 的平方根的乘积）、采用的幂次定律转换（ω_a 和 ω_b），以及 u 和 v 相应的最大概似估计。用 u 和 v 的标准偏差和相关系数表示得到的 u 和 v 的多维正态不确定性分布。

表 3.13 芥末、小茴香、肉桂皮、红辣椒、辣椒和黑胡椒组合中产气荚膜梭菌的参数估计

a	0.173	mean/ (CFU/g)	19.2
b/ (CFU/g)	111	SD/ (CFU/g)	46.1
ω_a	0.1	u	0.839
ω_b	−0.36	v	0.184
标准偏差（对角线）和相关系数（非对角线）			
	u	v	
u	0.0356	0.884	
v	0.884	0.0261	

表 3.14 大蒜（作为香料）中的产气荚膜梭菌的参数估计

a	0.252	mean/ (CFU/g)	49.5
b/ (CFU/g)	196	SD/ (CFU/g)	98.5
ω_a	0.125	u	0.842
ω_b	−0.37	v	0.142
标准偏差（对角线）和相关系数（非对角线）			
	u	v	
u	0.0391	0.846	
v	0.846	0.0211	

表 3.15 牛至产气荚膜梭菌的参数估计

a	0.0839	mean/ (CFU/g)	72.4
b/ (CFU/g)	862	SD/ (CFU/g)	249.8
ω_a	0.11	u	0.761
ω_b	−0.33	v	0.107
标准偏差（对角线）和相关系数（非对角线）			
	u	v	
u	0.0311	0.724	
v	0.724	0.0197	

表 3.16 其他香料中产气荚膜梭菌的参数估计

a	0.0562	mean/ (CFU/g)	148.3
b/ (CFU/g)	2641	SD/ (CFU/g)	625.9
ω_a	0.08	u	0.794
ω_b	−0.25	v	0.139
标准偏差（对角线）和相关系数（非对角线）			
	u	v	
u	0.0106	0.696	
v	0.696	0.0116	

　　在本风险评估中，要与所完成的数据分析一致，则要对芥末、小茴香、肉桂皮、红辣椒、辣椒和黑胡椒的数量进行组合，并将其视为单一香料，通过表 3.13 给出的参数的伽玛分布估计其浓度。单独研究大蒜和牛至的数量（分别用表 3.14 和表 3.15 的参数值），再将其他所有香料进行组合并利用表 3.16 的参数对其进行评估。

3.8.3　香料中的营养细胞和芽胞浓度

与先前的说明一样，这里假设香料产气荚膜梭菌完全以芽胞的形式存在。除一项研究外，此处讨论的香料产气荚膜梭菌浓度测量在其他所有研究中都未进行初热处理，因此，测量出的浓度可能仅代表存在于香料中的一小部分芽胞。由于诱发很大一部分芽胞发芽，因此热处理步骤可能导致较高浓度的营养细胞。

另外，Kneifel 和伯杰（1994）对在奥地利取得的未经任何灭菌方法处理的 55 种香料的 160 个样本（每种香料 1～6 个样本）进行了检查。两个研究者采用被认为能有效诱发芽胞发芽的初热处理（80℃，持续 5min），仅检测到一个阳性结果（葛缕子有 6 个样本）。未明确说明检测极限，但可能为 3～30CFU/g。与其他研究者的测量（表 3.11）相比时，难以解释 Kneifel 和伯杰（1994）为何未能检测到更多的产气荚膜梭菌。可能表明产气荚膜梭菌浓度由于地点和时间不同而具有较大的变化性，或者反映出当时在奥地利取得的香料产气荚膜梭菌的菌株组合（见 3.9.3）。

3.8.2 的定量分析中包括的试验都未经过热步骤，因此可能低估了香料中芽胞的总浓度。由于增加了香料，因此蒙特卡罗程序中采用下列方法预计最初存在于食物中的芽胞和营养细胞数。

从 3.8.2 的分布中获得每种香料 j 的"已测"芽胞浓度估计 C_j。可得到在未经过热处理的有利条件下可能发芽的芽胞组分估计 ϕ（见 3.9.5），然后用 C_j/ϕ 预计出该香料中的最初芽胞浓度（每份食物内的所有香料都采用同一个 ϕ 值）。

由于半熟食品中的芽胞在初步处理期间发芽，因此假设最初的营养细胞浓度等于"已测"浓度（因此 $C_{sj}=C_j$），然后通过 $c_{sj}=(1/\phi-1)C_j$ 得出初步处理后的剩余芽胞浓度。

对即食食品中通过初步处理激活的芽胞组分 η 进行估计（见 3.9.4），并将其用于最初芽胞浓度的估计，因此

$$C_{sj}=\eta C_j/\phi \text{ 和 } c_{sj}(1-\eta)C_j/\phi \qquad (3.10)$$

通过这种方式得到的估计在产气荚膜梭菌（其中有 A 类 CPE-阳性食物中毒菌株）的耐热菌株和传统菌株的活化和/或发芽率方面未出现任何差异。但目前的数据不足，难以区分出香料中的这些差异。

3.9　发芽芽胞组分

在特殊条件下的食品中发芽的产气荚膜梭菌芽胞组分可能取决于多种因素，包括：①食品添加剂的使用；②食品矩阵的生理学属性；③菌株变异；④热处理的温度和持续时间。下文将对这些因素进行说明，但除温度和时间外，关于这些因素的已公布数据不足，难以根据这些数据计算出发芽速率。可能具备足够的温度和时间组合因素数据，可以根据这些数据预计发芽组分，但即食食品和半熟食品的初步加工或最后准备的温度/时间关系信息的缺乏仍使该方法无效（见 3.9.4）。

3.9.1 普通食品添加剂对发芽产生的影响

已对两种常用食品添加剂亚硝酸盐和盐（NaCl）对产气荚膜梭菌芽胞发芽所产生的影响进行了评估。有证据表明食品中的亚硝酸盐水平不会影响产气荚膜梭菌芽胞的发芽。拉贝和邓肯（1970）发现，在实验室生长培养基中添加 20 000ppm[①] 的亚硝酸钠并未抑制耐热产气荚膜梭菌的发芽。通过比较，食品中允许添加的亚硝酸钠是 200ppm。本风险评估中未模拟亚硝酸盐对芽胞的发芽所产生的影响。

同样，在食品中添加盐也不可能影响产气荚膜梭菌芽胞的发芽。霍布斯（1962）的报告指出，产气荚膜梭菌芽胞可以在 5% 的氯化钠中发芽（可能在覆盖着盐水的生肉上），但未对试验进行详细说明。1%～3% 的盐不会抑制生孢梭菌芽胞发芽；改变发芽动力需要 >3%～<6% 的盐，使正发芽的那部分芽胞失去活性需要 6%～10% 的盐。此外，Mundt 等（1954）发现，生孢梭菌芽胞能够在 8% 的盐中发芽。尽管不是产气荚膜梭菌的数据，但这些数据仍表明食品中中等水平的盐（2%～3%）不会明显影响产气荚膜梭菌芽胞的发概率。本风险评估中未模拟盐对芽胞发芽所产生的影响。

亚硝酸盐和盐是否协同作用以抑制产气荚膜梭菌芽胞的发芽是一个未解决的问题。3.11.5 部分已经表明亚硝酸盐和盐协同作用以便抑制食品中产气荚膜梭菌营养细胞的生长。还没有确定的证据评价该协同作用对芽胞发芽产生的影响。本风险评估中未模拟所调查食品中的盐浓度和亚硝酸盐浓度对产气荚膜梭菌芽胞的发芽所产生的影响。

3.9.2 食品矩阵的生理学属性对发芽产生的影响

要考虑到氧气、水分活性和食品的 pH 等若干因素。

产气荚膜梭菌是不能在有氧状态下生长的厌氧菌。产气荚膜梭菌热敏性菌株研究表明，正发芽的组分会受到氧气的影响（艾哈迈德和沃克，1971）。但是，当加热会减少食品矩阵中存在的氧气时，缺乏关于其对产气荚膜梭菌所产生的影响的数据。本风险评估中未模拟氧气的影响。

水分活性指生物学过程中可以利用的水。Kang 等（1969）将热激活的产气荚膜梭菌芽胞放置在改变了水分活性的培养基中。在各个试验中分别添加 3 种溶质对水分活性水平进行控制。即使在很低的水分活性环境中芽胞也能发芽和生长，但是，根据这些数据不可能区分出减少的水分活性对发芽的影响和对生长的影响（参见 3.11.5.5 的详细说明）。此外，产肉毒梭菌芽胞能够在低于允许产肉毒梭菌营养细胞生长的水分活性水平中发芽（贝尔德-帕克和 Freame，1967；威廉姆斯和 Purnell，1953）。因此，可以合理地假定产气荚膜梭菌芽胞能够在低于允许营养细胞生长的水分活性中发芽。食品观察到的水分活性与本风险评估中的水分活性相似，这表明了其值高于可能影响发芽的阈值（见 3.11.5.5）。因此，未模拟水分活性对产气荚膜梭菌芽胞所产生的影响。

---

① 1ppm=1×10⁻⁶。

有证据表明 pH 会影响产气荚膜梭菌芽胞的发芽率。产气荚膜梭菌耐热芽胞试验表明，随着溶液的 pH 增加，最佳的发芽温度会下降（克拉文，1988）。例如，观察到芽胞的最佳发芽条件是 pH 为 5.6，温度为 75℃，持续 20min。但是，在 pH 为 5.6、温度为 65℃时，发芽率下降 2.3 倍。pH 为 6.6，20min 后观察到在 65℃和 75℃的温度下发芽的芽胞组分相似。但克拉文（1988）在这些研究中通过测量光密度值的下降而非列举量化了发芽变化，该测量与此处模拟的延迟时间的关系还不确定。因此，本风险评估还不能确切地模拟出 pH 对产气荚膜梭菌芽胞发芽所产生的影响（此外，未对本风险评估中使用的食品分量的 pH 进行测量，酸碱度对发芽产生的影响仅会影响保温模型）。

3.9.3 热处理温度和时间，菌株对发芽的影响

有证据表明引起食物中毒的产气荚膜梭菌的抗热性比抗和人类疾病无关的张力更强，而且在热敏感性和热量对发芽的芽胞部分的影响之间有着某些联系。例如，一个对热敏感的菌株的芽胞暴露在 65～70℃条件下 10～20min 可以发芽到最大程度。对于具有抗热性的两个菌，芽胞在 70～80℃条件下加热 10min 发芽情况最好。对于任何单一的菌株，在不同的热处理温度和不同的暴露到该温度的次数下发芽率有着清晰而且很大的变化（温度大约在 50℃以上时要求产生任何活化作用），而且这一变化大体上在菌株之间发生。

尽管这些数据表明在产气荚膜梭菌菌株的热敏感型和抗热性之间存在差异，但文献仅仅包含少数菌株的结果，因此在当前不可能把这个差异参数化。因此，热敏感和抗热菌株的数据用于评估热激活的产气荚膜梭菌芽胞发芽。

在解释这些数据时，实验性技术和解说是很重要的。有些实验者测量芽胞的绝对初始数量或芽胞浓度（通过计算总芽胞数或由计算总芽胞数标定的光学方法），随后在细菌在合适的媒介上潜伏后测量菌落数上发芽的芽胞数。这类测量在下面被称为"绝对的"。其他实验者同时测量有效的芽胞初始数量和完全依赖合适媒介上潜伏的继续发芽的芽胞数，因此可能遗漏了在试验条件下从不发芽芽胞。这类测量在下面被称为"相对的"。

Wynne 和 Harrell（1951）在一个单一热处理后显示 98.5％发芽率，第二次热处理后增加 1.5％的发芽率的相对方法中使用一个无典型特征的产气荚膜梭菌菌株，两次热处理结合的影响定义为 100％。确切的方法不是很清楚，也没有给出原始结果。这是唯一的试验证明在初次热处理和第二次热处理之后试图恢复潜伏后没有发芽的芽胞。因此这对某些 RTE 食物而言是和预期的事件顺序最近的可用的匹配-在生产期间初步的烧煮步骤，接下来在准备期间进行重新加热。

Wynne 等（1954）在两次试验中单一热处理之后再次用相对方法使用无典型特征的产气荚膜梭菌估算 94％和 100％的相对发芽率。在该情况下的测量是芽胞，而不是发芽芽胞产生的职务细胞，芽胞的恢复普遍是在没有第二次加热的情况下潜伏 2～3 天完成，取而代之的是营养细胞通过接触氧气而被摧毁。

然而，在第二次热处理中执行的测试可以解释为在第二次热处理后近似 0.2％的附加发芽率（以及 100％的相对发芽率测试，在测试中没有恢复的芽胞）。

Ahmed 和 Walker（1971）使用光学密度中的改变来估算和随后发芽（由菌落数测

量）有关的芽胞中的变更，使用产气荚膜梭菌菌株 S45 作为热处理之后的时间函数。这表明使用的方法是绝对的（使用的标定方法没有用足够的材料描述来做出一个全面的决定）。他们测量在持续 20min 的 75℃ 热处理后 25min 之内和近似 47% 的发芽率对应的最大光学密度改变量，以及 80℃ 热处理下的最大改变量。光学密度改变量在热处理后几乎随时间的增加而线性增加，直到其达到饱和，而对于低的热处理温度光学性密度改变很明显在试验结束时仍然在发生。

Tsai 和 Riemann（1974）在热处理不同时间和温度结合下测量了 5 个菌株的活化作用（NCTC8798，S79，80535，ATCC 3624 和 BP6K；前 3 个列出的菌株和食物中毒有关，后两个则是典型的或者研究得很透彻的，但是和食源疾病没有特别的关系）。用绝对方法（芽胞初始数量的绝对光学计数；发芽芽胞的菌落数）测量的最大发芽率为 30%～70%。

Craven 和 Blankenship（1985）使用 NCTC8679 菌株和相对测量方法，对任何在 75℃ 热处理条件下时生长超过 5min 的菌株观察最大活化作用，并按照给出的 100% 活化来定义这些条件。添加的溶菌酶增加活化到 105%（明显比没有添加溶菌酶的要高），以至于在没有溶菌酶的条件下相对活化最多为 100/105＝95%。使用绝对方法，同样的，作者测量 61%±19% 的绝对活化（和它们规模上的 100% 相对活化相对应）。

描述的试验在实验室媒介和水中进行，使用抗热和热敏感（或未知的）产气荚膜梭菌。调查肉类中产气荚膜梭菌发芽的研究表明，在热处理（不是溶菌酶处理）后有一个非常大的相对芽胞组分，尽管不能推导出量化估算（Barnes et al.，1963），也只发现两个用于抗热菌株的研究。

3.9.4 热处理后芽胞发芽组分——η 和 g_p

模型中所要求的芽胞发芽组分可以是相对组分也可以是绝对组分，只要它们都是定义明确的而且持续使用（如果在食品加工、存储、运输和准备中遇到的任何条件下在肉类产品中存在没有发芽的芽胞，那么使用相对组分会合乎情理些）。两个组分都有要求：第一个（由上面的 η 表示）用于初始加工，而第二个 [在公式（3.2）中的 g_p] 用于食品准备中的再热。有可能这些组分随着产气荚膜梭菌菌株的变化而变化，而且在热处理的条件下，这两个组分在当前都无法模拟。

为了包含上面所描述到的测量范围、变化的热处理预计、产气荚膜梭菌菌株中的变化，模拟 η 为 5%～75%（芽胞初始总数，和 3.9.3 中的绝对测量相对应），伴随着 50% 的模型的三角分布。关于分布形状和数值的这些假设的影响使用敏感性分析评估。

只有一个实验有效地测量了 g_p，并且对测试菌株有着最适宜的初始热处理。在那种情况下，表明了在可以由随后的加热激活的初始热处理之后只剩下了很少的芽胞。如果原始热处理条件不是最理想的，而任何再热方法是理想条件。很有可能出现一个比 Wynne 和 Harrell（1951）测量值更大的组分可以由二次加热活化的情景。g_p 的估算决定于 η 被当作从 0 到（0.75－η）/（1－η）的变量（上限和在总芽胞组分中存在 75% 的上部界限相对应，芽胞可能由两次热处理激活），附带三角分布模型，在 0 和上限之间。关于分布形状和数值的这些假设的影响使用敏感分析进行估算。

3.9.5 在没有热处理的合适条件下芽胞发芽

在合适的条件下（没有进行热处理）发芽的芽胞组分（由上面的 ϕ 表示）要求解释有关香料的试验（见 3.8.3）。下面的学习用来估计在适宜的条件下发芽的芽胞组分。

Barnes 等（1963）测量了由芽胞的溶菌酶处理和产气荚膜梭菌 F2980/50 的营养细胞悬浮液所准备的 3% 的芽胞显性发芽和生长（和热激活后的恢复有关）。然而，随后的在 37℃ 下的潜伏导致了在接下来的 24h 内在生肉或熟肉中少于 3.5 对数增长，表明了对于任何存活的剩下的营养细胞或发芽的芽胞停滞期延长。在其他检测存储温度影响的试验中，对生牛肉块用芽胞和营养细胞悬浮液接种并在常温下保存。Barnes 等（1963）的研究表明了在所有测试温度下芽胞无法发芽的失败例子。然而，这些测试无法区分发芽和芽胞死亡，以及温度低于 15℃ 时假定和芽胞死亡相对应（见 3.13.2）。

Roberts（1968）观察到没有加热的芽胞悬浮物的培养菌为 4 种或 5 种抗热菌株（NCTC8238、NCTC8239、NCTC8798、NCTC8797，可能还有 NCTC9851；论文没有讲明）的显微镜决定的总芽胞数的 0.13%~3.6%，但是是两种典型菌株（NCTC3181、NCTC8084）的 31%~46%。然而，也观察到芽胞准备方法（涉及通过氧气来减除营养细胞的活性）不是完全有效的，因此有些培养菌数可能是因为存活的营养细胞。

Ahmed 和 walker（1971）表明在芽胞冷冻存储 1 或 2 个月后一些在显微镜下可见的发芽的存在（没有标明温度）。

Tsai 和 Riemann（1974）对 3 种没有进行热处理的和产气荚膜梭菌菌株有关的食物中毒测量 4%、6% 和 8% 的芽胞准备进行恢复，10% 和 13% 是针对两种典型菌株而言的，尽管不清楚芽胞准备不含有营养细胞到何种程度。这些恢复是发芽芽胞的菌落数，但是芽胞的初始数量明显进行光学测量，因此这些为绝对恢复。

Craven 和 Blankenship（1985）使用 A 类菌株 NCTC8679，观察到没有进行热处理（<1% 营养细胞，干燥存储）的芽胞悬浮液的 4%~6%（和 20min 75℃ 热处理后的恢复有关）在 TSC 上形成菌落。在该试验中添加的溶菌酶增加菌落数大约到芽胞的 10%。和 100% 相对恢复相对应的绝对恢复为 61%±19%，因此绝对发芽率为 2%~4%。

对于热处理条件下的芽胞发芽，没有进行热处理的芽胞发芽组分应该随着产气荚膜梭菌的菌株和条件而变化。为了包含上述测量，A 类 cpe-阳性菌株的模拟为从 1%~10% 的三角分布的变量，占模型的 5%。在决定这一系列假设的影响的参数和分布形状上执行敏感性分析。

3.10 A 类 cpe-阳性产气荚膜梭菌细胞的组分（f_{vmA}、f_{vsA}、f_{smA} 和 f_{ssA}）

产气荚膜梭菌食物中毒是由 A 类 cpe-阳性产气荚膜梭菌引起的（见"危害识别"），而且和其他类型的产气荚膜梭菌不是典型相关。食品（以上）中浓度的测量和估算在不考虑菌株类型或有可能产生毒素的情况下已经给出。结果是，有必要测量 A

类 cpe-阳性产气荚膜梭菌细胞和菌株的组分。正如下面所见,没有可以用到的数据来辨别在整个食品准备过程中这些组分可能如何变化,也无法辨别生肉中的营养细胞和菌株(大概在调料中的测量是菌株的)。因此,没有可以用到的数据来辨别公式(3.1)中标定为 f_{vmd} 和 f_{smd} 的组分,也没有数据可以用来辨别标定为 f_{vsd} 和 f_{ssd} 的组分。在接下来的分析中,每对组分分配一个单一值。这些组分代表有可能在食品中找到的产气荚膜梭菌隔离群为 A 类 cpe-阳性。有可能这种可能性以系统的方式变化,可能是地理的或时间的。然而,在该分析中它们被认为独立于 RTE 或特别熟食的特殊份,它们不是变化的,仅仅是不确定而已。

3.10.1　测量 A 类菌株的普遍性,cpe-阳性菌株的普遍性的选择性研究,或者对两者都进行研究

可能依据某些关于 A 类和/或 cpe-阳性菌株部分的推论的试验性测量在表 3.17 中给出了总结。由 Kokai-Kun 等(1994)、Skjelkvale 等(1979)和 Rodnguez-Romo(1998)等实施的研究仅仅测量了对产气荚膜梭菌肠毒素基因而不是类型 A 阳性的样品组分。Songer 和 Meer(1996)、Daube 等(1996)测量了基因型和 cpe 状态(呈现 CPE 毒素的 DNA),前者也声明了在典型特征的细胞线上 cpe 状态和 CPE 毒素生产之间十分一致。

表 3.17　A 类产气荚膜梭菌环境隔离群的比例

参考文献	来源	样品编号	cpe-阳性百分比	A 类产气荚膜梭菌和 cpe-阳性的百分比	cpe-阳性,不是 A 类产气荚膜梭菌的百分比	试验方法
Songer 和 Meer, 1996	美国;主要是人类和哺乳类隔离群	616	8.1%(50/616)	7.1%	12%(6/50)	PCR 分析
Daube 等, 1996	比利时;主要是人类和哺乳类隔离群	2.659	1.8%	1.6%	12.2%(6/49)	用 DNA 探针进行菌落杂交
Kokai-Kun 等, 1994	加拿大和美国;主要是人类和哺乳类隔离群	454	3.5%	3.1%		PCR 分析
Skjelkvale 等, 1979	英国和挪威;主要是人类和哺乳类隔离群	168(和暴发或感染无关)	1.2%	1%		功能肠毒素分析
Rodruguez Romo 等, 1998	墨西哥内的香料	188	4.3%	3.7%		使用 DNA 探针的点印记法

注:A 类 cpe-阳性产气荚膜梭菌的百分比由 cpe-阳性菌株而不是 A 类产气荚膜梭菌来调节(~12%)。

在表 3.17 中列出的最初的 4 个研究是对哺乳动物或食品样品的隔离群的测量，而最后一个则是香料上的隔离群。因此最初的 4 个研究认为最适合用来估算生肉中 A 类 cpe-阳性菌株的普遍性，而最后的仅仅用于香料中的普遍性估算。

表 3.17 中总结的比例可能因为一些原因高估或低估了有能力造成产气荚膜梭菌食物中毒的 A 类产气荚膜梭菌芽胞比例，包括如下内容。

（1）研究并未判定出包含 cpe 的隔离群实际上是否产生了肠毒素（CPE）。因此有可能有些隔离群不能引起疾病。这将导致高估了有能力引起产气荚膜梭菌食物中毒的产气荚膜梭菌 A 类芽胞的比例。

（2）研究也没有给出在质体上存在 cpe 和在染色体上存在 cpe 的产气荚膜梭菌 A 类细胞的区别。前者的细胞被认为可以引起和食物中毒无关的偶发胃肠疾病。因此，这些在质体上含有 cpe 的细胞很有可能无法体现出产气荚膜梭菌芽胞有能力引起食源性疾病。这将导致高估了有能力引起产气荚膜梭菌食物中毒的产气荚膜梭菌 A 类芽胞的比例。

（3）隔离群是用非随机方式得出的，经常带有未确定的来自人类、哺乳类或和肠道疾病（如果不是腹泻）有关的食物样本的组分。特别指出的是，Soner 和 Meer（1996）隔离群显示出对 cpe-阳性菌株有着很重的偏见（至少有 44％来自宾夕法尼亚州的隔离群认定为 cpe-阳性；列出的来源为人类、人类食物或未知，没有说明和人类疾病有关）。Daube 等（1996）指出，在 769 例样本中（提供给 2659 个隔离群），有 76 例和腹泻有关（37/46 在人类，尽管还没有怀疑梭菌性疾病），458 例和肠毒素有关，10 例和坏死性肠炎有关。这可能会导致高估或低估了有能力引起取决于这些研究如何体现肉类中产气荚膜梭菌 A 类芽胞的普遍性的产气荚膜梭菌食物中毒的产气荚膜梭菌 A 类芽胞的比例。

（4）环境产气荚膜梭菌 A 类的比例可能无法真实地反映出初始加工前或初始加工后肉类产品中 A 类产气荚膜梭菌的发现。这可能会导致高估或低估了有能力引起取决于真实的普遍性的产气荚膜梭菌食物中毒的产气荚膜梭菌 A 类芽胞的比例。

很少有隔离群标明仅仅来源于和疾病暴发无关的人类食物。在 Daube 等（1996）的著作中隔离群的 45 例子系列确定为源于 32 例和人类疾病经历无关的人类食品样本；在该子系列中所有隔离群都是 A 类和 cpe-阴性。在其中 17 例源于人类食物的隔离群在 songer 和 Meer（1996）中得到认证，所有的都是 A 类，至少有一例是 cpe-阳性。然而，和疾病有关或无关没有对这些隔离群进行报道。在其中 168 例源于肉类尸体、绞碎牛肉、食物和粪便的隔离群和疾病无关，猪粪便 2 例为 cpe-阳性，都是在猪粪便中。

鉴于上述的 Songer 和 Meer（1996）隔离群中的非随机性认定，这些数据不会使用。

从 Daube 等（1996）、Kokai-Kun 等（1994）和 Skjelkvale 等（1979）的著作选取的数据用来增加来源于这些论文的数据的代表性，只有和牛、羊、猪、飞禽和人类食物有关的隔离群（和暴发食物中毒无关）用来分析估计和肉类及肉类产品有关的 A 类、cpe-阳性细胞比例。对于香料，仅有的可以用到的数据来源于 Rodriguez-Romo 等（1998）的著作，而且这些数据已经用到了。

　　还有其他有限的数据可能和食物中产气荚膜梭菌 A 类的比例有关（表 3.18）。这些研究估计生肉和加工肉类产气荚膜梭菌抗热菌株的频率。这些数据没有用于下面所陈述的理由中。

表 3.18　食品样本中抗热产气荚膜梭菌的比例

参考文献	来源	样本	抗热性	抗热产气荚膜梭菌芽胞的比例
Hell 和 Angelotti，1965[a]	美国，俄亥俄州	生肉和加工肉	芽胞，在100℃的加热条件下持续30min 或更久	1.9%（2/108）
Mckillop，1959[b]	英国，苏格兰	生牛肉、香肠和鸡肉	样品浸入沸水中15min	3.6%（2/55）
Bauere 等，1981[a]	美国，佐治亚州	猪肉	芽胞在95℃的加热条件下存活	30min 为 6%（2/34），60min 为 0（0/34）
Hobbs 和 Wilson，1959[b]	从4个未知国家进口到英国	小牛肉、牛肉、羔羊肉、羊肉和猪肉	肉样品罐头蒸 1h	11%（76/722）无骨的，1.5%（3/195）尸体
Weadon，1961[b]	英国	生肉	肉样品罐头放置到浅水盆内持续沸腾 1h	18%（130/714）

　　注：a. 作者隔离了产气荚膜梭菌营养细胞，诱导孢子形成，然后测试其抗热性。

　　b. 作者把样品暴露到加热条件下，然后测试样品中存在的产气荚膜梭菌。

　　（1）产气荚膜梭菌菌株不是典型的。

　　（2）没有对产气荚膜梭菌的 *cpe* 基因或 CPE 毒素进行分析。

　　（3）尽管抗热性和这些引起产气荚膜梭菌食物中毒的产气荚膜梭菌菌株有关，单独的抗热性不能预测出引起人类疾病的可能性。

　　（4）在过去的 35 年里屠宰和加工条件所发生的改变可能会影响产气荚膜梭菌 A 类的组分。

3.10.2　A 类、cpe-阳性的生肉和香料中产气荚膜梭菌组分的选择性研究分析

　　为了估算出 A 类、cpe-阳性的生肉和香料中产气荚膜梭菌细胞和芽胞的组分，从 Daube 等（1996）、Kokai-Kun 等（1994）和 Skjelkvale 等（1979）的著作中选择的数据用于生肉，而从 Rodriguez-Romo 等（1998）的著作中选择的数据则用于香料。没有给出可以区分芽胞和营养细胞的数据；组分假定为相同的。

　　Daube 等（1996）使用基因探针测定隔离群类型，也用类似的方法确定 cpe-阳性隔离群。鉴于所有毒素（包括 CPE）基因型和表型之间的协调一致，假定该分析中的基因型和表型（对 A 类/非 A 类，cpe/非 cpe 两分）相对应，尽管在原则上（至少对 cpe 而言）两者可能会有差别，因为 cpe 可以放到质体而不是染色体上。Kokai-Kun 等

（1994）、Skjelkvale 等（1979）和 Rodriguez-Romo 等（1998）的著作中仅提供了 cpe 状态下的数据。选择的信息（所有和牛、羊、猪、飞禽和人类食物有关的隔离群数据，以及和食物中毒暴发无关的隔离群数据）总结在表 3.19 中。

表 3.19 用于分析应为 A 类、cpe-阳性的产气荚膜梭菌组分的选择数据总结

参考文献	类型	隔离群数	
		cpe-阳性	cpe-阴性
Daube 等（1996）	A 类	8	1780
	非 A 类	4	20
Kokai-Kun 等（1994）	未知	5	201
Skjelkvale 等（1979）	未知	2	166
Rodriguez-Romo 等（1998）	未知	8	180

初步分析表明，在前 3 个研究里的 cpe-阳性组分是相同性质的，这在随后由下面所描述的分析中得到证实。假定在产气荚膜梭菌单个细胞感染的肉类产品中（芽胞或营养细胞）存在 A 类、cpe-阳性的分数 A^+，非 A 类、cpe 阳性的分数 nA^+，A 类、cpe-阴性的分数 A^-，以及非 A 类、cpe-阴性的分数 $nA^- = 1 - (A^+ + nA^+ + A^-)$。类似地，对于香料也有着相应的分数 S^+、nS^+、S^- 和 $nS^- = 1 - (S^+ + nS^+ + S^-)$。然后在表 3.19 中的观察都是双名样品，允许用可能性的恰当结合来写出观察到的相应的对数概似。对每个条目概似的贡献在表 3.19 中可以描述为

$$r\ln(pN/r) \tag{3.11}$$

这里 r 是观察数，N 为研究中观察到的总数，而 p 是可能性 A^+、nA^+、A^-、nA^-、S^+、nS^+、S^- 和 nS^- 的恰当组合（表 3.20）。

表 3.20 表 3.19 中每个条目的可能性

参考文献	类型	可能性	
		cpe-阳性	cpe-阴性
Daube 等（1996）	A 类	A^+	A^-
	非 A 类	nA^+	$1 - (A^+ + nA^+ + A^-)$
Kokai-Kun 等（1994）	未知	$A^+ + nA^+$	$A^- + nA^- = 1 - (A^+ + nA^+)$
Skjelkvale 等（1979）	未知	$A^+ + nA^+$	$A^- + nA^- = 1 - (A^+ + nA^+)$
Rodriguez-Romo 等（1998）	未知	$S^+ + nS^+$	$S^- + nS^- = 1 - S^+ + nS^+$

对于香料而言，没有足够的数据来估计隔离群多少组分为 A 类或非 A 类，假定在每个 cpe 目录内（+和−），A 类和非 A 类的相对组分对于肉类和其他食物来说是相同的（列出的前 3 个研究）。也就是说，附加的限制为

$$nS^+ = S^+ nA^+ / A^+$$

$$nS^- = S^- nA^- / A^- \tag{3.12}$$

是强加上去的。接下来是

$$S^- = \frac{1 - S^+(1 + nA^+/A^+)}{1 + nA^-/A^-} \tag{3.13}$$

通过这些假设，得出独立参数 A^+、nA^+、nA^- 和 S^+ 的最大概似估算（任何 4 个参数都可以当作独立参数来处理最大概似估算，表 3.19 中的最大概似估算仅仅是从数值比例中得出的明显值，但是这里只有 A^+ 和 S^+ 为直接利益）。使用在公式（3.11）中标准化的对数概似贡献，允许测试研究之间的同质性。它们在测试中是同质的（$p = 0.54$）。通过找出合适的转换得出不定性估算，使得 A^+ 和 S^+ 的外形概似接近正常（见讨论这类转换的附录 3.1）。选择的转换为

$$u = \left(\frac{A^+}{1 - A^+}\right)^{0.4} \text{ 和 } v = \left(\frac{S^+}{1 - S^+}\right)^{0.25} \tag{3.14}$$

该转换给至少在 4.5 标准偏差之外的外形概似一个很好的正常近似值。A^+、S^+、u 和 v 的最大概似估算在表 3.21 中给出。

表 3.21　A 型、细胞病变效应（cpe）呈阳性的细胞组分的最大概似估计

A^+	0.00579
S^+	0.0284
u	0.128
v	0.413

按照 u 和 v 重写概似，使用信息矩阵允许二次近似其局部节理剖面概似（分别或同时令 u 和 v 的增量等于其单独剖面概似所显示标准偏差的大约 1.5 倍从而进行预测，重新优化多余参数 nA^+ 和 nA^-，并解出对数似然变化的合成同时二次方程式）。之后，通过倒置信息矩阵，可以得到 u 和 v 的变量-协变量矩阵。表 3.22 给出了有关标准偏差及相关系数的结果估计。

表 3.22　u 和 v 不确定性分布的标准偏差（主对角线）及相关系数（非对角线）

	u	v
u	0.0156	0.257
v	0.257	0.0417

3.11　产气荚膜梭菌及产肉毒杆菌的生长

3.11.1　根据温度及时间的产气荚膜梭菌及产肉毒杆菌的模型生长

附录 3.2 的技术细节讨论了产气荚膜梭菌生长的模型，其中使用的方法也在此处使用。同时，还需要产肉毒杆菌生长的模型来回答待解决的问题（见 1.1），该模型也按

照与产气荚膜梭菌完全相同的方式进行。

经过加热处理，在合适环境下，产气荚膜梭菌芽胞在固定温度的生长具有延迟期 t_m 的特征，在该延迟期内，被激活的芽胞转换为营养状态并准备好进行细胞分裂。合成的营养细胞之后进入生长期，在这一阶段细胞分裂是有规律的，引起细胞密度随时间呈指数式扩增，直至营养细胞的密度高到环境的某些方面变得比例与进一步生长（例如，细胞可能耗尽食物，或产生相互自我抑制的化学物质）。生长阶段具有加倍时间的特征（细胞密度加倍的时间），或生长速率的特征（细胞密度增长速度与细胞密度本身的比例）。生长速率用 μ 表示，按照间隔时间的单位进行估量，并用于此处。营养细胞达到具有高细胞密度的稳定期之后的行为与风险评估的关联不大。

细胞密度通常会稍有下降，在适宜条件下，营养细胞可能开始芽胞生殖。在有利环境下，如肉类的细胞密度在稳定期能够达到每克 $10^8 \sim 10^{10}$ 个细胞。如果风险评估中需要，可以假定细胞在稳定期保持在同一高密度水平，即使是在食物中，具有这一细胞密度的产气荚膜梭菌通常散发出一种确切的"不正常的"气味与味道。

正如附录 3.2 中所讨论的，延迟期 t_m 及生长速率 μ 取决于芽胞的来历或营养细胞的环境。环境温度对这两者都有重大影响，尽管人们通常认为 μ 在任何时候都主要取决于同一时间的温度，而 t_m 主要取决于历史温度。对于恒定温度，该风险评估使用了初级生长[①]模型，其形式为

$$C_s(t) = C_0(1 - I(a+1, at/t_m))$$

$$C_v(t) = f(t, T, C_0, \mu, t_m, C_m, a) \equiv C_m \frac{z(t)}{1+z(t)} \tag{3.15}$$

$$z(t) = \frac{C_0}{C_m} e^{\mu t} \left(\frac{a}{a+\mu t_m}\right)^{a+1} I(a+1, t(\mu+a/t_m)) \tag{3.16}$$

式中，I 为不完全伽马积分

$$I(\alpha, x) = \frac{1}{\Gamma(\alpha)} \int_0^x w^{\alpha-1} e^{-w} dw \tag{3.17}$$

且其中不同的符号有不同的含义。

$C_s(t)$：时间 t 时芽胞细胞密度，

$C_v(t)$：时间 t 时营养细胞的密度。

f：代表初始模型的数学函数。

C_0：初始芽胞密度（细胞数/g）。

T：温度，$\mu = \mu(T)$ 且 $t_m = t_m(T)$。

C_m：可以供养的最大细胞密度。

a：该模型的额外变化参数，指出 t_m 在单个芽胞之间及类似条件下如何变化（t_m 的标准偏差近似为 $t_m/\sqrt{a}$）。

---

① "初级"模型为固定温度模型，它将细胞密度与时间联系起来。"二次"模型描述了初级模型的参数如何随着温度而变化。此处的初级模型指的是附录 3.2 中的"模型 3"。

二次模型描述了 μ 和 t_m 如何随温度变化；两者都是 Ratkowsky 形式[1]，第一个是 μ，第二个是 $1/t_m$。这些曲线以最高和最低温度为特征，以及曲线最大值的位置和曲线在最大时的量值（参见附录 A3.2.4）。这些模型的形式为

$$\mu = \mu(T) = A_m \frac{(1-x)^2(1-\exp(-\theta_m x))}{N_m} \tag{3.18}$$

且

$$1/t_m = 1/t_m(T) = A_t \frac{(1-x)^2(1-\exp(-\theta_t x))}{N_t} \tag{3.19}$$

式中，

$$x = \frac{T_{\max} - T}{T_{\max} - T_{\min}} \tag{3.20}$$

是曲线上的一个位置，且其中的符号代表不同的含义。

T：温度。

$T_{\max}$：延迟期内生长或发展的最高温度。

$T_{\min}$：延迟期内生长或发展的最低温度。

θ，N：曲线最大值位置的函数［参见等式（A3.2.33）及等式（A3.2.34）］。

3.11.2　产气荚膜梭菌及产肉毒杆菌生长速率的评估方法

使用初级模型［公式（3.15）和公式（3.16）］使测得的产气荚膜梭菌的生长适应固定的温度。得到估计细胞密度的数据作为一个时间函数（个人通信，2003，与 L. Huang、H. Marks 及 V. K. Juneja）用于 Juneja 等（1999）所进行的细菌培养液试验、Juneja 等（2001）在腌制牛肉烹制中的试验、Juneja 和 Marks（2002）在腌制鸡肉烹制中的试验、Huang（2003）在绞绞碎牛肉烹制中的试验，以及 Juneja 和 Marks（1999）在添加有去氧酶的强化梭菌介质（RCM）中针对产肉毒杆菌的试验。这些试验都是首先将无菌生长介质接种到芽胞内，然后通过加热处理激活使其发芽。之后，生长介质维持在恒定的温度，并在合适的时间间隔取样（通过次取样液态介质或使用肉介质的多个小样本）从而通过平板接种测得细胞数目。

假设通过这些试验测得（CFU/g）的是营养细胞的总数及剩余芽胞的密度，$C_s(t) + C_v(t)$ 是公式（3.15）中的符号，且试验估计的 CFU/g 的对数具有正常测量误差[2]，在所有细胞密度中具有相同的标准偏差。对于每个试验中的每个温度重复试验（具有多个温度），对数值 C_0、μ 和 t_m 都进行了估计。对于每个试验，参数 C_m、a

---

① 使用 Ratkowsky 形式的原因在于大多数文献都使用这种形式。L. Huang（个人通信，2004）指出 Ratkowsky 形式可能不适合用于生长速率变化的模型，尤其是在接近 $T_{\max}$ 的温度时。

② 在这一分析中，假定测量误差来测定发生在每个重复试验生长曲线时间点的理想数学形式的偏差（假定随机）。

测量误差共同的标准偏差都进行了估计。所使用的估计方法为最大概似法，通过同时最大化所有参数的概似，可以获得所有与给定试验相关的参数。最初调查者针对测定数据的审查被使用，出于微生物学或试验原因（例如，怀疑生长过度、恒温较差），原作者审查了所有的重复试验，并同样进行了检查。如果原作者从分析中除去重复试验，理由是有太少的数据点支持其分析方法，通常也要按照上述做法进行，除非那些数据可以支撑当前的分析方法。对于 Juneja 等（2001），生长曲线早期指数部分上的数据并未像在最原始的文章（使用只有在曲线最开始部分有效的生长曲线的近似值）中那样进行审查，因为此处使用的生长曲线循着那一区域上方生长曲线的轨迹[1]。

该方法允许对每个试验中的所有参数进行最大概似估计，变化参数 a 除外。概似函数是一个针对 a 的迟缓函数，因为这些试验对其数值并不敏感，其数值仅影响初始稳定芽胞密度（延迟期内）与指数生长期之间的生长曲线的形状。选择 $a=100$（对应假设单个芽胞延迟 t_m 中标准偏差的大约 10%）[2]。

对二次模型随后的评估，得到所有其他参数（a 除外）最大概似的估计，以及 $\ln(\mu)$ 和 $\ln(t_m)$ 的信息矩阵，用数字预计每个温度在固定数值的重复试验得出该温度重复试验的 C_0，以及试验范围内的 C_m 和测量误差[3]标准偏差的 C_0。这一信息矩阵测得 $\ln(\mu)$ 和 $\ln(t_m)$ 仅基于测量误差的预期变化。

从数学上来说，对于一次重复试验（在固定温度和同样初始条件下的单条生长-时间曲线），在试验中有指数 i（多条生长曲线，可能包括每个温度的多次重复试验），预计会有

$$\ln(C_{ij}) = \ln(f(t_j, T_i, C_{0i}, \mu_i, t_{mi}, C_m, a)) + \varepsilon \qquad (3.21)$$

式中，C_{ij} 为重复试验在温度 T_i 时间 t_j 之后的 CFU/g；f 为初级模型；ε 为正常分布的误差具有平均数 0 和标准偏差 σ。

C_m、a 和 σ 为整个试验范围内的参数，而 C_{0i}、μ_i 和 t_{mi} 适用于本次重复试验（编号 i）。符号 σ 代表试验误差。公式（3.21）所代表的假定对数似然预期为（给定 C_{0i}、μ_i 和 t_{mi}）[4]

$$J = \sum_i J_i = -\sum_{i, j} \left(\ln\sigma + \frac{\ln(C_{ij}/f_{ij})}{2\sigma^2} \right) \qquad (3.22)$$

式中，$f_{ij} = f(t_j, T_i, C_{0i}, \mu_i, t_{mi}, C_m, a)$

现在找出所有参数的最大概似估计，并计算出其他参数在固定值的每个 $\ln(\mu_i)$ 和 $\ln(t_{mi})$ 的信息矩阵。之后，针对每一次近似于引人关注部分条件概率的重复试验

---

① 除了两次重复试验中的点，都是在 21.1℃。第一次重复试验中的最后 1 个点，以及第二次重复试验中的最后 3 个点进行了审查（如原作者所做那样）。前者降低了 2 个对数，即 48～54h，后者降低了 1.94 个对数，即 39～44h 并保持在 48～53h。

② 进一步分析测试 a 的变化值的影响可能比较恰当。

③ 未能考虑这些其他参数的协变量，其稍稍低估了其中的不确定性。但是，其影响似乎很小。

④ 从试验菌落计数数据开始并明确围绕与计数及附加试验不确定性有关的 Poisson，不确定性似乎更为可取。此处的分析对应于从那些菌落计数数据中得出的 CFU/g 估计开始。

（如恰好包括 μ_i 和 t_{mi} 的部分），其正常表现为

$$\exp(J_i) - |B_i|^{1/2} \exp(-x_i'B_i x_i) \tag{3.23}$$

式中，$x_i = (\mu_i - \mu_i^*,\ t_{mi}^* - t_{mi}^*)'$

并且，$*$ 表示最大概似估计，$'$ 代表转置，B_i 为 $\ln(\mu)$ 和 $\ln(t_m)$ 的信息矩阵。

假设 $\ln(\mu)$ 和 $\ln(t_m)$ 具有 Ratkowsky 形式（其测量不确定性除外）的正常分布变异性，可以估算 μ 和 $1/t_m$（二次模型）的 Ratkowsky 形式。这些变异性代表了 μ 和 $1/t_m$ 在不同试验中的变化，并随后用作可能出现在不同食物媒介变化、不同菌株之间变化及不同条件下变化（温度除外）的替代物。这些变异性表现在使用变量-协变量矩阵进行的分析中，允许对 μ 的变化和 $1/t_m$ 的变化之间的任何关联进行评价。为了估算 Ratkowsky 等式的参数及变量-协变量矩阵成分在不同试验之间的变化幅度，通过一个等于不同试验之间变化的变量-协变量矩阵之和的变量-协变量矩阵估算出了 $\ln(\mu)$ 和 $\ln(t_m)$ 的总变化，而信息矩阵的倒数代表了试验误差。之后，Ratkowsky 等式的所有参数及不同试验之间变化的变量-协变量矩阵通过最大概似估算得出。每个试验涉及 9 个参数，即 $T_{\min}$、$T_{\max}$[①]、μ 和 $1/t_m$，Ratkowsky 曲线上的两个参数，不同试验间变化的两个变量和一个协变量。

从数学的角度，可以假设：

$$\ln(\mu_i) = \ln(R(T_i,\ X_m,\ A_m,\ T_{\min},\ T_{\max})) + \eta$$
$$\ln(1/t_{mi}) = \ln(R(T_i,\ X_t,\ A_t,\ T_{\min},\ T_{\max})) + \phi \tag{3.24}$$

式中，R 为二次模型（Ratkowsky 形式），具有参数 $T_{\min}$、$T_{\max}$[②]，X（最大值位置）和 A（最大值高度），下标 m 和 t 区分 μ 和 t_m 的数值。符号 $(\eta,\ \phi)$ 代表了不同重复试验间的变化，并假定与零平均值和下面的变量-协变量矩阵相垂直：

$$Q = \begin{pmatrix} s_m^2 & c_{mt} \\ c_{mt} & s_t^2 \end{pmatrix} \tag{3.25}$$

然后，第 i 次重复试验的对数似然（不取决于 μ_i 和 t_{mi}）可以被正常形式的对数似然近似为变量-协变量矩阵 $Q + B_i^{-1}$（来自于 μ 和 t_{mi} 的相关卷积积分）。将所有的重复试验加和，得出整个试验的对数似然。之后，通过最大化这一对数似然，可以估算得出这 9 个参数 $T_{\min}$、$T_{\max}$、X_m、A_m、X_t、A_t、s_m、c_{mt} 及 S_t，并能通过计算其信息矩阵的倒数得出这些参数的不确定性（以及这些不确定性之间的关联）。

3.11.3　产气荚膜梭菌及产肉毒杆菌生长速率的结果

针对腌制鸡肉和牛肉的试验（Juneja 等，2001；Juneja 和 Marks，2002）给出了所有 9 个参数的结果，它们在统计学上是难以分辨开的。煮熟的绞绞碎牛肉的试验数据

---

① 基于之前公布的分析，假定 $T_{\min}$ 和 $T_{\max}$ 在 μ 和 t_m 的 Ratkowsky 等式中相等。

② 假设同一最高和最低温度适用于生长速率 μ 和延迟时间 t_m。

（Huang，2003）给出了明显的最大概似估计，但很显然主要是因为这一分析试图仅仅从 6 条生长曲线中估算出 9 个参数，每条生长曲线都给出了有关 μ 和 t_m 的估计，但没有每个温度条件下的重复试验信息。从这些数据中达到的有关 s_{mt} 及 s_t 的估计看起来似乎反常的低[①]。随着变量-协变量矩阵被迫与从腌制鸡肉和牛肉试验中得出的矩阵相同，最高温度 T_{max}（53.5℃）与最低温度 T_{min}（12.5℃），以及 Ratkowsky 曲线的形状参数 X_m 和 X_t 都与腌制鸡肉和牛肉试验的曲线一致，尽管其生长速度似乎更快（生长因子为 1.9）且开始分裂的时间更短（大约短 1.6 折）。由于生长介质不同，生长速率及开始分裂时间上的差异也是在预料之中的，所以采用变量-协变量矩阵被迫与从腌制鸡肉和牛肉试验中得出相同的分析。在液体培养基中的试验数据（Juneja et al.，1999）在统计学上具有不同的 T_{min} 和 T_{max}（13.6~54.1℃）。Ratkowsky 生长曲线具有与牛肉和鸡肉试验相同的形状，但其幅度不同；但是，$1/t_m$ 的 Ratkowsky 曲线具有不同的形状。生长曲线的形状是通用的（对于这些产气荚膜梭菌菌株来说），这一点看起来似乎可信，生长速率则依赖于试验条件；但是，$1/t_m$ 的曲线形状（1/开始分裂的时间）可能依赖于激活的方法（图 3.4 绘出了 Ratkowsky 生长速率/温度的曲线，其参数值从这些数据估算得出）。

根据判断，本风险评估所使用参数最具代表性的估计是那些对应于煮熟腌制牛肉和鸡肉的试验，并按照如下所述进行修改。煮熟绞绞碎牛肉试验的参数估计与此类似，但是其生长速率更高且延迟期更短，这一点可能更接近于所使用产气荚膜梭菌菌株的理想状态。表 3.23 给出了煮熟腌制牛肉和鸡肉的参数值估计[②]；

表 3.23　熟制熏牛肉和熟制熏鸡肉中的产气荚膜梭菌生长参数的最大概似估计

T_{min}/℃	12.5
T_{max}/℃	53.5
A_m/h^{-1}	2.084
X_m	0.250
A_t/h^{-1}	0.455
X_t	0.193
s_m	0.347
c_m	0.046
s_t	0.362

注：参数定义在 3.11.1 部分和 3.11.2 部分。

在标准差/相关矩阵中给出了参数不稳定性，如表 3.24 所示。

[①] 一部分原因可能是至少一些数据为 3 个试验的平均值，但是这种平均也不能完全解释。

[②] 综合那些煮熟腌制牛肉试验的参数值进行估算，只允许煮熟腌制牛肉试验的 Ratkowsky 曲线幅值有所不同。

表 3.24　表 3.23 中的参数估计的标准差（对角线的）和相关矩阵（非对角的）

T_{min}/℃	0.211	0	0	0	0	0	0	0	0
T_{max}/℃	−0.050	0.912	0	0	0	0	0	0	0
A_m/h^{-1}	0.217	0.116	0.128	0	0	0	0	0	0
X_m	0.150	0.226	−0.157	0.005	0	0	0	0	0
A_t/h^{-1}	−0.073	−0.280	−0.341	0.004	0.046	0	0	0	0
X_t	0.293	0.601	0.164	0.091	−0.692	0.026	0	0	0
s_m	0.027	0.015	0.058	0.047	−0.006	0.020	0.040	0	0
c_m	−0.092	−0.044	0.057	−0.023	0.165	−0.127	0.502	0.026	0
s_t	−0.031	−0.017	−0.020	−0.009	0.228	−0.082	0.154	0.552	0.050

注：参数定义在 3.11.1 和 3.11.2 部分。

　　产气荚膜梭菌数据（Juneja，1999）给出了（最低温度，最高温度）8.2～50.03℃，通过 11 周的 11～50℃ 的无观察生长，在此基础上的附加约束条件已经应用（在概似估计上）在了这些温度上，通过在每个案例中指定 t_m＞504h（使用 Ratkowsky 曲线预测）。Ratkowsky 曲线的形状也许在温度范围的两个端点上不是很理想，这是很有可能的，因此，在顶端的强力限制可能会使预测曲线偏离正确数据。

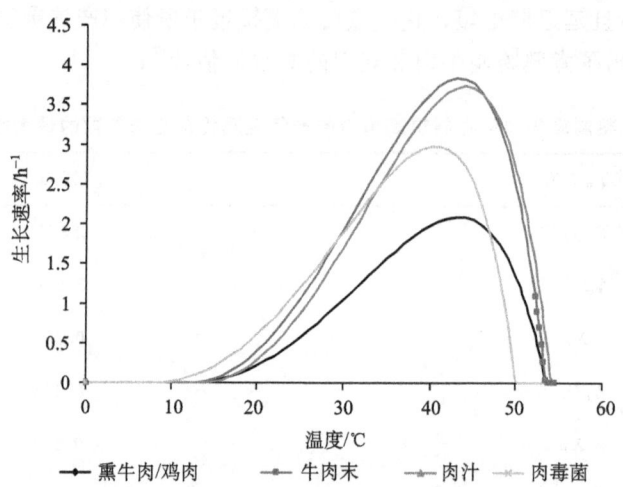

图 3.4　在 3 种指定的中介物上，产气荚膜梭菌的平均生长速率，以及在实验媒介下的产肉毒菌的生长速率，以及怎样通过温度的变化估算其生长速率

3.11.4　和公布的生长速率进行比较

　　3.11.3 部分的结果只能严格用来进行实验分析。实验必须在严格控制的条件下由 3 种产气荚膜梭菌共同参与完成。因此，它们之间的变化可能低估了生长条件、RTE 中的菌株和半熟食品中的菌株之间的变化。在试图评估结果中的任何偏差及确认任何重大

附加变化中，回顾生长速率的文献是有必要的，以便建立 174 编辑，报告肉食品中的产气荚膜梭菌的世代时间的测量方法。[①] 此编辑包括几乎所有能识别的测量方法。这些测量方法一般都是用于熟制肉食品，但也有些用于生肉的测量。但是不包括来自液态媒介或肉类表面的实验结果。指定使用的菌株有：1362、5 种合成菌株（NCTC8679、NCTC8238，R42，PS44）、8 种合成菌株（NCTC 8238，NCTC 10240，NCTC 8797，NCTC 8798，NCTC 8239；ATCC 3624；S-40，S-45）、8 种合成菌株（NCTC 8238，NCTC 10240，NCTC 8798，NCTC 8239，NCTC 9851；ATCC 3624；S-40，S-45）ATCC 3624、F2985/50、FD-1041、NCTC8238、NCTC 8239、NCTC 8797、NCTC 8798、S40、S45。

这些测量方式是在 12~51℃的温度条件下进行的。一些得到的预测结果有相当大的不确定性，因为它们仅仅是从两个点得到的，或者是通过文件中的数字化图表获得的。

为了比较 3.11.3 部分的结果，需构造预测世代时间的观察比例，在这个比例中，预测值就是使用表 3.1 中给出的参数得到的值。图 3.5 所示的是在正常范围内观察到的用来预测生产寿命的对数分布。在使用模式预测的生长速率比观察到的（世代时间更长）低很多时，就会有 3 个异常值。这 3 个值都是在低温条件下测得的。

· 12℃，Solberg 和 Elkind（1970）。观察到的世代时间是 580min，从文件的图表 5 中估算出来的，用模式估算 0 生长率（这显示在图 3.5 中，任意设定一个世代时间为 50 000min）。这是在这种低温条件下唯一可用的测量方法（尽管有些文件显示在 10℃时停止生长）。

· 15℃，Juneja 等（1994b）。观察到的世代时间为 43.2min（菌株 NCTC 8238），模式估算的时间为 1660min。

· 15℃，Juneja 等（1994b）。观察到的世代时间为 43.2min（菌株 NCTC 8239），模式估算的时间为 1660min。

其他 4 种在 15℃的测试方法都在文件中，其中的 3 种是 Juneja 等（1994b）用的同样的菌株，另一个是 Solberg 和 Elkind（1970），这一种模式也[②]低估了生长速率（1660min 的世代时间），但幅度没有那么大。文件中下一个较高温度下的测量方法是在 20℃时的。

在 6 个案例中，模型预测的生长速率（＞1.6 倍，但关于偏差见下面的表格）比观察到的要大得多。它们没有列出来，因为这种高估对于风险评估来说是很保守的（导致高估风险）。

---

① 黄已经指出（个人交流，2004），估计出来的产气荚膜梭菌的上限温度可能太高了，这是基于他还没有公开的实验观察之上的。文献中报告出来的最高温度数据是 50℃（在此温度下细菌仍可生长），并且还没有指明高温会限制生长速率。因此，对于产气荚膜梭菌估计的最高温度是基于 Ratkowsky 曲线的一种推断，Ratkowsky 曲线在接近最高温度时可能会发生错误。一个已发布文件显示当温度为 50℃时，细菌的生长速率受到了严格限制。对于产气荚膜梭菌来说，估计程序结合了这个观点。温度在 50℃左右小范围变化时，产气荚膜梭菌的生长速率大大超过肉毒菌的生长速率，或者产气荚膜梭菌能生长，而产肉毒菌不能生长，这种定量特性是基于观察得来的。

② 参考，Naik 和 Duncan（1977），对于结论来说，获得的太晚了。史密斯（1963）创建了一个图表，这个图表显示了 5 种未指明的菌株在温度为 20~50℃的每 5℃的温度间隔时的世代时间，而这对结论来说，也意识到的太晚了。

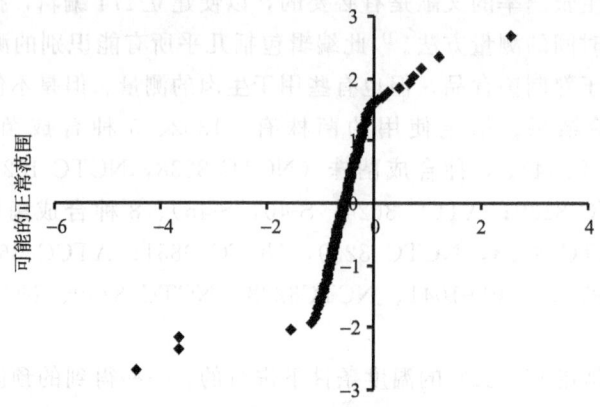

图 3.5 观察到的/预测的产气荚膜梭菌世代时间的自然对数实验分布（左边
最极端的异常值是任意放置的；预测生长速率为 0，但观察到它在生长）

剩下的观察到的/预测的比例可形成一个对数分布（$p = 0.55$，薛卜若-维克统计量；它们在常态概率图上看起来几乎是一条直线）。观察到的/预计的世代时间中间值为 0.575，因此，模型通常低估了公布的生长速率，低了 1.739。对数标准偏差（观察到的/估计的）是 0.27（1.3 倍），它比相似标准偏差小（$S_m = 0.35 \pm 0.04$，1.4 倍），是为 3.11.3 部分的实验分析中的实验变化而估计的（表 3.23、表 3.24）。

这种模型似乎可以通过以下的保留和修改很好地预测世代时间（生长速率）。

（1）在 3.11.3 部分得到的生长速率值可能会有偏差，低估了生长速率。据知，所有公布的数据纲要更有可能成为菌株分布代表，并且比 3.11.3 部分选择实验分析的数据更有可能成为在 RTE 肉类和调料、半熟食品中连锁的预期条件（因为它们是通过其数据分析可利用性选择出来的，而不是它们的代表性）。因此，所有模式化生长速率通过系数 1.739 增长来满足公布数据的中间值（省略异常值）。这应该是保守的，尽管它可能不正确。许多报告出来的实验是选用生长速率最快的菌株完成的，因此公布的世代时间可能比为代表菌株及条件预期的时间要短，这是可能的。

（2）从模型中预测的实验中对数生长速率的可变性（S_m，3.11.3 部分）是足够大的，能够代表情形中的变化（不同条件，不同菌株），见发布的生长速率估计。关于这种可变性目前还没有评论。

（3）此模型可能也低估了低温下的生长速率，低于 20℃；低估的原因可能是强行对 Ratkowsky 曲线进行塑形——同样的低估也就会出现在 3.113 部分的实验分析中。此模型预测温度低于 12.5℃时，细菌不会生长，但是，在 12℃时却观察到了细菌生长的现象（Solberg and Elkind，1970）。几乎没有公布的数据允许预测低于 20℃以下的生长速率。

在热冲击孢子后指数生长发生前，任何延迟时间估计都不可以用来构成相似比较，因为在文献中的可用估计几乎没有。这里有一些证据（Juneja and Marks，2002）表明在单个实验中生长速率和延迟时间成反比，尽管实验中生长速率和延迟时间的变化实际上是不相关的（表 3.24）。回顾这些证据，随着生长速率的增加，模型估计的延迟时间在相同因素（中位数 1.739）下相应地减少。这对风险评估中的模型运行几乎没有影响，除了对热维持的估计，还可能导致一个保守偏差（高估了疾病）。

假定实验中的延迟时间变化全部由表 3.24 中的估计所代表。对于可变性的全面阐释将明确考虑到最初细胞分裂的可能概率性。但是，测出来的实验中的变化包含了这种和用于实验的孢子浓度一致的随机变化。这种可变性可能依赖于孢子浓度（在孢子浓度低时，相对变化增加），大部分实验的孢子浓度约为 100CFU/g。好像对风险评估最大的贡献来自最初的低于 100CFU/g 的孢子浓度，因此通过实验中的变化可能低估延迟时间的变化。从用于生长实验的孢子浓度和那些在自然状态下受污染的食物中的孢子浓度进行推断，可能会导致低估在热维持状态下取得的生长可变性。此外，模型不包含任何依赖孢子浓度的变化，因为如果最初的细胞分裂在本质上是概率性的话，那么它会被预计得到。[1][2][3]

3.11.5 环境因素改变生长速率

据预料，产气荚膜梭菌的生长速率是受环境因素的影响而不是温度。例如，当即食食物中的盐和亚硝酸盐成分增加时，产气荚膜梭菌的生长预计会减慢。相似地，酸性较强的环境（pH 低）会减慢产气荚膜梭菌的生长。水分活性低预计会减慢产气荚膜梭菌的生长或使其停止生长。将期望放在一边，这种分析的挑战是去量化这些物理/化学因素对产气荚膜梭菌生长速率的影响。

3.11.5.1 氧气的存在

大量证据显示氧气的存在会影响食物中产气荚膜梭菌的生长（Juneja et al.，1994a；Hintlian and Hotchkiss，1987）。暴露在有氧大气中会大大抑制这种厌氧细菌的生长。工业中的热处理器驱散了大量氧气，因此为产气荚膜梭菌的生长提供了一个可以接受的大气环境。许多即食食品都是在厌氧环境下进行烹饪、快速放进包装箱中、或完成包装的。因此，氧气的存在不包含在生长模型里。

3.11.5.2 盐和亚硝酸盐对生长速率的影响

人们认为即食食品中的盐和亚硝酸盐会抑制产气荚膜梭菌的生长，3% 的盐含量或更高的含量就能抑制其生长（见附录 A）。对于含有亚硝酸盐而盐含量低于 3% 的食品，产气荚膜梭菌的生长可能会比较慢。例如，盐含量为 1%~3% 时，在熏或未熏的火鸡乳剂中产气荚膜梭菌的生长减慢（Kalinowski et al.，2003），在肉汤中，包括含有焦磷酸钠的肉汤，盐含量为 0~2% 时，产气荚膜梭菌也明显受到抑制（Juneja et al.，1996b）。

---

① 这种调整是作为一个有中位数 1.739 的对数分布和因素 1.02 的标准误差（从数据中估算的），加在模型上的。

② 图 3.5 中的异常值最初是由人识别出的，然后通过注意包含它们的值的薛卜若-维克统计（测试违背自对数分布的）量减少到低于 0.10 来进行确认。

③ 延迟时间不影响用于 RTE 和半熟食品模型的任何一部分，因为它在其他地方都不是明确使用的。

为了估计食品中低盐浓度对产气荚膜梭菌生长的影响，人们检查了 Kalinowski 等（2003）和 Juneja 等（1996b）的报告数据。最初的生长模型适合 Kalinowski 等（2003，表 4 和表 5）的数据：在熏制火鸡中（156μg/ml 的亚硝酸钠），未熏制的含盐量为 1%的火鸡中，和含盐量为 2%和 3%中的相对生长速率，基于单个对数（CFU/g）数据的 43.3℃时的预计发布了为这些盐含量和温度的数据（在盐含量为 3%的熏火鸡中，观察不到生长现象）。这些点预计相对生长速率为 2%～0.69%、3%～0.17%。Juneja 等（1996b）开展了 90 个实验，用了 45 种不同条件的组合，根据部分阶乘设计了产气荚膜梭菌在盐含量为 0～3%，pH 为 5.5～7，焦磷酸钠为 0～0.3 的肉汤中，温度变化为 12～42℃时的生长。它们符合 Gompertz 模型，并且从 Gompertz 参数估计中估计出了动态参数。公布的关于指数增长速率（EGR）的数据用来和下面这些数据进行比较：最初模型（3.11.3 部分）同样温度下的估计增长速率，两个符合模型的比例运算，包括关于盐浓度、pH 和焦磷酸盐浓度线性方程及二次方程，在不同温度、盐浓度、pH 和焦磷酸盐浓度下的产品及正常误差［与 Juneja 等（1996b）的二次方程模型一致，但省掉了所有只有温度的，因为温度的影响是由最初生长模型决定的］。除了线性的和二次的焦磷酸盐术语、温度-焦磷酸盐结合术语和二次盐术语，其他所有的术语都是无意义的，应该丢掉。因此，盐的影响可以估算成

$$\ln(R) = k - \lambda S^2 \tag{3.26}$$

式中，R 为指数增长率和由 3.11.3 部分的初级模型预测出来的生长率 μ 的比例；S 为肉汤中的盐含量；k 为一个常量，用于不同测量单位和不同试验条件中；λ 为一个系数，用于测量盐的影响。

λ 的估计值为 0.179±0.064（不确定标准误差；概似函数是通过正态分布得到的）每（盐%）²，这个值对 2%和 3%相对 0.58 和 0.24 的 1%的各自影响比例做出了估计，结果（考虑了不确定性）和 Kalinowski 等（2003）观察到的一致，这预示着对生长基质（火鸡肉末对实验肉汤介质）的影响是相对独立的。λ 的预计值可用于风险评估，并能基于食物的盐含量应用于所有的食物。

低浓度的亚硝酸盐似乎能够单独影响含盐食物中细菌的生长速率，尽管几乎没有数据测量其影响的程度。Kalinowski 等（2003，表 4 和表 5）报告了来自熏火鸡乳剂（156μg/ml 亚硝酸钠）和未熏制火鸡乳剂中的孢子生长曲线，实验是在温度为 26.7℃、32.2℃、37.8℃、43.3℃及 48.9℃，含盐量为 1%的条件下进行的。在两个低温条件下的生长速率大大受到抑制；虽然有些细菌最初有生长，但其浓度从来没有增加到 10 倍，测量的结果几乎是 0 生长率。当温度接近最佳生长温度时，生长速率减小了 30%～50%。

为了考虑亚硝酸盐的影响，对其中 3 个较高的温度下的生长速率比例估计为 0.582±0.042（不确定标准误差；剖面概似是通过正态分布得到的；在这个模拟中，使用了截掉 0 以下部分的正态分布）。在所有不同盐浓度及温度下的所有 1 类食物（含有亚硝酸盐）中的产气荚膜梭菌的生长速率估计都应用了这个因素，因为还不知道发生在盐浓度为 1%的食物中的生长受限是不是受更大因子的影响，以及在大幅度偏离最佳生长温度条件下的生长受限是否也会发生在其他盐浓度中。

3.11.5.3 盐和亚硝酸盐对延迟时间长度的影响

在含盐和亚硝酸盐的食物中的细菌生长发生之前，几乎没有数据指明用来估计生长的延迟时间。在他们的研究中，Juneja 等（1996b，见 3.11.5.2）评估了在实验肉汤介质中盐、温度、焦磷酸钠、pH 的影响。在对延迟期进行模型统计分析中，单独的盐似乎没有多大影响，尽管它在许多交互作用项中的确意义重大（延迟期是通过使 Gompertz 曲线符合实验生长数据估算出来的）。但是，在肉汤中的延迟时间明显比在其他以肉为介质的食物中的时间要长，因此，能否将这些结果应用到即食食品和半熟食品中还是一个疑问。考虑到这种可能性即缺少在即食食品和半熟食品中的适用性，因为延迟期只影响风险评估中的热维持，因此可假定盐对延迟时间没有影响。

Riha 和 Solberg（1975）估计了抗热菌株 C 型产气荚膜梭菌，菌株 NCTC8797 在只含亚硝酸盐的实验介质中的延迟时间（表 3.25）。

表 3.25　产气荚膜梭菌 NCTC 8797 在温度为 43℃ 时的平均延迟期和世代时间

(Riha and Solberg，1975)

亚硝酸盐浓度/（ppm）	延迟的实验数量	延迟期/h	世代实验的数量	世代时间/min
0	10	7.8	9	23.9
100	8	10.2	7	25.4
150	4	9.5	8	23.2
175	4	9.8	4	30.3
200	4	—[a]	1	16.2

注：a. 60h 内没有观察到生长现象。

这些数据暗示了单独的亚硝酸盐对延迟期几乎没有影响。Kalinowski 等（2003）报告了来自熏火鸡乳剂（156μg/ml 亚硝酸钠）和未熏制火鸡乳剂中的孢子生长曲线，是在温度为 26.7℃、2.2℃、37.8℃、43.3℃及 48.9℃，含盐量为 1% 的条件下进行的。当这些数据符合 3.11.1 部分最初生长模型时，熏制火鸡和未熏制火鸡中的延迟时间就没有明显的不同。

Labbe 和 Duncan（1970）的研究结果显示了同样的产气荚膜梭菌菌株的延迟期在亚硝酸盐为 200ppm 时增加了（表 3.26）。Riha 和 Solberg（1975）在消毒的过滤器中进行了实验，并建议较长的延迟时间归因于氧气的抑制作用，因为高压灭菌器里的延迟时间是消毒过滤器中的一半。不幸的是，结果显示高压灭菌的亚硝酸盐比没有经过高压灭菌的亚硝酸盐更能抑制产气荚膜梭菌的生长（Perigo and Roberts，1968；Riha and Solberg，1973）。因此，有关高压灭菌的亚硝酸盐的数据不能包含进生长模型中。

表 3.26　产荚膜梭菌 NCTC 8798 在 45℃ 时的延迟期（Labbe and Duncan，1970）

亚硝酸盐浓度/（ppm）	延迟期/min
0	～35
100	～45
200	＞105

因此，关于亚硝酸盐的现有数据很模糊；然而，表明延误时间增加的仅有数据存于实验室媒质中，对其进行分析时并未考虑到测量中所有不确定因素。在该风险评估中，并未对亚硝酸盐延误时间变化进行模建（如之前提及的，在风险评估中，时间延误变化仅影响热控模建）。

3.11.5.4　pH 的影响

Juneja 等（1996b）证明了 pH 对含盐和焦磷酸钠的实验室液体培养基媒质中的产气荚膜梭菌的生长滞后期限和时间（两个值都依据 Gompertz 估算而得，与实验生长曲线一致）都存在显著的影响。他们发布的对潜在生长率的估算值的分析（见 3.11.5.2）表明 pH 的影响不大。不能获得更多的有助于对 pH 进行估算的信息。因为合理范围内的 pH 对指数生长率似乎没有影响，指数生长率与用于初期模型的生长率参数的匹配严格，所以这样的风险评估没有带来任何影响。实验室液体培养基的延迟时间可能受到影响，但是食品如肉类媒质的相关发现并不清楚，因为这两种媒质类型之间的延迟时间不同。鉴于用于评估的可靠观察及对食物分量的 pH 测量值的缺乏，在风险评估中，pH 没有影响到延迟时间，在风险评估中，使用了其他假设，影响的仅是热控模建。

3.11.5.5　水分活性

水分活性指的是用于生物加工的水的活性。资料中（表 3.27）记载的肉食品的水分活性值均大于 0.95。康等（1969）使用实验室媒质和多变的水分活性值培养了热激活产气荚膜梭菌孢子。在不同的试验中外加 3 种溶质（甘油、蔗糖和氯化钠）控制水分活性值。在不能区分发芽和生长的试验中，孢子发芽在 0.95～0.995 的甘油调节水分活性环境中生长大约超过 24h 和 48h，有时水分活性下降到 0.94。在蔗糖和氯化钠作为调节媒质的试验中，发芽和生长在水分活性大于 0.96 的较小范围内得到验证。

在其他遵循产气荚膜梭菌热激活孢子植物细胞生长曲线的试验中，康等（1969）证明了水分活性增加到 0.97 及其以上且浓度不断下降到 0.93 或更低的水分活性。水分活性为 0.95 时，甘油调节媒质增加。生长曲线表明水分活性较低的蔗糖和氯化钠调节媒质的延迟时间较长，可能与生长率的略微下降有关。在甘油调节媒质中，生长率的略微下降或延迟时间略微生长或都处于较低的水分活性中，但是试验测量结果不足以对这些值进行区分。

一般而言，这些数据表明在水分活性等于或大于 0.97 时，植物细胞的生长率所受的影响不大；但是水分活性等于或小于 0.93 时，生物体开始死亡；水分活性为 0.95 时，所得结果由媒质决定。低的水分活性是否会杀死热激活孢子或使它们回到未激活的状态，这一点尚未清楚。

因为该风险评估假设等于或大于 0.93 的水分活性完全抑制生长，但是在水分活性如此低的情况下未发生任何死亡现象。水分活性大于 0.93 时，假设生长率和延迟时间均没有受到影响，尽管观察到延迟时间有所增加或生长率有所降低。生长率和延迟时间不受影响的假设得到了证实，因为观察到的延迟时间的略微增加便可对其进行解释，但是这样的延迟时间由媒质决定且与实验室液体媒质相比对食品如肉类媒质的影响较小。

资料（表3.27）记载的食物的水分活性均大于0.95，这些值被假定为风险评估中的食物的典型数值（风险评估中，根据附件A中采用的程序，删去水分活性低的食物），因此在风险评估中，不需要对水分活性进行调整。

表 3.27　肉类的水分活性值（Chirife and Fontan，1982；Alzamora and Chirife，1983；Taormina et al.，2003；Fett，1973）

样本	Chirif 和 Fontan，1982	Alzamora 和 Chirife，1983	Taormina 等，2003	Fett，1973
牛肉	0.98~0.99			
熏牛肉		0.972、0.979		
烤牛肉		＞0.982		
博洛尼亚，生牛肉			0.965、0.965	
博洛尼亚，熟牛肉			0.966、0.952	
猪肉	0.99			
猪肉香肠				
测量方法1				0.99、0.97
测量方法2				0.973、0.973
熟火腿		0.971		
辣味烤火腿		0.971、0.970 0.975、0.977		
成块生火腿			0.973、0.977	
成块熟火腿			0.964、0.967	
全肌原生火腿			0.979、0.985	
全肌原熟火腿			0.972、0.978	
去骨肌肉		0.982		

3.11.5.6　植物细胞的最大浓度

在对热休克孢子植物细胞的生长率的试验评估中（见3.11.2和3.11.3），假设各作者所描述的试验中的所有生长条件下细胞的最大密度相同。使用培养基媒质时，估算得到的植物细胞的最大密度为9.9-$\log_{10}$（Juneji 等进行的试验，1999）；熟制熏牛肉的细胞最大浓度值为7.6-$\log_{10}$（Juneji 等进行的试验，2001）；熟制熏鸡肉的细胞最大密度为8.07-$\log_{10}$（Juneji 和马克思进行的试验，2002）；熟制绞绞碎牛肉的细胞最大密度为8.03-$\log_{10}$（黄进行的试验，2003）。对这些值的变化未进行正式的分析，也没有做出任何尝试，对各研究中所述的不同温度下进行的试验的潜在差异进行解释。据估计，含有不同肉成分的不同食物可能有大量的不同的产气荚膜梭菌植物细胞浓度最值，但是资料中用于验证这一假设的信息较少。为了囊括在实验室对肉类媒介进行的试验中所观察到的差异（减小培养基上测得的较大的值），假设所有食物细胞的最大浓度为8-$\log_{10}$，浓度差异为0.5-$\log_{10}$。该假设的影响在敏感度分析中得到了验证。

3.12　冷却、稳定和二次烹饪过程中的生长——因素 G_c

冷却、稳定和二次烹饪过程中的生长数量为规则中建议的控制生长变量，因此必须使其以某种方式成为风险评估的输入量。对不同规则的影响的完全现实的评估要求在允许的生长监管水平和 RTE 及半熟食品实际获得的生长量分布进行绘图。我们没有此类绘图知识，我们也没有所需求的建模信息，例如，我们没有冷却曲线所示的广泛信息，这些信息可以用于各种规则机制管理下的产业，确实，我们不能说在现有规则机制管理下获得的现有生长分布是什么。

鉴于这些情况，即使没有必要得到确切的信息，我们选择一种能够提供许多信息的方法。在执行这一模型时，提供了使任何生长变化分布具体化的选择。这就使得对所有的 RTE 和半熟食品的生长的单一值具体化成为可能（使用点分布），或与值的可能范围相对应的值分布，值分布可在实际既定的规则下获得。我们所给的结果与固定生长值的使用相对应，G_c 被选为固定值，尤其是 $\log G_c$ 等于 0.5、1.0、1.5、2.0、2.5、3.0 或 3.5 时，在实现的过程中，不完全遵循规则机制。

3.13　RTE 食品的分布系统的储存和运输阶段

一旦生产了 RET 产品并使其稳定，就得将产品分配给终端消费者。但是，将 RTE 产品从相对少的生产者分配到大量的消费者可能导致长期储存。

尤其是产品必须从生产工厂转移到零售商店，再转移到消费者冰箱。产品的孢子在一定的程度上进行自发发芽在预料之中，用于评估孢子发芽的数据如本节所示。另外，在生产和准备期间，可能将产品储存在某一温度下，该温度可能促使产品生长或抑制其生长或使其细胞死亡。本节中还对这些温度和相关的时间进行讨论。

3.13.1　在储存和运输期间孢子的自发发芽——g_s 部分

RTE 或半熟产品中的孢子经冷却后在产品储存期间可能自发地发芽。为保守和简便起见，且因为自发发芽可能带来轻微的风险，在假设模型中，所有的自发发芽都发生在任一储存阶段的初期。

3.9.5 部分总结了在不受热激活的情况下孢子发芽的有效证据。如 3.9.5 部分所述，即使是在冰冻储存的情况下，也可以看见一部分孢子在储存后一个月或两个月开始发芽（Ahmed 和沃尔克，1971）。然而，大多数报道基于的条件更加有利于孢子发芽而不是典型的 RTE 和半熟食品的储存条件。

为了囊括 3.9.5 部分所描述的测量结果，解释可能的较恶劣的条件，以有利条件下部分发芽相同的方式对 A 类型的 g_s 部分即 cpe-阳性菌株进行建模，并使用 0～5% 的三角分布，模型为 2.5%。依据这些参数和分布图形进行敏感度分析，从而确定这一整套假设的影响。假设部分发芽不依赖于温度、时间或任何其他的储存条件。

3.13.2　在储存和运输过程中产气荚膜梭菌的生长和存活——因素 G_s

温度在大约 10℃ 以下时，产气荚膜梭菌的生长受到抑制，但是温度太低可能会导致产气荚膜梭菌死亡。因为标准的 RTE 食品冷却温度在 5℃ 以下，RTE 和典型的半熟食品的储存温度通常在 10℃ 以下（见 3.13.3），模型中包括可能产生致命效果的低于最低温度（T_{min}）的温度。温度高于最低温度（T_{min}）时，使用较高温度下的生长率（见 3.13.2.4）。把获得的因素 G_s 作为两因素的产物，每一因素用于一个储存阶段（见 3.2）。每一时期的因素通过使用与温度和时间相对应的各自的生长率或死亡率计算而得（见 3.13.3）。

有用证据表明产气荚膜梭菌在低温下不能生长，但是温度太低可能导致产气荚膜梭菌细胞死亡。即使细菌细胞组织血脂的冷冻很可能成为关键因素，但导致冷休克致死的确切机制尚不清楚（林德，1972）。因此低温可能降低 RTE 或半熟食品内产气荚膜梭菌细胞的浓度。为了评估低温对产气荚膜梭菌在食物中的存活能力，应对下列因素进行评估：①细菌生长期内的冷却；②时间和温度；③食物的成分。

冷休克对下列细菌生长的影响

由于对媒质的冷却使细菌细胞受损和/或致死，细菌的生长可能受到抑制。呈指数生长的产气荚膜梭菌植物细胞对于低温致死比未处于生长阶段的细胞更加敏感。Traci 和 Duncan（1974）报道，96% 的指数型生长的产气荚膜梭菌植物细胞在温度为 4℃ 时由于冷休克致死。另外，剩下的细胞中的 95% 在随后的 90min 内在温度为 4℃ 时致死。相比之下，在静止阶段，更多的细胞经冷休克后仍然保持活力。

即使在许多情况下，使用的冷却程序都较快，但在生产工厂中，产气荚膜梭菌很可能经历几小时的冷却和稳定。处于这些条件中的细菌不可能呈指数增长，与处于指数增长阶段的细胞相比，这些细菌对冷却致死可能不太敏感。

储存时间和温度

产气荚膜梭菌的储存时间和温度影响细菌的存活。有证据表明，冷却温度与冰箱温度相比对产气荚膜梭菌植物细胞的危害较小（Barnes et al.，1936；Strong et al.，1966）。低温可以快速使产气荚膜梭菌致死，影响到较敏感的细胞，留下抗低温的细胞。吹风冷却专门用于冷却如类型 3 所列的食物。Barnes 等（1936）获得的数据表明吹风冷却可能使产气荚膜梭菌植物细胞的数量下降 1-$\log_{10}$。然而，Barnes 并没有对本实验中使用的方法进行详细报道，以鉴别该方法是否与工业上使用的吹风冷却相似。因此，对于该风险评估，并没有对食物中的产气荚膜梭菌植物细胞的吹风冷却影响进行建模。

食物组成

食物的组成可能影响到产气荚膜梭菌植物细胞的冷却致死率。Kalinowski 等（2003）得到的数据表明火鸡末中亚硝酸盐可能增加冷却致死的影响。然而，如下讨论中的其他的因素也可能解释这些不同，且在该风险评估中，冷却致死的模型对所有的食物组成均相似。

3.13.2.1　低温致死的研究选择

对大量的研究进行分析，为证明低温对食物中的产气荚膜梭菌植物细胞的冷却致死程度提供证据（表 3.28）。评估中仅使用检测食物基质存活的研究。在所有研究的储存期间，即使存在其他的可能，产气荚膜梭菌的浓度也会随着时间的推移呈规律的指数下降。在储存前细胞快速冷却的研究中，一些细胞首先致死——零储存时间时致死，在这些研究中测量所得的浓度值在分析的过程中被忽略。

Taormina 等（2003）模仿博洛尼亚商业冷却、制冷和储存中，使用乳胶腌制的成块熏火腿和全肌原熏火腿，测量了产气荚膜梭菌的浓度（初期等于 5 个种类的孢子混合物；ATCC 3264（cpe-阴性）、ATCC 12916（cpe-阳性）、FD 1041（cpe-阳性），以及独立于肉类食品混合物且未知 cpe 阴阳性的两种类型）。

在温度为 4.4℃下储存 14 天，冷却过程结束后立即对浓度进行测量，冷却温度为 7.2℃，并在第 2 天、第 7 天和第 14 天测量其浓度。在该研究中，没有因为快速冷却产生初期致死效应。

Barnes 等（1963）将 100 000 个产 F2985/50 的产气荚膜梭菌植物细胞接种到经辐射预先消毒的生牛肉块中，并放置在不透水的袋子中，温度为 1℃。将植物细胞放在罗伯特森熟的肉类 RCM 培养基中稀释 24h 或 48h，并使其处于静止状态。在 −5℃ 或 −20℃ 温度下储存 26 周，经吹风冷却后立即测量浓度，并分别在第 3、5、8、12 和 26 周对其浓度进行测量。吹风冷却后发生初期致死效应，但是分析过程中忽略预先吹风冷却测量值。

Kalinowski 等（2003）将大约 100 个混合物孢子（NCTC 8239、NCTC 8798、NCTC 8449 和 ACTT13124）接种到腌制的或未腌制的火鸡鸡胸乳胶中，并置于密封的真空袋中。把袋子放在流动蒸汽为 73.9℃ 条件下煮，然后将其冷却并置于 42℃ 条件下长达 2h，再将其分别放在 0.6℃、4.4℃ 或 10℃ 条件下长达 7 天，每天取样，持续 4 天，并在最后一天取样。不测量冷休克效应。如下讨论，孢子的发芽植物细胞可能呈指数生长。

Juneji 等（1994a）将 100 个 NCTC 8239 类型的经离心的悬浮的并处于静止状态的细胞接种到熟制绞碎牛肉中，并置于过滤袋中。将一半袋子置于真空塑料袋中，以维持厌氧条件。分别储存在 4℃、8℃、12℃ 条件下，并在储存前和储存后的第 4、8、16、24 及 40 天测量其浓度。不测量冷休克效应，其他导致浓度增加的温度和时间此处不予分析。有氧和厌氧条件没有明显的区别，因此两种结果都包括在该分析中。

Juneji 等（1994b）将 100 个 NCTC 8238 和 NCTC 8239 类型的经离心的悬浮的并处于静止状态的细胞接种到熟鸡肉末中，并置于过滤袋中。将一半袋子置于真空塑料袋中，以维持厌氧条件。储存在 4℃ 的温度下，并在储存前和储存后的第 6、12、18、24 及 30 天测量其浓度。并报道 NCTC 8238 在厌氧条件下的测量结果，以及 NCTC 8238 和 NCTC 8239 在有氧条件下的测量结果。有氧和厌氧条件没有明显的区别，因此两种结果都包括在该分析中。不测量冷休克效应，其他导致浓度增加的温度和时间此处不予分析。

Strong（1964）在分离的试验中在 37℃ 条件下将 5 种产气荚膜梭菌（8799F、1546/52、214D、65，108 及 142A）置于鸡肉汁中培养，制作 1ml 样本并封装在玻璃试管中，再在 −17.7℃ 条件下冷却这些样本。在第 1、2、3、10、20、30、60、90、120、150 和 180 天列出样本，但是此处仅报道和分析第 1、10、30、90 和 180 天列出的样本。

分析中省略了表 3.28 中报告的其他 3 种研究，因为所报告的超过检测极限的数据太少，或者是只能使用非食物的媒质。

表 3.28 在冷藏冷冻条件下，植物细胞中产气荚膜梭菌存活率的测量

参考文献	菌株	储存时间/天	媒质
Taormina 等，2003	cpe-阳性：FD1041。ATCC12916。cpe-阴性：ATCC3642。以及两个不知道的 CPE 菌株	0～14	大腊肠末，条块火腿，全肌肉火腿，所有亚硝酸盐
Barnes 等，1963	耐热，F2985/50[b,c]	0～182	生牛肉块
Kalinowski 等，2003	耐热，NCTC8239，NCTC8798，NCTC8449 及 ATCC13124[f]	0～7	熏火鸡和未熏火鸡
Juneja 等，1994a	耐热，NCTC8239	0～40	熟制绞碎牛肉
Juneja 等，1994b	耐热，NCTC8238 和 NCTC8239	0～32	熟制绞绞碎牛肉
Stiles and Hg 1979[a]	耐热，NCTC8239-H	0～30	火腿切片
Strong and Canada，1964	类型 A，8799F 1546/52[b,d]，214D[b,d]，65[d]，108[d]，142A[d]	0～180	鸡肉汁
Raj and Liston，1961[a]	产气荚膜梭菌	0～393	实验室媒质和鱼浆
Solberg and Elkind，1970[e]	耐热，S-80	3～83	实验室媒质
Traci and Duncan，1974[e]	耐热，NCTC8798	0～0.04	实验室媒质

注：a. 超过分析检验限制的数据太少。

b. 包含有毒食物的食物中的产气荚膜梭菌菌株隔离群。

c. 在 RCM 肉汤稀释及注射到肉里之前，产气荚膜梭菌在罗伯逊的熟肉中生长了 24～28h，表明细胞处于静止阶段。

d. 在冷冻之前，产气荚膜梭菌在 37℃ 的鸡肉汁中生长了 6h，表明细胞增长处于后增长阶段。

e. 在水里和实验室媒质里进行冷致死研究不用数据。

f. 营养细胞生长好像很迅速。

3.13.2.2 在低温条件下选择的致死研究的分析

在冷致死研究过程中，温度低于最低限制温度（见 3.11.1）时营养细胞的浓度假设会迅速降低。这种假设没有进行过正式的试验，但是当忽略原始冷冲击的影响时，所有可利用的数据都与其一致。测量浓度的模型为

$$\log_{10}(C) = c_c - a_c t + \varepsilon \tag{3.27}$$

式中，C 为产气荚膜梭菌营养细胞的浓度；c_c 为对应 0℃细胞浓度的常数（受冷冲击影响之后）；t 为低温下储存的时间；a_c 为浓度的下降率（每天下降以 10 为底的对数）；ε 为正常分配的随机数。

使用对数概似的方法估算参数（c_c、a_c 和 ε 的标准差）及它们的不确定性[①]。如果在同一个研究中的多个实验使用相同的实验协议，就可以假定每次这样的实验中 ε 的标准差是相同的。如果实验者进行的是重叠的实验并且仅仅报告的是每次测量的标准差（而不是每次重复的结果），那么 ε 的方差估算为报告的方差（报告的标准差的平方）和实验范围内方差的总数（仅仅适用于这种研究，Taormina 等，2003，额外的实验范围内的方差估算为零）。

表 3.29　在储存过程中产气荚膜梭菌浓度下降率（每天下降以 10 为底的对数）的概述

参考文献	温度	产品	范围[a]（每天下降为以 10 为底的对数）	肠炎沙门氏菌
Taormina 等，2003	4.4	大腊肠	0.074	0.018
	4.4	熏过的大块火腿	0.089	0.032
	4.4	熏过的全部火腿	0.040	0.012
Barnes 等，1963	−5	生牛肉块	0.005	0.001
	−20	生牛肉块	0.0015	0.0012
	1	生牛肉块	0.041	0.003
	5	生牛肉块	0.036	0.006
	10	生牛肉块	0.031	0.006
	15	生牛肉块	0.037	0.006
Strong and Canada，1964	−17.7	鸡肉汁	0.002	0.002
	−17.7	鸡肉汁	0.010	0.002
	−17.7	鸡肉汁	0.014	0.002
	−17.7	鸡肉汁	0.012	0.002
	−17.7	鸡肉汁	0.010	0.002
Juneja 等，1994a	8	熟制绞碎牛肉（缺氧的）	0.039	0.008
	8	熟制绞碎牛肉（有氧的）	0.025	0.008
	12	熟制绞碎牛肉（缺氧的）	0.052	0.008
	12	熟制绞碎牛肉（有氧的）	0.030	0.008
	4	熟制绞碎牛肉（缺氧的）	0.048	0.008
	4	熟制绞碎牛肉（有氧的）	0.030	0.008
Juneja 等，1994b	4	熟制绞碎牛肉（缺氧的）	0.057	0.012

---

① 这里报告的分析在关于这次风险评估的文件 CP 冷储存中完成。

续表

参考文献	温度	产品	范围a（每天下降为 以 10 为底的对数）	肠炎沙门氏菌
Juneja 等，1994b	4	熟制绞碎牛肉（有氧的）	0.048	0.012
	4	熟制绞碎牛肉（有氧的）	0.037	0.012
Kalinowski 等，2003	0.6	熟制熏火鸡	0.201	0.058
	0.4	熟制熏火鸡	0.233	0.058
	10	熟制熏火鸡	0.153	0.058
	0.6	熟制未熏火鸡	0.088	0.058
	0.4	熟制未熏火鸡	0.100	0.058
	10	熟制未熏火鸡	0.120	0.058

注：a. 浓度随时间变化的曲线的斜率是以 10 为底的对数。

表 3.29 和图 3.6 概述了在冷储存过程中产气荚膜梭菌营养细胞浓度随时间的下降率。温度在 0℃以上时没有明显的变化（图 3.6），0℃以下也一样，同样不会随着食物的确定特征而有明显的变化。来自 Kalinowski 等（2003）的结果显现的比其他的要高一些。

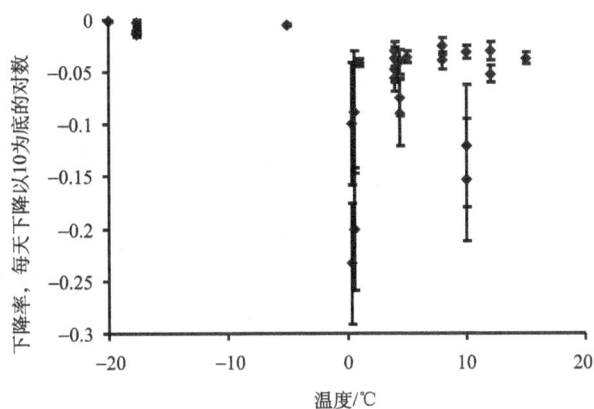

图 3.6　在冷储存过程中产气荚膜梭菌浓度的下降率（正负标准差）

Kalinowski 等（2003）可能会使用迅速生长的产气荚膜梭菌。这些作者将 3mm 厚的肉样品加热到 73.9℃，然后在冷冲击之前把样品保持在 42℃2h。接种产气荚膜梭菌的芽胞好像已经开始发芽，由于样品的宽度限制，产品的温度必须迅速与 42℃平衡。接近最佳生长温度超过 2h 之后，产气荚膜梭菌已经进入了迅速生长期。另外，原始温度和冷藏温度的巨大反差可能会导致冷冲击致死的增加（Traci and Duncan，1974）。Kalinowski 等（2003）使用了温差为 32℃的冷冲击。虽然观察到了实质上的原始致死（并从分析中省略了），但是存活者随后的下降率的结果不清楚。

尽管 Kalinowski 等（2003）的结果有偏差，但是貌似相似的条件也适用于一些 RTE 和半熟制食物，因此分析中包括了这些数据。图 3.6 中所见的变量假定为 RTE 和半熟制食物中所见变量的代表，并且以 0℃以上和 0℃以下分别的对数正态分布为模型。利用表 3.29 中的数据使用对数概似方法获得了这些对数正态分布的参数及它们的不确定性（这些假定充分代表了多维正态分布），显示在表 3.30 中。[①]

表 3.30　在冷冻储存中产气荚膜梭菌营养细胞下降率的可变性和不确定性分布的参数

温度高于 0℃			
算术标尺		自然的对数标尺	
		平均数	SE
媒质（每天减少以 10 为底的对数）	0.056	−2.89	0.13
GSD	1.72	0.54	0.11
		相关	0.20
温度高于 0℃			
算术标尺		自然的对数标尺	
		平均数	SE
媒质（每天减少以 10 为底的对数）	0.0089	−4.72	0.17
GSD	1.40	0.33	0.18
		相关	−0.21

3.13.2.3　模仿冷致死的更多假设

冷冻储存的测量表明了温度在 15℃时营养细胞浓度的逐渐降低（Barnes 等，1963），这次风险评估进行的分析表明温度低于 12.5℃左右都可以生长（见 3.11.3），并且温度低达 12℃也观察到了生长迹象（Solberg and Elkind，1970）。在这次风险评估中，假定生长的分界点是最低限制温度（数值包括在不确定性分析中，但是接近 12.5℃，见 3.11.2 和 3.11.3 部分）。如果低于那个温度，产气荚膜梭菌营养细胞通常会死；高于那个温度，它们通常会生长。

芽胞好像不会受冷藏冷冻温度的太大影响（Barnes et al.，1963；Solberg and Elkind，1970；Strong and Canada，1964），尽管一些芽胞浓度的下降明显。在这次风险评估中，假定芽胞完全不受实践中遇到的储存温度的影响，那么公式（3.2）中的致死因素 l_s 假定是一致的。

用于估算冷冻温度影响的数据要求解冻肉来测量产气荚膜梭菌的水平。因此，这里分析的数据就反映了冷冻储存和解冻的联合影响。不知道研究者使用的解冻方法是否。

温度在 0℃以下发生的概率小于 4%，这种情况下的标准差设置为零。这种近似值认为已经足够了，因为在冷储存过程中的不确定性对整体的不确定性影响非常小，反映消费者可能用到的典型的解冻方法。而且，也不知道实践中使用的冷冻方法是否会影响

　　[①]　不确定性的多维正态分布会导致反面对数正态分布的标准差的估算。温度在 0℃以上发生的几率少于 0.001%。

产气荚膜梭菌营养细胞的水平，即几乎足以杀死细胞的冷冲击，但是在 RTE 和半熟制品的实际生产过程中发生的冷冲击程度就不得而知了。这里进行的分析中省略了冷冻方法的即刻效应，是假定不受它们影响的风险评估。

3.13.2.4 储存过程中的生长

如果储存中的温度高于最低限制温度（见 3.11.1），那么营养细胞就会开始生长。这个过程已经在这次风险评估中形成模式，通过假定 RTE 和半熟制品中的营养细胞已经立即准备好进入迅速生长阶段，还通过应用 3.11 部分所获得的持续储存的生长率。

3.13.3 生产之后储存的温度和持久性

食物生产和消费之间的时期假定包括两个储存阶段，一个是生产商和零售商之间，另一个是零售商和最终消费者之间。存储的时间和温度在 RTE 和半熟制品中变化，根据食物类别讨论接下来的是什么①。3.4 部分阐述了食物的类别，更多详情见附录 A，类别大体有：①含有 2.2％~3％亚硝酸盐的食物；②在食用之前基本上不需要再加热的食物；③在立即食用之前通常需要再加热的食物；④需要加热但在立即食用前则无需准备的食物。

食物类别 1 和类别 2

FDA/FSIS 单核细胞增多性李斯特氏菌风险评估（FDA/FSIS，2003）为 RTE 熟肉和热狗在生产和到达零售商店期间，以及零售商店（52 页的表Ⅲ-12）和准备或消费期间的储存时间和温度提供估算分布。这些分布是从可利用的数据和专家意见中得出的估算的结合。自从之前发布的分布有一些公众监督后，在没有更好的信息可利用的情况下就用相同的分布。

在生产商和零售商之间转换期间，每一件产品的储存时间假定一律分配为 10~30天。在单核细胞增多性李斯特氏菌风险评估中使用了相同的假设。没有任何不确定性划分到这个可变性分布中。国际审计或 FDA（1999）调查中的零售展示柜中拿出后立即观察到的午餐肉温度假定代表了每一件产品生产末尾（加热和稳固）的储存温度。这次风险评估使用到了观察到的经验性的分布（图 3.7）②。这些数据报告为 1°F③并且计算了每一度测量的数值。原始数据中平均华氏温度有重大的偏差；

但是，为了保持相关性数据如报告的那样使用（见下文）。没有任何不确定性划分到这个分布中。

对于零售商，以及准备或消费者之间的储存期限，国际审计/FDA（1999）中得到的数据用于估算产品温度的分布，美国肉类协会（2001）收集到的调查数据用于估算储存时间的分布。在国际审计/FDA（1999）调查中测量到的家用冰箱温度假定代表了储

① 本部分报告的数据和分析包括在关于这次风险评估的工作表 CP-时间-温度中。

② 单核细胞增多性李斯特氏菌风险评估中假定的分布是 1~5℃的统一分布。

③ 1°F＝－17.22℃。

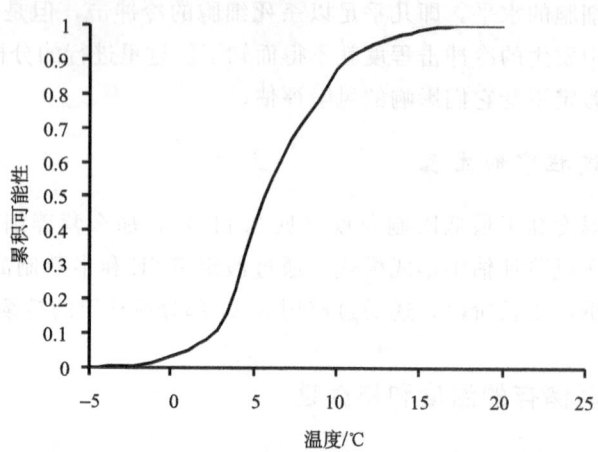

图 3.7   即刻从零售展示柜中拿出的午餐肉温度的累积分布（基于国际
审查/FDA，1999）；这些温度假定代表了食物类别 1 和类别 2 的储存温度

存温度，即在家用冰箱中放置 24h 后测量到的半软乳制品的温度。这个经验性的温度分布（图 3.8）用作这次风险评估的可变性分布。再次说明，这些数据报告为 1°F 并且计算了每一度测量的数值。原始数据中平均华氏温度有重大的偏差；但是，为了保持相关性数据如报告的那样使用（见下文）。没有任何不确定性划分到这个分布中。

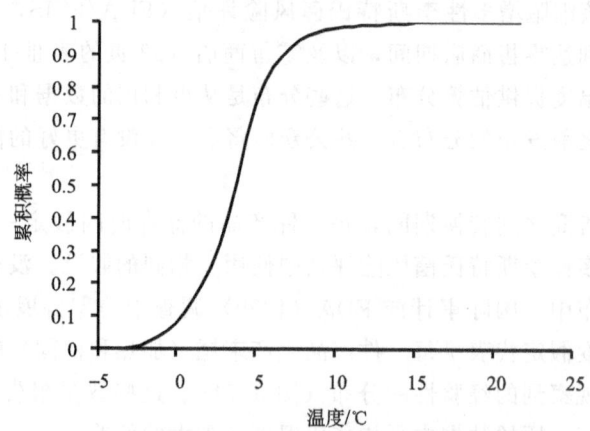

图 3.8   家用冰箱温度的实验温度分布（基于国际审计局/FDA，1999）；
假定代表类别 1 和类别 2 食物的后零售储存温度

制造商和零售（预零售）间的储存温度，零售和最终准备或消费（后零售）之间的储存温度可能有关联（如环境温度对储存温度的影响）。在国际审计局/FDA（1999）数据（图 3.7 和图 3.8）中，在 933 对有效测量值中，稍微有一点儿但很重要的正相关（皮尔森相关系数 0.156，$p < 0.01$）。40 个不成对的预零售和 6 个不成对的后零售测量值在分布上与 933 个成对样本不同（在 Kolmogorov-Smirnov 和 Kuiper 试验中 $p > 0.1$），其范围完全在那些成对测量值中。为了包含相关性，同时抽取成对样本的实验分布样本（同时选择测量值；不用不成对的测量值）。

由 1000 人组成的美国肉类协会调查（美国肉类协会，2001）需要关于储存预包装熟肉制品和预包装热狗的平均时间的信息，报告在不同时期的调查对象数量。这里假设这样获得的平均值，以符合家庭之间的变化，通过直线插入的实验累积分布（图 3.9）用于该风险评估。

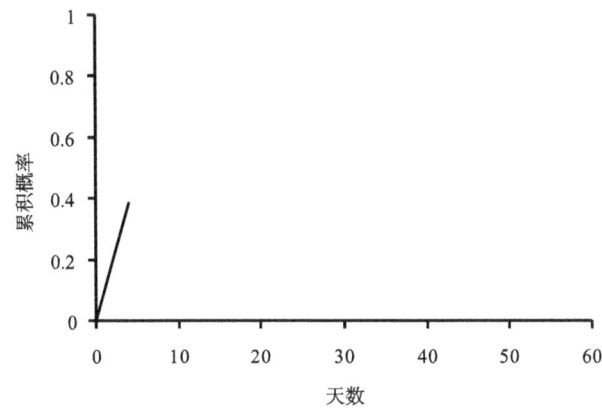

图 3.9　家庭平均储存时间的累积频率分布（美国肉类协会，2001）

为了包含预期的附加家庭内在食物储存时间上的不同，假设家庭内对数正态分布，其中间值与实验累积分布随机取样的相同［与单核细胞增多性李斯特氏菌风险评估中的做法同（FDA/FSIS，2003），尽管没有可用数据来证明这里选择的对数正态分布］。为了估计对数正态的标准偏差及其不确定性，假设从 USDA 的热线呼叫者试点调查问卷获得的数据具有代表性。

从 29 位打电话者中获得了关于最后买的热狗的储存时间问题的回答，以及他们提供的储存时间的概似值（假设刚才描述的分布），用于估计对数正态分布标准偏差的不确定性分布。通过显示标准偏差（几何学标准偏差对数）的不确定性分布来获得概似值的近似值，作为删掉左边的零的两个正态分布的混合。与以下公式成比例地估算对数正态的标准偏差的概率密度（σ）（特别是潜在的正态分布标准偏差）：

$$\frac{\beta}{q_1}\exp\left(-\frac{1}{2}\left(\frac{\sigma-\sigma_1}{q_1}\right)^2\right)+\frac{1-\beta}{q_2}\exp\left(-\frac{1}{2}\left(\frac{\sigma-\sigma_2}{q_2}\right)^2\right)\sigma\geqslant 0 \qquad (3.28)$$

估测值为

$\sigma_1=0.0071$

$\sigma_1=0.4349$

$q_1=0.0769$

$q_2=0.3358$

$\beta=0.3134$

对于家庭储存时间的分布估计，没有不确定性。

类别 3 和类别 4 食物

　　假设冷冻出售类别 3 和类别 4 食物。根据国际审计局/FDA（1999）调查估计制作和零售和后零售间的储存时间。假设在该调查中测量的冷冻食物的零售储存时间当作紧接在去除零售展示情况之后测量的冷冻食物的温度，这些储存温度是在制作和零售间有代表性的储存温度。对于后零售储存，在该调查中测量的家用冷冻箱的温度作为冰激凌放在冷冻箱 24h 之后的温度，假设该温度具有代表性。

　　这些温度的实验分布用于风险评估作为可变性分布（图 3.10、图 3.11）。该数据是在 1°F 下报告的数据，累计计算每个温度下的测量值。在原始数据中对平均华氏温度有极端偏见；然而，为了保持相关性将这些数据用于报道的数据（见以下）。这些可变性分布没有不确定性。

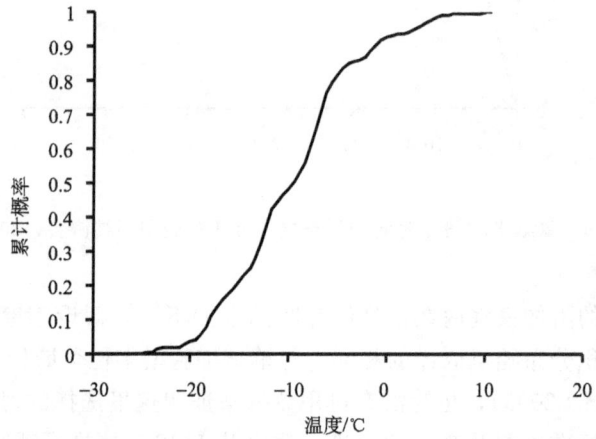

图 3.10　冷冻食物的零售储存温度实验分布（基于国际审计局/FDA，1999）

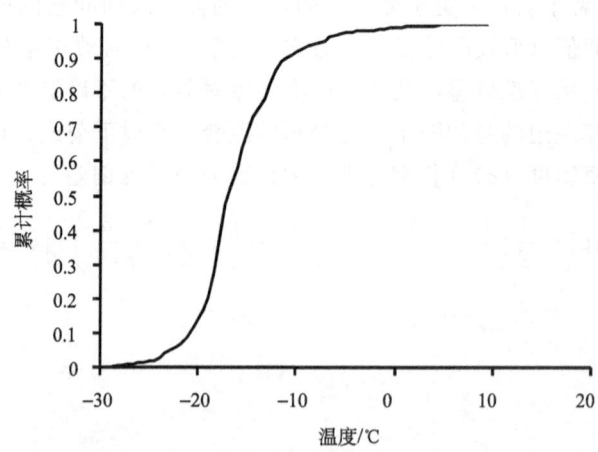

图 3.11　家用冷冻箱温度的实验分布（基于国际审计局/FDA，1999）

　　制造商和零售（预零售），以及后零售之间的储存温度可能有相互关系（如环境温度对储存温度的影响）。在国际审计局/FDA（1999）数据（图 3.10、图 3.11）中，在

888 对有效测量值中，稍微有一点儿但很重要的正相关（皮尔森相关系数 0.217，$p <$ 0.01）。34 个不成对的预零售测量值在分布上与 888 个成对测量值不同（$p > 0.1$），其范围完全在那些成对测量值中。52 个不成对的后零售测量值在分布上（$p < 0.02$，依据 Kolmogorov-Smirnov 试验）与 888 个成对测量值不同（图 3.12）。为了包含相关性，同时抽取成对预零售和后零售温度的实验分布样本（同时选择测量值）。为了解释不成对的后零售测量值中的微小差异，概率为 52/（888＋52），用从 52 个不成对的后零售测量值中随机取样值替换最初选择的后零售温度。

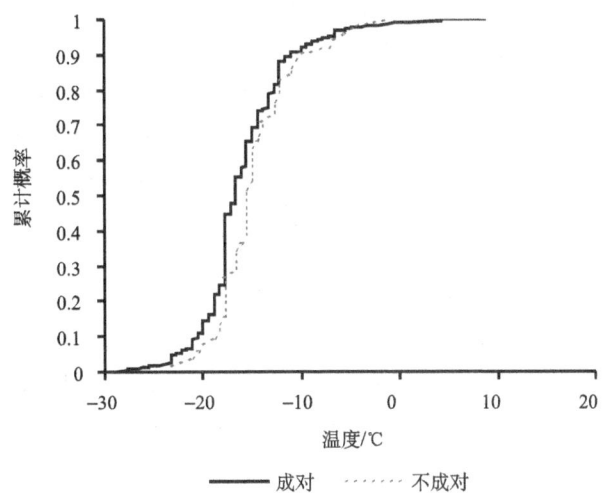

图 3.12　对于类别 3 和类别 4 食物成对（预零售和后零售）和不成对（只有后零售）储存温度的测量值，后零售储存温度分布之间的差异

　　还没有确定制作之后和准备类别 3 和类别 4 食物之前的持续储存时间测量值。在没有测量值时，假设从制作到零售和后零售时间与类别 1 和类别 2 食物相同。进行敏感度分析以评估该假设的重要性。

3.14　即食食品的再热和保持热

　　假设在消费之前再热类别 3 和类别 4 中的即食食物，只要食物温度保持在 53.5℃ 以下，在再热过程中产气荚膜梭菌营养细胞数量最初可能会增加。随着温度上升到 53.5℃ 以上，将会损害一些甚至所有营养细胞。通过再热时间和温度控制净效果，较长时间较高温度会造成更大的毁坏性。

　　如果在再热后将产品温度保持在低温，如果再热的即食食品从烹饪温度冷却到适合产气荚膜梭菌生长的温度，那么再热也许有助于营养细胞的增加。再热的危害在于，在食物被消耗之前，再热后的保持时间使生存的营养细胞或新生长的芽胞大量增加。在该风险评估中，假设对于保持热的食物，再热到足够高的温度，则该温度会杀死所有的营养细胞并激活芽胞，危害来自随后保持允许芽胞生长的较低温度。

3.14.1　在加热过程中，评估关于产气荚膜梭菌营养细胞死亡的实验数据

高温对营养细胞的损害通常是通过差值来体现的。在固定的温度和特定的条件下，差值是营养细胞浓度降低实际持续的时间，关于幸存部分的指数时间曲线，依据系数 10（$1\text{-}\log_{10}$）计算[①]。高温对许多病原体的损害测量值证明在较小温度范围内，如果其他条件保持不变，那么差值本身的对数与温度呈直线的减少（这样的行为符合化学反应速率的简单类推法）。依据 z 值计算差值随温度的减少率，预计的温度变化[②]整体上改变差值的基数 10 的对数（也就是差值减少 10 倍）。

收集分析产气荚膜梭菌营养细胞的差值和 z 值的实验证据（表 3.31）[③]。在 4 个固定温度下培养后，或在随时间呈直线增长的温度（$20\sim50℃$）下培养后，在最近的指数增长阶段或较早的稳定期，罗伊及其他人测量了两种菌株（NCTC8238 和 NCTC8798）的差值和 z 值。在所有情况下，对经高压锅烹饪的绞碎牛肉（17% 或 22% 脂肪）进行培养和实验。Juneja 和 Marmer（1998）测量了 3 种菌株（NCTC8238、NCTC8239 和 NCTC10240）混合的差值和 z 值，这 3 种菌株在 $37℃$ 温度下，在液体 thyoglycolate 媒质中（FTM）培养直到稳定阶段，然后和高压处理过的 90% 的瘦绞碎牛肉和鸡肉（当肉热时溢出脂肪）混合。史密斯及其他人（1981）在最大稳定期检查了培养在 FTM 中的抗热菌株（S-45）的差值，然后试验在固定温度 $60℃$ 和 $65.5℃$ 条件下培养在 FTM 中的菌株。

表 3.31　关于产气荚膜梭菌的差值（按分钟计算）的可用数据汇总

条件[a]	温度/℃							
	55	57	57.5	59	60	61	62.5	65.6
	差值以分钟计算[b]							
Juneja 和 Marner，1998，混合的 NCTC8238、NCTC8239 和 NCTC10240								
瘦牛肉，培养温度，37℃	21.6		10.2		5.3		1.6	
火鸡，培养温度，37℃	17.5		9.1		4.2		1.3	
罗伊及其他人，1981，NCTC 8238								
牛肉，培养温度，37℃		7.3		2.3				
牛肉，培养温度，41℃		10.2		3.0				
牛肉，培养温度，45℃		17.2		4.1				
牛肉，培养温度，49℃				6.9				

　　① 在短时间内，在稳定指数下降之前通常幸存者数量急剧下降；稍后该曲线可能以非指数形式"减少"。前者可能由于用于实验的温度快速增加，杀死了一些易得病的人群。后者也许是因为特别顽强的一些生物体，尤其是在一起试验许多菌株的情况下。

　　② 用于测量的实际温度范围也许小于要求将差值减少 10 倍的温度范围。通常对数（差值）斜率倒数的负数对温度曲线的 z 值更大。

　　③ 在工作簿 CP_D_values. xls 中进行本节报告中的所有计算并随附该风险评估。

续表

	温度/℃							
	55	57	57.5	59	60	61	62.5	65.6
罗伊及其他人，1981，NCTC 8238								
牛肉，培养蔓生 4℃/h				7.6				
牛肉，培养蔓生 6℃/h	122.0	17.0		11.9	3.7	3.7		
牛肉，培养蔓生 7.5℃/h				6.8				
罗伊及其他人，1981，NCTC 8798								
牛肉，培养温度，37℃		11.0		3.1				
牛肉，培养温度，41℃		13.7		4.4				
牛肉，培养温度，45℃		24.3		5.2				
牛肉，培养温度，49℃				10.6				
牛肉，培养蔓生 4℃/h				11.0				
牛肉，培养蔓生 6℃/h	179.0	21.0		8.4		2.3		
牛肉，培养蔓生 7.5℃/h				7.6				
史密斯及其他人，1981，S-45								
FTM，培养温度，37℃					5.4			0.65

注：a. 培养温度：在低于试验温度的固定温度下培养。

培养蔓生：在持续上升的温度下培养，通常在达到试验温度时终止。

b. 从相同条件下做的许多试验中得出的值的等比中项。差值是营养细胞浓度降低实际持续的时间，依据系数 10 计算（见文本）。

对差值和其随温度的变化的检查表明这些差值可分为两类。第一类是那些在恒定温度 37～45℃条件下培养产气荚膜梭菌营养细胞之后，接着在 15℃或在比培养温度更高的温度下确定差值，包括大量的热冲击（图 3.13）获得的差值。第一类是那些在高于 45℃温度下或在以固定比例增加的温度下培养产气荚膜梭菌营养细胞之后，在确定差值之前获得的差值，所以热冲击降到了最小值（图 3.14）。

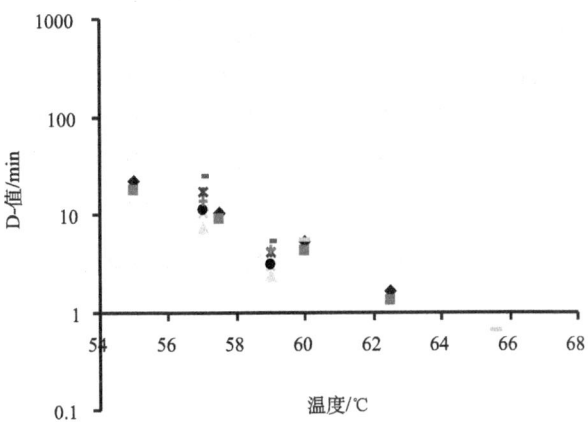

图 3.13 细胞遭受巨大热冲击下的 D-值

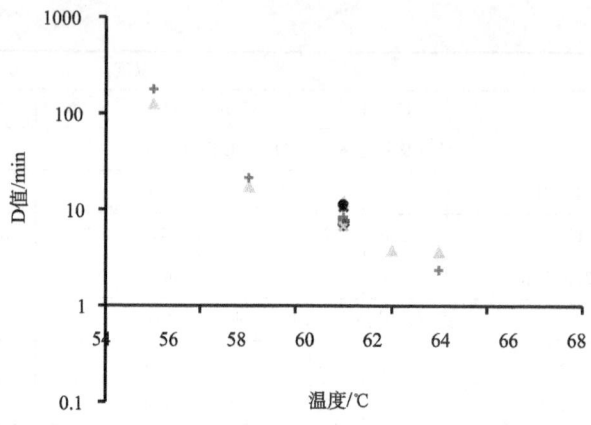

图 3.14　较少量热冲击情况下得出的 D-值

对于该风险评估，用这两个分类得出每种情况下的 z 值，假设分别应用微波炉或烤箱（较少热冲击）烹饪。依据该模型图 3.13 和图 3.14 中显示的差值（来自表 3.31）分别符合指数下滑曲线

$$\log_{10}D_{ij} = \alpha - \beta(T_j - T_0) + \varepsilon_{ij} + \theta_i \tag{3.29}$$

式中，D_{ij} 是在试验 i 中 T_j 温度下测量的差值的等比中项，α 和 β 是参数（后者是 z 值的倒数），T_0 是参考温度，ε_{ij} 是随机实验误差，θ_i 是试验间的随机波动。

假设随机实验误差和标准偏差 σ 是正常的，假设随意波动和标准偏差 θ 是正常的。观察值的对数概似为（达到恒量）

$$J = \sum_i \left\{ -(n_i-1)\ln\sigma - \frac{1}{2}\ln(\sigma^2 + n_i\theta^2) + \frac{1}{2\theta^2}\left[\sum_j s_{ij}^2 - \frac{\left(\theta\sum_j s_{ij}\right)^2}{\sigma^2 + n_j\theta^2}\right] \right\} \tag{3.30}$$

式中，$s_{ij} = 10g_{10}D_{ij} - \alpha + \beta(T_j + T_0)$；$n_i$ 是温度值，在该温度下在试验 i 中测量的差值。

通过将公式（3.30）最大化来估计参数 α、β、σ 和 θ，依据常态近似值 α、β 和 θ 的不确定性接近于概似功能（变量协方差矩阵等于信息矩阵的倒数），将 σ 视为多于参数（计算 α、β 和 θ 的信息矩阵时重新优化 σ）。选择参考温度 T_0 使 α 和 β 的不确定估计值间的关联性小，以提高这些不确定值的常态近似值。

表 3.32 显示了检查过的两种情况（有大量热冲击和较少热冲击的情况）下的 α、β 和 θ 的最大概似估计值，表 3.33 总结了这些参数的正态不确定分布。较少热冲击情况下 θ 的最大概似估计值为 0，在大量热冲击情况下其相对接近 0（接近 2.1 标准差）。在这两种情况下，在蒙特卡罗分析中，重新抽取正态分布样本直到 θ 为正数。

表 3.32　参数 α、β 和 θ 的最大概似估计值

	大量热冲击	较少热冲击
α	0.7507	1.0693
β，每摄氏度	0.1585	0.2755
θ	0.0889	0

表 3.33　参数 α, β, θ 的标准偏差（主要对角线）和相关系数（分离对角线）

	α	β，每℃	θ
巨大的热冲击			
α	0.0419		
β，每℃	−0.0085	0.0139	
θ	0.0197	0.3787	0.0544
较少量的热冲击			
α	α	β，每℃	θ
β，每℃	0.0331		
θ	0.0195	0.0189	
	−0.0016	−0.0035	0.0371

3.14.2　再热次数和温度

　　国际审计/食品和药物管理局在全国范围内对 979 人展开了调查，其中 608 人参与了食品烹饪温度测量调查，总计 3387 种烹饪温度。测量出的温度在这里被认为是评估食物类别 1、类别 3 和类别 4 再热温度的基础。由 224 人参与的有关营利性预煮食物的总计 288 种温度测量，在这里被认为是即食食品（RTE）的代表。研究中涉及 7% 参与者的性能检测表明，认为食物煮熟后立刻进行的温度测量占 56%，食物煮熟后 1～2min 内进行的温度测量占 37%，食物煮熟后 3～5min 内进行的温度测量占 5%，食物煮熟后超过 5min 才进行的温度测量占 2%。因此，可以认为最后烹饪的温度在一定程度上比记录的这些温度要低。营利性预煮食物（图 3.15）测量的经验分布表明，测量记录每隔 10℉[1]（华氏温度能被 10 整除）会出现大量集聚的现象，在这里被认为是可观察到的假象[2]，事实上，这种分布是较高温度和较低温度的一致性有些偏差的均匀分布。从测量低于最后烹饪温度的温度概似的角度出发，可以不考虑该分布的尾部下方，此外，由于尾部上方（较高温度下，可以迅速摧毁全部的产气荚膜梭菌营养细胞，3.14.1 节）[3] 在这个风险评估中不重要，所以可以不管。类别 1、类别 3 和类别 4 的所有食物风险评估所采用的烹饪温度分布，都在 41.5℃ 和 87.5℃（图 3.15）之间均匀分布，应用肉眼估计这些值，确保它们与经验分布在大体上是匹配的。为了消除测量值假象的障碍（每隔 10℉ 的可观察集聚），人们更偏向于插入经验分布自身的测量值。由于该分布的不确定性小到可以忽略不计，所以该分布没有被赋予不确定性。

---

　　① 　$t\text{℉} = \dfrac{5}{9}(t-32)\text{℃}$

　　② 　如果通过温度传感器装置所设置的每隔 10℉ 就自动停止烹饪，那么可能会出现相同的集聚类型，但是，这种现象出现的可能性被认为更小。

　　③ 　没有进行用于评估该数据处理效果的敏感度分析。在非正式情况下，因为烹饪步骤对结果影响很小，所以这些改动的影响将是微乎其微的。

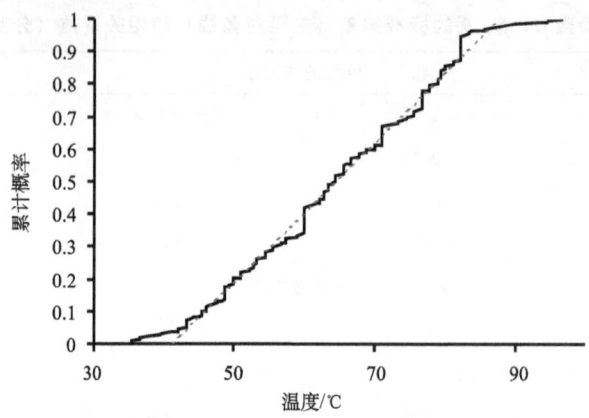

图 3.15　营利性预煮食物的再热温度测量经验累积分布（黑色，实心），
以及风险评估的均匀分布（淡紫色，小点）

　　部分煮熟的食物被划分到了类别 3b，再热程度可能比即食（RTE）食品更彻底。
CSFII 数据库（USDA，2000）中明确认可的唯一部分煮熟食物的规范描述是"鸡排、
里脊或者细皮嫩肉、面食制品和烹饪制品"，以及"鸡肉或者火鸡蛋糕、肉饼或者炸肉
丸"。国际审计/食品和药物管理局（1999）烹饪温度调查提供的类别包括牛肉/猪肉/羊
肉、营利性预煮食物、鱼和海鲜、绞碎牛肉、禽类肉、再热的剩菜、淀粉制品/乳制品/
蛋白质制品，以及蔬菜，其中禽类、绞碎牛肉和牛肉/羊肉/猪肉最可能代表部分煮熟食
物需要的加热温度。单独考虑的这些类别的烹饪温度分布，它们几乎是一样的分布（图
3.16），并且它们的结合代表了部分煮熟食物的烹饪温度。测量值经验分布表明，这些
记录值是每隔 10℉（华氏温度可以被 10 整除）就会大量集聚，此外，此种集聚在这里
被认为是可观察的假象。为了消除这种集聚影响，经验分布中插入了与早期线性增长密
度函数对应的平滑曲线，随后以指数的方式减少（图 3.17）。

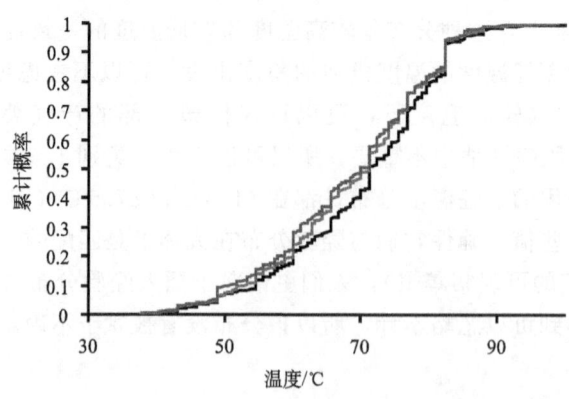

——— 禽类肉　　——— 绞碎牛肉　　——— 牛肉/猪肉/羊肉

图 3.16　禽类肉、绞碎牛肉和牛肉/猪肉/羊肉类的
累积分布（国际审计/食品和药物管理局，1999）

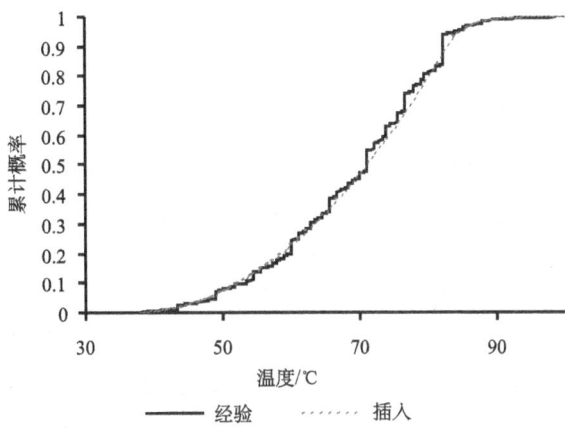

图 3.17 国际审计/食品和药物管理局 (1999) 混合类别中代表
部分煮熟食物的累积分布，以及风险评估中的平滑插值

采用的密度函数是

$$p(T) = \alpha(T - T_l) \qquad T_l \leqslant T \leqslant T_u$$
$$= \alpha(T_u - T_l)\exp(-(T - T_u)/T_f)T \geqslant T_u \qquad (3.31)$$

条件 $\alpha = (T_u - T_l)(2T_f + T_u - T_l)$

数值：

$T_l = 36.73℃$

$T_u = 82.22℃$

$T_f = 2.941℃$

由于该分布的不确定性小到可以忽略不计，因此该分布没有被赋予不确定性。

类别 3 和类别 4 的食物在食用之前都应再热。与再热温度无关的是食物加热到该温度所需的时间，以及准备好食物之后到食用之前的时间。没有公认的调查数据可以提供各类食物的再热时间，或者是食用之前的时间。风险评估中认为，可以使用微波炉等迅速加热 50% 的即食食物和部分煮熟的食物，加热达到最后温度所需的时间是 1～10min，这种变化在早期以均匀分布模拟。可以使用烤炉等加热其他 50% 的即食食物和部分煮熟的食物，所需的烹饪时间是 10～30min，这种变化也是以均匀分布模拟。所有的这些参数都应进行敏感度分析，以确定它们对风险评估结果的影响。在烹饪期间，食物的温度被认为会线性增加到最后的烹饪温度直至烹饪时间结束。这两个加热时间的假设归类在"微波炉"和"烤炉"加热的条件下，但是，这明显将烹饪过程中所发生的事过于简单化了（例如，所有的加热方式都可能对食物的不同地方进行不同的加热）。然而，我们没有查询到涉及更加复杂加热模式的实验数据。这些对加热时间（见 6.6.9 和 6.6.10）不敏感的结果表明，任何风险评估的影响都是微乎其微的。

类别 1 下的某些食物通常会被冷吃 [例如，火腿和乳酪三明治，加上生菜和涂酱，（不能烘烤）]，以及其他可以偶尔冷吃的食物 [例如，占类别 1 即食（RTE）食物主要部分的热狗]。有关这些可冷吃食物的数据使得类别 1 再细分为了类别 1a（热狗或者法兰克福香肠）和类别 1b（其他），接下来的两部分内容将对每种可冷吃食物的组分进行评估。

3. 14. 2. 1　类别 1a 冷吃食物的组分

美国农业部（USDA）热线问卷调查得到了有关直接从包装袋内取出就冷吃热狗的部分信息。但是，尽管得到的结果表明来自 84 个家庭的 223 人中有 14～46 人的答案是在一些情况下（没有具体说明）才会冷吃热狗，但是这些结果还是不明确。

由 1000 人参与的美国肉类协会（AMI）调查（美国肉类协会，2001）得到了有关冷吃热狗组分的信息，该信息在这里被用于评估这种吃法下的热狗组分。类别 1a 所有食物分量都采用了这种组分（A. 4. 1），并且该组分精确地构成了描述中的法兰克福香肠或者热狗。美国肉类协会调查对象（所有对象至少 18 岁）中，有 134 人表示他们有时生吃热狗，97 人表示他们的家人有时会生吃热狗，657 人表示他们（并且也暗示他们家庭中的其他成员也是）总是会把热狗再热后才吃。这被看作吃热狗概率的二项观察 [(134＋67) / (134＋67＋657) ＝201/858]，因为一个人可能也会生吃热狗。在生吃热狗的 134 人中，有 133 人说出了他们生吃热狗的时间段，该时间段在问卷调查规定的范围内（表 3.34）。这些观察结果被认为是提供了相应片段的多项式示例。

表 3. 34　调查对象生吃热狗的时间段

不知道答案/拒绝回答	1
该时间段的 9％或者更少	64
该时间段的 10％～24％	21
该时间段的 25％～49％	18
该时间段的 50％～74％	22
该时间段的 75％～99％	4
该时间段的 100％	4

人们认为一个有可能生吃热狗的人，生吃热狗时间段的概率密度是单调递减的，并且该时间段的（与调查问卷所规定的范围相对应）10％、25％、50％、75％和 100％值之间线性插值，新增的有限概率考虑到了这个人总是生吃热狗的情况。图 3.18 所示的是示例和 MLE 对这些片段评估所达成的一致性。类别 1a 表示可以生吃的食物，它的综合概率便是该产品分布的平均值，也是一个可能生吃热狗的人生吃热狗的概率。该分布的评估和后来使用概似方法①得出的概率表明，生吃热狗部分的最大概似估计值为 0.0670。此外，中值 0.0670 的对数正态分布和几何标准偏差 1.120 精确表示不确定性。

3. 14. 2. 2　类别 1b 冷吃食物组分

没有可以查询的数据可以用于评估类别 1b 冷吃食物的组分。人们认为类别 1b 食物

---

①　这些运算应在随附该风险评估的电子表格 CP-Hot-dog-raw. xls 内进行。

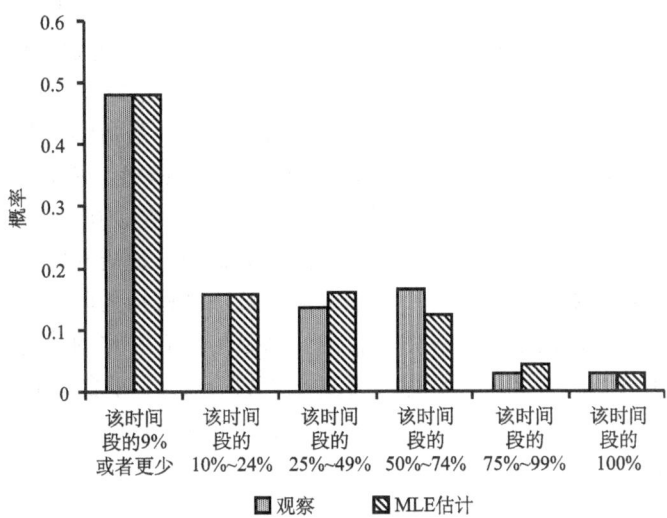

图 3.18 观察并模拟总是生吃热狗的人生吃热狗的时间段

与类别 1a 食物（热狗）差别显著，体现在这些类别之间的外插值不合理。在这里可以假设 20%的类别 1b 食物是没有加热就食用的，那么应采用敏感度分析评估该假设的重要性。

3.14.3 再热过程中的孢子萌发，系数 g_p

即食（RTE）产品中的孢子可能在加热步骤中萌发，因此，转变为可以在保温阶段生长的营养细胞。原则上讲，再热过程中萌发的孢子数目应添加到再热过程中幸存的营养细胞数目中，然后在保温阶段这些营养细胞的总数便可以增多。对于该风险评估，可以假设在保温之前再热过程中存活下来的营养细胞数目为零，所以只能使用再热过程中萌发的孢子数目。

种群中单个孢子相对于绝大部分孢子而言，萌发情况不同。具体来讲，种群内的一些孢子被认为是"超级休眠"，这些孢子在本可以正常萌发的条件下，却没有萌发的倾向（古尔德，1969）。很可能，紧跟生产工厂所进行的早期致死率（加热）步骤后剩下的孢子，并不会像先前的孢子种群一样，它们不会对热处理做出反应。然而，在该风险评估中，可以假设所有的孢子都会平等地对热处理做出反应。食品安全检验局（FSIS）并没有意识到任何可以用于评估超级休眠孢子种群的数据，以及因为二次加热可以萌发的孢子百分比。因此，在 3.9.4 中，可以采用再热过程中萌发的孢子的组分的一般分析，评估公式（3.2）中的系数 g_p。

3.14.4 保温温度和时间

许多的即食（RTE）产品都是在再热后立即食用的，但是类别 4 的食物却经常在食用前由饭店或者机构预先准备好，并且大部分是食用之前需要再热的冷冻产品。则会向产品在再热后，因为温度不同，所以保温时间也不同。处理类别 1 的食物，如热狗，可能应采用类似的方法。保温的目的在于保持产品的温度在 53.5℃ 以上，使得产气荚膜梭菌不能生长，或者至少限制产品在产气荚膜梭菌生长的最适温度范围内的时间。

　　保温过程中的温度调查数据是从食品和药物管理局（FDA）根据 1997 年其食品规范（FDA，1997）所做的调查中顺便收集到的。该调查是在全国范围内进行的，设计宗旨是合理地代表待检查的行业分部（体制食品服务机构、饭店和零售食品店）。但是，由于食品和药物管理局专家负责对各个地理区域内被选中机构的随机抽样调查，这并不与食品消费成比例，因此出于风险评估的目的，结果可能有一定的偏倚。然而，这些数据好像代表了每个分量的基准。在对保温温度是否符合 1997 年食品和药物管理局食品规范对超过 60℃（140℉）温度的要求所做的评估（非管理性）中，总共记录了 1270 个保温食品温度观察值（图 3.19）。

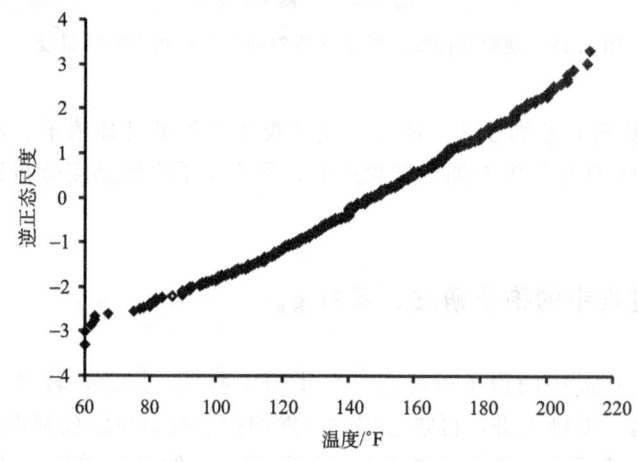

图 3.19　食品与药物管理局调查发现的正态尺度保温温度分布（FDA，2000）

　　发现所有的 1270 个测量值的分布都接近正常，并且平均值是 63.9℃（147℉），标准偏差是 4.4℃（24℉），但是，同时包括了许多不是该风险评估主体的食品测量值。

　　对即食食品或部分烹调分类食品 1（$n=57$）、4a（$n=14$）、4c（$n=27$）及 4d（$n=72$）进行了测量，通过对一部分测量值的检查发现测得的保温温度分布大体与标准温度相符。[1] 4a 类和 4c 类的分布难以区别，但 1 类、4a＋4c 类和 4d 类有明显区别（图 3.20）。

　　根据这些观察，设想 1 类、4a＋4c 类和 4d 类的食品保温温度按月发生变化，平均值与标准差如表 3.35 所示。假设这些测量值具有代表性，使用似然法估算出这些均值与标准差的不确定因素。根据表 3.35 中给出的标准差和相关系数参数，假设这些不确定因素是正常的。

────────────

[1]　这是一个正式的实验，显示了 4a 类食品的临界正态，但其他 3 类食品的测量结果与标准值没有区别。

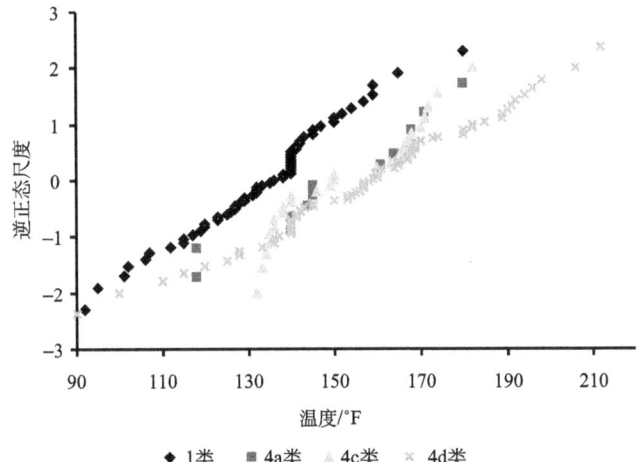

图 3.20　观察到的 1 类和 4 类食品保温温度分布（FDA，2000）

表 3.35　保温时间分布参数（以℃表示）（相关系数除外）

		均值	标准差
1 类		56.27	9.53
	标准差（对角线）/相互关联（轴偏移）		
		1.27	
		0.23	1.03
4a＋4c 类		66.75	9.23
	标准差（对角线）/相互关联（轴偏移）		
		1.45	
		0.27	1.18
4d 类		69.81	13.34
	标准差（对角线）/相互关联（轴偏移）		
		1.58	
		0.21	1.23

　　没有找到任何保温期间的数据。1997 年美国食品和药物管理局的食品准则规定最大保温时间为 4h，远超过这一时间的保温是不提倡的，因为这样食品就会变得不可口，保温时间越短越好。为评估保温时间的影响，首先假设这一周期在 0.5～5h 内变化，概率密度在 5h 后线性降低至 0。使用灵敏度分析对这一假设的影响进行测试。

3.14.5　保温期间产气荚膜梭菌营养细胞的生长

　　已经出现在食物中的营养细胞或二次加热期间新发芽的孢子会在保温的食物中大量繁殖，并产生危险。在本风险评估中，假设保温的食物足够热，可以激活孢子，并杀死所有已有的营养细胞。假设其随后的生长按 3.11 部分的要求进行。

3.15　食物份数

3.15.1　即食食品和部分烹调食品总份数

本风险评估从个人摄入食物的持续调查 CSFII（USDA，2000）中选取具有代表性的食品，就即食食品和部分烹调食品进行了两次总份数评估。

首先，持续 4 年的 CSFII 调查中用作获取食物份数基础的人-日总数为 42 269（21 662 个 1 日样本，20 607 个 2 日样本）。风险评估从其子集中抽取了 26 548 份食品样本。也就是说每人每天消耗的份数为 0.628。美国的总人口约为 281 000 000（2000 年，美国人口普查局，2003 年）所以，国-年为（281 000 000 人×365.25）或 103 000 000 000 人-日。则估计美国一年消耗的食品总份数为 64 600 000 000。

每个调查人员有 1 天或 2 天的食品消耗数据和一个加权因素来解释这个人可能选择用于在调查过程中访问的各种可能性。报告中一个样本人（挑选用于本风险评估）消耗的食品份数除以他被调查的天数得出他每天消耗的份数（本风险评估选择的份数）。用这个值乘以他单天的抽样质量，将所有数据加在一起，其和除以抽样质量之和得出抽样人群（同样，这指的是本风险评估中选择的份数）每天 0.677 份的加权平均份数。用这个数值乘以美国的人口数 281 000 000（出自 2000 年人口普查）和每年的天数得到本风险评估一个全国每年消耗的食物份数 69 600 000 000。

由于第二种估算对样本内容使用了权重因素，所以第二种评估法比较好；而且它与第一种估算的差异（大约 7%）表明这个数量的不确定性只是风险评估总体不确定性的一小部分。

从 CSFII 调查中选取的一部分食物并非即食或部分烹调食品。没有找到任何调查信息可以对这一部分进行评估。这一风险评估假设选择食品份数的 80%（即 557 亿份）表示即食或部分烹调食品。这个份数应用于所有类别的食物。

3.15.2　热食食物份数部分

没有找到任何可以对加热后热食的即食和部分烹调食物部分进行估算的调查信息。在本风险评估中，食品类别 1 和类别 4 中有 1% 的食物是这样处理的。

附录 3.1　将反差系数浓度分布与观察到的计数匹配

对肉类样本中产气荚膜梭菌营养细胞浓度的观察性研究需要肉类取样、均质化和稀释样本、将稀释混合产物放在合适的琼脂上，在适合的条件下培养，并计算生成的细菌细胞菌落（有时带有额外的安全设施，如确认菌落是否含有产气荚膜梭菌）。这一程序通常需要稀释样本的复制品（应用于多琼脂培养皿），或原肉类样本的复制品（一个二次样本，经历完全相同的均化、稀释和培养顺序），或者两者一起。因此，从这类取样得出的数据基本包括放入培养皿的有效肉量和跟该数量肉类相关的菌落[①]数量（计算培养皿内肉制品中菌类形成单位的数量）[②]。

假设从一个特定样本取出的有效肉量为 m（质量；这是多培养皿中有效肉量的总和），而样本中变化的营养细胞浓度为 x（每单位质量的菌落形成单位数），那么期望的菌落集成细胞数为 mx，而该样本菌落具体数目 r 的概率 $g(r, x, m)$ 呈泊松分布：

$$g(r, x, m) = \frac{(xm)^r \exp(-xm)}{r!} \qquad (A3.1.1)$$

如果在多个样本中，菌落形成单位的数量随样本不同而发生改变，而其浓度分布 $p(x, a, b)$ 为伽马分布：

$$p(x, a, b) = \frac{(x/b)^{a-1} \exp(-x/b)}{b\Gamma(a)} \qquad (A3.1.2)$$

那么给定样本中获得准确 r 菌落的概率 $P(r, m, a, b)$ 为

$$p(r, m, a, b) = \int_0^\infty dx\, p(x, a, b) g(r, \bar{x}, m)$$

$$= \left(\frac{bm}{1+bm}\right)^r \left(\frac{1}{1+bm}\right)^a \frac{\Gamma(a+r)}{r!\,\Gamma(a)} \qquad (A3.1.3)$$

使用一般方法来测量（如相同的 $m/i/e$ 值，相同的敏感性）N 个试验样本总数，并使用 r 相关菌落测量的这些样本的准确 k_r 值（$\sum_{r=0}^x k_r = N$ 必须符合）的试验对数似然 J，由下式得出：

$$J = \sum_{r=0}^x k_r \ln(P(r, m, a, b)N/k_r) \qquad (A3.1.4)$$

这里采用的正规化操作给出 $J=0$，以使概率 P 完全符合观察到的部分 K_r/N。$k_r=0$ 的项目对对数似然无影响。

在某些情况下，一个给定样品的 r 准确值是未知的，但一些信息是已知的。卡林诺斯基（Kalinowski）等提供的数据（2003）称已知在一种情况下，从某个给定样本上观察到 48 种菌落，其中有 5/12 确认为产气荚膜梭菌。一般情况为从样本中观察到总共有 T 个菌落，其中测量得出有 s/S 属于感兴趣的那一类。在这样的一般情况下，准确兴趣 r 菌落的概率 P_r 为

$$P_r = \frac{\dbinom{S}{s}\dbinom{T-s}{r-s}}{\dbinom{T}{r}} \qquad (A3.1.5)$$

---

① 某些情况下，尤其是高期望的培养皿计数，菌落数为零的培养皿培育失败，忽略之。

② 可以更正一种（固定的）菌落集成率低的现象，但此类更正对后续讨论无实质影响。菌落集成率分布一体化是可能的，但我们没有任何数据来评估这类分布。

这一具体样本对对数似然的影响为

$$\ln\left(\sum_{r=s}^{T-S+s} p_r P(r, m, a, b)\right) \tag{A3.1.6}$$

（该式无简单的正规化办法）。

对于陶尔米娜（Taormina）等（2003）的资料，出版资料不能对 (r, k_r) 组的图案进行精确的规定，因为出版资料与 6 个此类图案一致。假设有 q 个此类图案，k_r^j 由 j 指示，那么发表的结果似然性为

$$\ln\left(\sum_{j=1}^{q} \exp\left(\sum_{r=0}^{\infty} k_r^j \ln(P(r, m, a, b))\right)\right) \tag{A3.1.7}$$

同样，这也没有方便的正规化方式。

从对生肉（见 3.7）的研究得出的数据随研究的不同而不同。斯特朗（Strong）等（1963）仅提供了样本的总数、发现的菌落数和预估浓度范围。对数似然（近似[1]因为浓度乃唯一估算量）可通过计算伽马分布中浓度低于报告浓度最小值、处于报告浓度范围内，以及大于报告浓度最大值的期望概率来进行适当计算（A3.1.2）。一个观察值在给定浓度 $x_1 \sim x_2$ 内的概率 $P(x_1, x_2)$ 为

$$P(x_1, x_2) = \int_{x_1}^{x_2} \frac{(x/b)^{a-1}\exp(-x/b)}{b\Gamma(a)} dx = I(a, x_2/b) - I(a, x_1/b) \tag{A3.1.8}$$

式中，I 为不完整伽马分布的一部分：

$$I(a, x) = \frac{1}{\Gamma(a)}\int_0^x t^{a-1}e^{-x}dx \tag{A3.1.9}$$

r 观察浓度低于检测限值 x_1，$n-r$ 观察浓度在检测限值到最大观察浓度 x_2 的范围内，且未观察到更高浓度的对数似然为

$$r\ln P(0, x_1) + (n-r)\ln P(x_1, x_2) \tag{A3.1.10}$$

陶尔米纳等（2003）除报告了浓度范围以外，还报告了这些检测值的平均浓度，从而可以将一个额外的近似[2]项目添加到结构的对数似然中：

$$-\ln(\sigma) - 0.5((m-\mu)/\sigma)^2 \tag{A3.1.11}$$

式中，m 为观察到的检测值平均数，μ 和 σ 都是它的期望值，其期待标准误差分别为

$$\mu = ab(I(a+1, x_2/b) - I(a+1, x_1/b))/(I(a, x_2/b) - I(a, x_1/b)) \tag{A3.1.12}$$

和

$$\sigma = ((b^2 a(a+1)(I(a+2, x_2/b) - I(a+2, x_2/b)))/$$
$$(I(a, x_2/b) - I(a, x_2/b)) - \mu^2)/(n-r))^{1/2} \tag{A3.1.13}$$

---

[1]　近似同样因为我们忽略了浓度范围的最大值，至少没有把这个最大值预先选择出来，而它实际上是这些数据的一个顺序统计量。

[2]　近似值是双重的——一个常态近似值用于平均值分布，以及因忽略均值估计与其他似然估计中所用信息间的相互关系而产生的近似值。两个近似值在这里都应该是正确的。

福斯特（Foster）等（1997 年）报道了预计的菌落形成单位/g 范围内样本的数量，但可以减除相应观察菌落数范围。除此之外，他们还报道了观察到的平均浓度。这样就可以使用公式（A3.1.3）中给出的分布，以如下形式：

$$\left(\sum_r k_r\right) \ln\left(\sum_r P(r, m, a, b)\right) \tag{A3.1.14}$$

给出每个菌落范围的似然贡献，式中总数为该范围内具体菌落数的和，且这些项目具有公式（A3.1.3）和公式（A3.1.4）中一样的意义（所以在这一情况下，只有 k_r 的总和已知，每个 k_r 的值是未知的）。最后，可以使用平均值按公式（A3.1.11）的形式得出额外的近似然贡献，式中 m 仍是观察平均浓度，而 μ 和 σ 都是它的期望值及其期望的标准误差。根据公式（A3.1.3）中给出的分布，它们的值为（假设总共有 N 个样本）

$$\mu = ab$$
$$\sigma = \sqrt{ab(b+1/m)/N} \tag{A3.1.15}$$

参数 a 和 b 的估值是通过最大化似然性得出的（使用 Excel$^®$ 里的求解程序 Solver）。如果同时不止一个实验适合（如使用了通用参数），那么可以同时利用参数约束条件或在必要情况下利用其相互关系，估算相关参数来最大化对数似然的总和。使用第一手参数转换信息得出参数的联合不确定性分布，

这样转换后参数的单个临界描述似然几乎是二次的（这样描述似然几乎就可以像常态分布一样使用）。目标是将对数似然参数化，其最大值的一个（多维）二次近似值在一个横跨若干标准差的范围内相对准确，这样不确定性分布就相对紧密地接近一个尽可能大范围的似然性。通过对本风险评估中所采用对数似然的经验性调查发现，采用的步骤极大地提高了二次近似值（尽管通常还有进一步提高的空间）。

将信息矩阵（转化参数的二次倒数矩阵，通过对最大似然估算得出）的一个近似值逆转，得到转化参数估计值的方差-协方差矩阵近似值。最大似然的二次倒数矩阵的近似值是通过对跟最佳值有出入的转换参数值进行细微更改得出的，一开始每次对一个参数进行更改，然后每次按对进行。随后对数似然的更改与二次倒数相应二次近似的上述顺序一致。通常选用细微的更改来让转化参数的估计值接近标准差，这样就不会将相对较大的偏差因疏忽而漏掉。转化参数的不确定性分布随即与在树枝上进行估计的方差-协方差矩阵一起用于多项分布中。

附录 3.2　产气荚膜梭菌成长模型

A3.2.1　一些数学运算背景

经热休克芽胞发育而来的产气荚膜梭菌的成长模型大多是建立在经验拟合—成长曲线的基础上的，模型的参数和生物现象之间只有启发式关联。通常使用的是可以得到 CFU 密度总数或者密度对数的龚帕斯曲线（Gompertz curve）或者逻辑斯蒂曲线（Logistic curve），这里所说的密度既包括营养细胞，也包括 CFU 统计培育条件下（一般不

同于试验中的成长条件）所有可以发育的剩余芽胞。虽然这种经验拟合—成长曲线可以给试验条件下菌落的成长提供一系列非常有用的信息，但由于缺少模型参数与生物现象之间的直接联系，阻碍了其他条件的外推。为了对不同条件下的模型参数进行推断，不得不用某种类似于生物学的方式解释模型参数；而如果没有更严谨的依据，这种似是而非的论点很难经得起考验。

有一种办法可以对不同条件下产气荚膜梭菌的成长做出更直接的推测，那便是直接模拟涉及的生物现象。此时，数学模型的选择一般受到一系列因素的制约，包括生物学过程涉及的似是而非的数学表达，以及便利性，一般可以解释，以便得到的方程有解，易于计算，或者结构简单。

固定温度下细菌成长的初始模型[①]试图直接分开芽胞发育和营养细胞成长的过程。假设芽胞经历某个过程或者某组过程，从而形成可以复制的营养细胞。上述过程完成以前，复制时不可能成功；而上述过程完成之后，细胞便以具有生长速率特征的某种速度开始复制。复制持续进行直到有比较高的营养细胞密度，此时某种反馈机制便会降低复制速度，直至细胞密度达到极限，复制停止。

检测特定可辨认过程发生的最新模型为（Juneja & Marks，2002；Huang，2004）

$$\frac{\partial C_s}{\partial t} = -kC_s$$

$$\frac{\partial C_v}{\partial t} = qkC_s + \mu C_v(1 - C_v/C_m) \tag{A3.2.1}$$

式中，C_s 为变化芽胞的数量；C_v 为分裂的营养细胞的数量；C_m 为分裂细胞的最大数量；k 为芽胞的转化率（或许基于时间）；μ 为分裂细胞的生长率（或许基于时间）；q 为转化后的芽胞存活下来继续分裂的部分。

这里用偏导数表示固定温度。检测到的边界条件为：$C_v = 0$，$C_s = C_{0\,att} = 0$。下文中讨论的所有情况，选定 $q = 1$（在 Juneja 等 2001 年的论著中一定程度上检测了 $q \neq 1$；然而，多数情况下只列举了那些可以转化的芽胞，所以所有实验都只测量这类芽胞）。第一个公式表示芽胞到营养细胞的转化，第二个公式表示营养细胞的复制。

严格来说，该公式应写作概率方程（表示细胞从芽胞转化为营养状态的概率，以及营养细胞分裂的概率），说明细胞密度的间隔粒度，特别是细胞密度较低时的间隔粒度。然而，由于有确定性公式，现在细胞密度被视为连续的量，这里采用的是这种办法。对于较大的细胞密度，上述办法导致的不确定性应当比较小；而对于较小的细胞密度，尤其是生长的初期阶段，任何感兴趣体积里都可能只有一个或少数几个细胞，实际情况很可能比公式表现的情况更不确定[②]。

如果时间较短（$C_v \ll C_m$），公式（A3.2.1）的最后一项（即二次项）可以忽略不计。（A3.2.1）的第一个公式用一个单积分平凡地就出积分（固定温度）：

---

① 初始模型中，细胞密度与固定温度的时间相联系；"二次"模型中，初始模型的参数与温度相联系。

② 假如实验中采用的细胞的数量接近实际中重要的数量，那么细胞整数导致的额外不确定性可能在一定程度上受到实验数据的不确定分析的控制。

$$C_s = C_0 \exp(-K(t)) \tag{A3.2.2}$$

式中，C_0 表示芽胞的初始数目（$t=0$），并且

$$K(t) = \int_0^t k(s)ds \tag{A3.2.3}$$

因此，（A3.2.1）第二个公式可以化简为一个黎卡提方程（Riccati equation）：

$$\frac{\partial y}{\partial t} = p + \mu y(1-y) \tag{A3.2.4}$$

式中，

$$y = C_v/C_m$$
$$P = qkC_s/C_m \tag{A3.2.5}$$

于是得到，$P=P$（t）和 $\mu=\mu$（t）是关于时间的已知函数，且 $t=0$ 时，$y=0$。把（A3.2.1）第一个公式写成特殊形式没有任何好处。

的确，写作以下形式可能更方便：

$$\frac{\partial C_s}{\partial t} - C_0 g(t) \text{ 和 } \int_0^\infty g(s)ds = 1 \tag{A3.2.6}$$

式中，g（t）是一个关于时间的已知函数。于是，得到：

$$C_s C_0 (1 - \int_0^t g(s)ds) = C_0(1 - G(t)) \tag{A3.2.7}$$

式中，G（t）$= \int_0^t g$（s）ds，于是 G（∞）$=1$。

这与公式（A3.2.2）相等——写作 K（t）$=-\ln$（$1-G$（t））——但它允许选择 g（t）的函数形式，因此 P 更简单。y 的定义不变，但 P 变为

$$y = C_v/C_m$$
$$P(t) = qg(t)C_0/C_m \tag{A3.2.8}$$

黎卡提方程（A3.2.4）没有已知的分析解，因此很难采用。现有各种假设用来求导，包括以下两种。

（1）芽胞转化为可独立存活的分裂细胞的比例与分裂细胞密度无关。

（2）当极限密度按照（1-y）项模拟的方式下降时，分裂速度也下降。[如果某函数 F（y）在 [0，1] 区间单调递增且当 y 趋于 1 时函数趋于 0，用该函数代替（1-y）项，便可得到一个更广义的方程；对于齐次方程（$P=0$），例如，用 $-\ln$（y）代替（1-y），便给出一条龚帕斯曲线，而不是逻辑斯蒂曲线，见下文 A3.2.3。]

如果用一个似是而非的假设替代假设（1），即转化成营养细胞的比例与细胞密度无关，但当 y 趋于 1 时，营养细胞的成活率呈二次方下降并趋于 0，那么便可得到一个有分析解的比较容易计算的公式。因此，用

$$\frac{\partial y}{\partial t} P(1-y)^2 + \mu y(1-y) \text{（也是黎卡提方程）} \tag{A3.2.9}$$

代替公式（A3.2.4），得到分析解（固定温度）：

$$y = \frac{z}{1+z} \tag{A3.2.10}$$

式中，

$$z(t) = \exp(M(t)) \int_0^t P(s) \exp(-M(s)) ds \qquad (A3.2.11)$$

这也是（A3.2.4）的短时间近似解，与（A3.2.4）线性化方程的解相等，并且

$$M(t) = \int_0^t \mu(s) ds \qquad (A3.2.12)$$

在实际应用中，公式（A3.2.4）和公式（A3.2.9）存在的差别几乎可以忽略不计，因为芽胞的密度很可能比分裂细胞的极限密度要小得多。除此之外，由于总能得到分析解的表达式，相比起来，公式（A3.2.9）更容易计算。

当 y 乘以 P 时，二次方程式可能发生一些有限的改变，得到和公式（A3.2.10）解形式相同的其他方程，这样便有

$$\frac{\partial y}{\partial t} = P(1 + (\beta - 2)y - (\beta - 1)y^2) + \mu y(1 - y)$$
$$= P(1 - y)(1 + (\beta - 1)y) + \mu y(1 - y) \qquad (A3.2.13)$$

式中，β 是一个常量，得到与公式（A3.2.10）形式相同的解：

$$z(t) = \exp(M(t) + \beta R(t)) \int_0^t P(s) \exp(-M(s) - \beta R(s)) ds \qquad (A3.2.14)$$

式中，

$$R(t) = \int_0^t P(s) ds \qquad (A3.2.15)$$

$\beta = 1$ 给出了一个特别简单的形式，并且用这种改变来演算下文中的分析非常直接（虽然有点不方便）。但所有这些公式之间的差异是 C_0/C_m 次方，在现在的应用中非常小，可以忽略。

A3.2.2 应用

Juneja 等（2001）建议采用（A3.2.1）的线性化方程（也就是说，忽略第二个公式右边的二次式）：

$$k(t) = \lambda t^{a-1} \qquad (A3.2.16)$$

另外，逐一讨论到 $a = 1$，对应于 P 的一个指数，且 $\mu =$ 常量。这种特定化办法使公式（A3.2.11）中 z 的分析解的计算变得简单了，而且在呈指数增长的阶段，采用 z 代替 y 作为近似解。Huang（2004）建议采用公式（A3.2.1），但是再次使用 k（t）和 μ 常量（即，$a = 1$），用一个数字积分涵盖生长的全部范围（包括最长时间达到饱和时），从而求得解。

下文的讨论更加笼统，采用公式（A3.2.9），允许整个生长阶段中的分析解；由于 C_0/C_m 很小，这样的解几乎与公式（A3.2.4）的解没有什么差别。同样，由于 $\mu =$ 常量（即恒定温度下某个恒定的细胞分裂率或成长率），可能适合所有可获得的数据，因此下文也做了同样的假设。

A3.2.2.1 模型 1

使 z 有分析解的 $k=$ 常量的简单泛化是

$$k(t) = a + bt \qquad (A3.2.17)$$

然后有

$$z(t) = \frac{C_0}{C_m}\left(e^{\mu t} - e^{at - bt^2/2} - \mu\sqrt{\frac{2\pi}{b}}\, e^{\mu t + (a+\mu)^2/2b}\left[\Phi\left(\sqrt{b}\left(t + \frac{a+\mu}{b}\right)\right) - \left(\frac{a+\mu}{\sqrt{b}}\right)\right]\right) \qquad (A3.2.18)$$

式中，Φ 是标准正规积分

$$\Phi(x) = \frac{1}{\sqrt{2\pi}}\int_{-x}^{x} e^{-x^2/2}\,dx \qquad (A3.2.19)$$

（在附带的记事本中为 g _ model _ 1；除了 b 的小数值，z 的评估值都是简单易懂的。）

将此模式应用到 Huang（2003）[1] 的数据中，得到 $a=0$，与发育中芽胞的预期生物行为相匹配——芽胞经历某过程后开始分裂，发育成营养细胞，期间时间大于 0。的确，这种行为的考虑建议为 $k(t)$ 选择一个包括一个极低或零起始转化率（从芽胞到营养细胞）的函数。转化细胞的总数量应当先增长到一个最大值，然后下降[2]。

A3.2.2.2 模型 2

为了对这种行为进行检验，公式（A3.2.16）给出的模式按照如下方式进行[3]：

$$k(t) = \frac{a}{t_m}\left(\frac{t}{t_m}\right)^a \qquad (A3.2.20)$$

这样得到：

$$P(t) = \frac{C_0}{C_m}\frac{a}{t_m}\left(\frac{t}{t_m}\right)^a \exp\left(-\frac{a}{a+1}\left(\frac{t}{t_m}\right)^{a+1}\right) \qquad (A3.2.21)$$

选择这样的 $k(t)$ 形式，当 $t=t_m$ 时，$P(t)$ 达到最大值，由于 a 较大，该最大值有一个相对宽度，因为 a 较大，与 $1/a$ 成比例。选择这种参数化，可赋予参数某种物理意义——t_m 大约是芽胞发育所花的时间，a 为测量这些时间的差距。由于温度不断变化，这种物理意义同时还容许简单的改动——见下文 A3.2.5[4] 部分。

将 A3.2.4 部分的公式（A.3.2.31）应用到 Huang（2003）的数据明显表明 a 值很大。这可能是因为实验测量中鉴别不足（很有可能是这个原因），也可能是因为芽胞几乎是同时发育的（也不排除这种可能）。直接测试要求能够直接观察芽胞的发育，而不是从营养细胞推断；这在视觉角度来说是可能。

---

① 这些模型也曾应用到其他实验数据中，但此处不做讨论。本风险鉴定报告附带记事本 CP _ fixed _ temp. xls 中记载了这些模型的实现过程。

② 转化率可能持续上涨，但是因为起始细胞密度有限，一段时间后转化数量将降低。

③ 本段中的 a 参数和最后一段的 a 参数没有联系，只是 a 符号再次使用而已。

④ 该模式是记事本 CP _ fixed _ temp. xls 中的 g _ model _ 2 模式；根据有名函数，没有分析解，因此用五次阶变步长龙格-库塔（Runge-Kutta）积分实现，这样计算较好。

A3.2.2.3　模型3

由于没有分析解，使用（A3.2.21）模型有些不方便。然而，最初的尝试表明 P（t）应当有类似函数形式，具有可以忽略不计的初始率和舌尖形。用公式（A3.2.6）的替换公式能够最简单地实现 $k(t)$ 不同函数形式的效果。进一步使用公式（A3.2.9）[①]，

$$P(t) = \frac{C_0}{C_m} \frac{1}{t_m \Gamma(a)} \left(\frac{at}{t_m}\right)^a \exp\left(-\frac{at}{t_m}\right) \qquad (A3.2.22)$$

同样，当 $t = t_m$ 时，达到最大值，但此处相对宽度大约为 $1/\sqrt{a}$。该函数形式的好处是公式（A3.2.11）可以按照标准函数分析求积分：

$$z(t) = \frac{C_0}{C_m} e^{\mu t} \left(\frac{a}{a + \mu t_m}\right)^{a+1} I(a+1, \ t(\mu + a/t_m)) \qquad (A3.2.23)$$

式中，I 为不完全伽马积分

$$I(a, \ x) = \frac{1}{\Gamma(a)} \int_0^x w^{a-1} e^{-w} dw \qquad (A3.2.24)$$

假设 a 相当大，a 和 t_m 有自然解释；后者是芽胞发育的平均时间，前者测量本次发育的变化。采用之前的定义［公式（A3.2.7）、公式（A3.2.8）和公式（A3.2.10）］，得到

$$C_s(t) = C_0(1 - I(a+1, \ at/t_m))$$

$$C_v(t) = C_m \frac{z(t)}{1 + z(t)} \qquad (A3.2.25)$$

将此模式拟合到 Huang（2003，个人观点）的数据中，得到 a 的 MLE 值，该值处于 55℃到个别温度最大值（有效），且与任何温度值（$p = 0.99$，概率比试验）没有明显的差异。转折点的值的 MLE 为有效无限最值（$> 10^5$）。在该公式中，μt_m 不依赖于这些数据（$P = 0.16$，概率比试验），为起初浓度值（$p = 0.99$，概率比试验）和除 50℃ 时外的最大浓度值（$p = 0.99$，概率比试验）。温度为 50℃ 时，最大浓度值相对较低。

A3.2.3　与普通生长曲线拟合技术的联系

吸引人的是，在公式（A3.2.22）［或公式（A3.2.21）］中的极限值 $a \to \infty$ 使生长数据对数曲线的普通拟合之间进行简单联系，同时建议使用某一方法，对这些方法进行修改，从而得出可能具有生物学意义的参数。采用该极限值使 P（t）成为 t_m 的三角函数：

$$P(t) = \frac{C_0}{C_m} \delta(t - t_m) \qquad (A3.2.26)$$

可以将公式（A3.2.4）或公式（A3.2.9）作为一个整体进行分析。对于普通测量所得

---

① 即使本节和上一节中的参数具有相同的象征符号，代表相同的物理数据，但是它们之间没有运算联系。

的[①]（和普通拟合所得的）的量值 $Cs+Cv$，前者给予了

$$C_s + C_v = C_0 \qquad\qquad \text{for}\quad t < t_m$$

$$= \frac{C_m}{1 + (C_m/C_0 - 1)\exp(-\mu(t - m))} \qquad \text{for}\quad t > t_m$$

$$= \frac{C_m}{1 + \exp(-\mu(t - t_m) + \ln(C_m/0 - 1))} \qquad (A3.2.27)$$

对公式（A3.2.27）做了如下细微调整：

$$C_s + C_v = C_0 \qquad\qquad \text{for}\quad t < t_m$$

$$= \frac{C_m}{1 + (C_m/C_0)\exp(-\mu(t - m))} \qquad \text{for}\quad t > t_m$$

$$= \frac{C_m}{1 + \exp(-\mu(t - t_m) + \ln(C_m/C_0))} \qquad (A3.2.28)$$

（在第个二公式中当 $t = t_m$ 时，存在细微的不匹配，这与一些芽胞在其他植物细胞出现时未能形成植物活细胞有关，如公式（A3.2.9）所示，但它们可能在用于进行浓度测量的条件下发芽，如稀释）。

同样的分析可能使 Gompertz 生长曲线[②]的公式（A3.2.4）做出细微的调整。如果生长曲线由公式

$$\frac{\partial y}{\partial t} = P - \mu y \ln y \qquad (A3.2.29)$$

得出该曲线的大致形状与公式（A3.2.4）曲线相同，那么当 $t = t_m$ 时，三角函数解为

$$C_s + C_y = C_0 \qquad\qquad\qquad 当\ t < t_m$$

$$= C_m \exp\left(\ln\left(\frac{C_0}{C_m}\right)\exp(-\mu(t - m))\right)$$

$$= C_m \exp(-\exp(-\mu(t - t_m) + \ln(\ln(C_m/m)))) \qquad 当\ t < t_m$$

$$(A3.2.30)$$

公式（A3.2.29）作为生物加工的代表公式看似不太晦涩，因为公式中，假设在细胞较低的溶液中细胞的繁殖率远大于在中等细胞浓度的溶液中细胞的繁殖率，通常认为在中等细胞浓度的溶液中细胞的繁殖率最大。

A3.2.4　参数值随温度的变化

截至目前，都是在温度固定的条件下对生长曲线进行讨论。随着固定温度的改变，参数也有规律地进行改变。Ratkowsky 形二级模型对参数值的变动做了典型的拟合，这里采用同样的方法。因此，随着温度的变化，Ratkowsky 形二级模型得出生长率 μ

---

① 假设使用测量技术对所有已经开始发芽的芽胞和所有植物细胞进行测量。在测量期间，如果有如公式（A3.2.9）所示的任何反馈信息，一些可能转变成为植物细胞的芽胞在原混合物中不会发生同样的转变。

② Gompertz 曲线用于细胞浓度曲线。然而，常用的经验拟合程序就是使用 Gompertz 曲线作为细胞浓度对数曲线。

变化的公式：

$$\mu = \mu(T) = a(T - T_{min})^2(1 - \exp(b(T - T_{max})))　　　　(A3.2.31)$$

式中，T 为温度；T_{min} 为低于该温度时不生长的最小温度；T_{max} 为高于该温度时不生长的最大温度；a 为模型的第一参数；b 为模型的第二参数。

　　总的来说，这种模型具有启发性，代表的是通过观察各种各样生物体后得出的生长率曲线与温度曲线的对比形状（以及其他依赖温度的函数，如 $1/t_m$ 曲线）。但是，a、b、T_{min}、T_{max} 和 T 的参数化具有许多缺点。

　　· 参数 a、b 与任何明显的曲线特征无关，这些参数值的不断变化得出的曲线之间的差异甚小。因此，基于数据估算所得的 a 和 b 准确无误。

　　· 参数 a、b 的值都应是正数。然而，其正数性质限制了曲线的形状范围，尤其是其最大值与最小温度值的差距小于最大温度和最小温度差距的 2/3。允许 a、b 同为负数可消除这一限制，但是两种可能性之间的联系不紧密（当最高温度越过最低温度和最高温度间点 2/3 时，a 和 b 表示正无穷，再从负无穷返回）。因此，通过 a 和 b 的估算程序，可容易地获得意外结果。

　　为了克服这些缺点，同时保留标准函数图形，使 X_m、曲线的最大值处的最高温度和最低温度的分数差距，以及曲线最大值 A 参数化，公式为

$$\mu = \mu(T) = A\frac{(1-x)^2(1 - \exp(-\theta x))}{N}　　　　(A3.2.32)$$

式中，

$$x = \frac{T_{max} - T}{T_{max} - T_{min}} \text{ 和 } N = N(x_m) = (1 - x_m)^2(1 - \exp(-\theta(x_m)x_m))$$

$$(A3.2.33)$$

及 $\theta = \theta(x_m)$ 是

$$\exp(\theta x_m) = 1 + \theta(1 - x_m)/2　\text{ for }　0 \leqslant x_m \leqslant 1　　　(A3.2.34)$$

唯一的解（选择 θ 确保 X_m 是曲线的最大值位置）。

　　随着对这些数据的参数化，X_m 的位置可以在 0~1 变化，同时保留该曲线的形式（A3.2.32）（严格说来，当 $X_m = 1/3$ 时，由于 θ 和 N 消失，该公式的形式有限，但其比例定义很明确）。

A3.2.5　延伸至变化温度[①]

　　Juneja 等（2001）已指出，在模拟增长变化温度效应时，考虑记忆效应的可能需要，即当前生物进程速率可能取决于有关细胞的过去历史。他们提议了一个方法，该方法需要依靠经验选择一个温度功能作为一个"支点"。这里讨论的方法能提供一个变化温度问题的自然方法。

　　一般而言，预期增长率 μ 取决于温度，但实际上取决于细胞培养的温度历史。另外，发芽时间 t_m，在当前的参数化中，很可能大大取决于温度历史。该参数提供了一

---

　　① 没有必要在风险评估中变化温度状况下模拟来自芽胞的生长。

个自然时间尺度，靠该时间尺度来测量固定温度下朝向发芽的（热冲击之后芽胞的）通道，并且以下讨论将该构想延伸至变化温度。

在固定温度下，可以为上述模型 3 写出如下运动方程式：

$$\frac{\partial C_s}{\partial t} = -\frac{C_0}{t_m} h(4, \ t/t_m)$$

$$\frac{\partial C_v}{\partial t} = \frac{C_0}{t_m} h(a, \ t/t_m)(1 - C_v/C_m)^2 + \mu C_v(1 - C_v/C_m) \qquad (A3.2.35)$$

式中，

$$h(a, \ w) = (aw)^a \exp(-aw)/\Gamma(a) \qquad (A3.2.36)$$

t_m 和 μ 均取决于温度，但 a 好像并非如此（其在可用数据里可辨认的范围内）。那时，这些公式的一个自然延伸至可变温度是

$$\frac{dw}{dt} = \frac{1}{t_m(T(t))}$$

$$\frac{dC_s}{dt} = -\frac{C_0}{t_m} h(a, \ w)$$

$$\frac{dC_v}{dt} = \frac{C_0}{t_m} h(a, \ w)(1 - C_v/C_m)^2 + \mu C_v(1 - C_v/C_m) \qquad (A3.2.37)$$

其中温度 T 依赖于时间，$T = T(t)$，并且因此温度和时间，t_m 依赖已经在第一个公式中全部写出（在这些公式中，其他参数可能也取决于时间，因此同样也取决于温度）。在该公式中，也许将 w 理解为一个无维参数，该无维参数用与平均发芽时间相应的 $w = 1$ 来测量任何时间发生的发芽过程的分数（相对可变性为 $1/\sqrt{a}$）。

公式（A3.2.37）将简单的解析解法类推为模型 3 种的解析解法，并且，如果 μt_m 是常数，这些解法就尤其简单。将 w 当作基本变量可以得到这些分析解析法，用 t_m 乘以第二个和第三个公式，并用第一个公式来得到：

$$\frac{dw}{dt} = \frac{1}{t_m(T(t))}$$

$$\frac{dC_s}{dw} = -C_0 h(a, \ w)$$

$$\frac{dC_v}{dw} = C_0 h(a, \ w)(1 - C_v/C_m)^2 + \mu t_m C_v(1 - C_v/C_m) \qquad (A3.2.38)$$

这些公式中的第一个允许对 w 的计算，而以下两个完全类推为模型 3 的公式。如果 μt_m 是常量（即取决于温度，当温度变化时取决于时间），可以得到：

$$C_s(w) = C_0(1 - I(a+1, aw))$$

$$C_v(w) = C_m \frac{u(w)}{1 + u(w)} \qquad (A3.2.39)$$

式中，

$$u(w) = \frac{C_0}{C_m} e^{\mu t_m w} \left(\frac{a}{a + \mu t_m}\right)^{a+1} I(a+1, w(a + \mu t_m))$$

4　暴露模型的限制因素

4.1　代表性假设

这里用的主要暴露模型限制因素在于所使用的数据代表性和解析法的默认假定。下列清单确认了进行这些代表性假设的主要地方。

· 选定的 26 548 种食物是 RTE 的代表，且部分为美国的熟食服务。

· 这 4 种类型足以代表并区分食品服务处理方面的区别。

· 陶尔米纳等（2003）、卡林诺斯基等（2003）及美国农业部食品安全检验局（2003）研究提供了代表性芽胞浓度，让所有肉制品进入该系统。

· 斯特朗等（1963）、福斯特等（1977）和陶尔米纳等（2003）的研究提供了代表性营养细胞浓度从而让肉制品进入该系统。

· 不同的肉制品（牛肉、猪肉、鸡肉、碎肉或者整肉）具有相同的芽胞和营养细胞浓度分布。

· 鲍尔斯等（1975）、罗德里格斯-勒姆等（1998）和坎德利什等（2001）的研究为调味料进入该系统提供了代表芽胞浓度。

· 这里选定的进入群组的调味料组合足以代表各种各样调味料中的调味料浓度。

· 从多布等其他（1996）、Kokai-Kun 等（1994）和斯科耶尔克瓦勒等（1979）的研究中关于生肉，以及从罗德里格斯-勒姆等（1998）的研究中关于调味料中选定的数据提供了关于现在在肉和调味料中的产气荚膜梭菌分数的信息，这些肉和调味料为 A型 cep-阳性。

· 在服务生产和分布中，没有带产气荚膜梭菌的外部食品污染。

· 在缺氧情况下模拟食物矩阵中产气荚膜梭菌和肉毒梭菌的生长率的报告的实验室实验测量值，为 RTE 中的预期营养细胞生长率和常规食品生产和分配中半熟的食物提供了代表性估计值。

· 从 3.13.2.1 挑选的研究足以代表在寒冷条件下的营养细胞死亡率。

· 从非随机调查中挑选并在 3.13.3 中讨论的存储时间和温度是所有 RTE 和半熟食物的代表存储时间和温度。使用两个存储时间和温度足以表现生产和消耗之间的 RTE和半熟食物的时间-温度历史。蒸煮时间-温度条件采用的加热时间二分法足以表现（以用微波炉和其他炉为特点）。3.14.1 中的试验数据及其有热冲击和无热冲击分析，代表在 RTE 和半熟食物分别在微波炉和其他炉中重新加热的所有 A 型 cpe-阳性产气荚膜梭菌。

· 通过从审计国际/FDA（1999）所收集的蒸煮温度中选定的蒸煮温度足以代表重新加热的温度。

- 美国肉类协会的调查足以代表吃冷热狗的时间分数（见 3.14.2.1）。
- FDA 收集的偶发数据足以代表热保持温度（FDA，2000）。

4.2 其他与现有数据一致但未经现有数据证实的假设

该模型通过进行与现有数据一致的假设而被简化，但这些数据也能接受其他解释，通常因为缺乏起决定性作用的实验。在此列出了此类主要假设。在敏感性分析中，分别考虑了数据可得但太少而不能进行充分分析的情况，虽然可能会有一些重复。

- 伽马分配足以代表肉制品和进入系统的调味料中芽胞和营养细胞浓度的可变性。
- 半熟对肉制品中的营养细胞和芽胞浓度不产生影响。
- 调味料中的产气荚膜梭菌全部作为芽胞存在。
- 半熟将调味料中的芽胞以与用来测量调味料中芽胞的方法相同的效率转化为营养细胞（无加热步骤）。
- 在每个 CPE 种类中，调味料中的 A 型和非 A 型产气荚膜梭菌的组分与其在肉类和其他食物中的组分相同。
- 产气荚膜梭菌芽胞的增长和毒性属性取决于它们的来源。
- 产气荚膜梭菌的最低和最高温度与芽胞发芽的最低和最高温度一样。
- 为在增长模型中使用的 a 参数选择的值 100，足以代表从发芽、分枝和停滞阶段到以指数方式增长阶段的转变。
- 芽胞发芽（尤其是在热处理中）基本不受出现在此处评估的 RTE 和半熟食品中盐浓度影响。
- 芽胞发芽基本不受此处评估的食品 pH 影响。
- 芽胞发芽被在 RTE 和半熟食品中发现的亚硝酸盐浓度大大推迟。
- 亚硝酸盐对产气荚膜梭菌营养细胞增长的抑制，同样是允许产气荚膜梭菌在没有亚硝酸盐时增长的整个温度范围外的因素。该因素取决于食品中的盐浓度。
- 所有选定的食品服务的水活性度足以高到对产气荚膜梭菌的发芽或生长不产生影响。
- 存在于 RTE 和半熟食品中的营养细胞为开始进行指数增长做好准备，当温度状况适合就开始这种指数增长。
- 在 RTE 和半熟食品存储时的芽胞自发发芽足以通过假定所有这种发芽在存储开始时发生而表现。在实际情况中，对于冷却 RTE 和半熟食品，以及类似的储存时的冷冻/解冻周期，冷冲击对营养细胞浓度产生微不足道的影响。对于产气荚膜梭菌营养细胞而言，低于最低温度的储存导致细胞死亡，每单位时间的可能性取决于时间；然而，高于最低温度的储存会引起生长。
- 热维持之前的重新加热常常足以杀死所有营养细胞。
- 重新加热对未发芽芽胞的影响等于初热对未发芽芽胞的影响。
- 在检查过的肉盘中，一旦细胞密度增加至固定相，就基本不会降低。
- 最大细胞密度取决于用于制作选定食物服务的食物。

4.3   建模系统所使用的方法所介绍的限制条件

除了已经列出的限制条件，还有分析数据输入至危险评估使用的方法所介绍的限制条件。这些条件包括以下几个。

· 包含在生长模型中的变异性足以表现可能在低细胞密度时发生的随机进程（尤其是延迟时间里可能发生的随机变化）。

· 用以评估数据的统计方法论；尤其是使用可能性技术和近似函数近似值来表现不确定性。

· 拉特科斯基方程式用作次级模型从而将产气荚膜梭菌营养细胞的生长率与温度相联系。

· 变异性或不确定性的分布形状通过所做的选择足以变现。

4.4   其他限制条件

一旦完成建模且获得结果，事后很明显在建模系统中做了其他不明显的假设。在6.5中检查过的两个假设如下。

· 低温时（但高于产气荚膜梭菌生长的最小温度），未发生由其他有机体所引起的产气荚膜梭菌的生长过度和抑制。

· 消费者不会注意到甚至在细胞密度与固定相一致时购买的食品或食品服务或从他们自己冰箱里拿出来的食品服务里的产气荚膜梭菌。

5　危害鉴定

5.1　剂量反应关系所用数据

剂量反应关系目的是提供一个在摄入指定数量病原生物体之后的疾病概率估计值。本章节中描述的剂量反应模型发展为解释病原产气荚膜梭菌的剂量与人类中腹泻疾病可能性之间的关系。以下概括了在将疾病定义为腹泻之后的基本原理。

·腹泻是由产气荚膜杆菌食物中毒引起的一个典型症状（麦克连，2001）。此外，它是该风险评估处理的终点。

·跟其他更主观的标准相比，用于确定是否一个感染个体经历了腹泻的标准是客观的（例如，"头晕的感觉"）。

·腹泻是在以下讨论的每个产气荚膜杆菌人类喂养尝试里化验的其中一个症状。

一般说来，在确定剂量反应关系时，认为从人类喂养研究得到的数据比从动物模型研究获得的数据更好，反过来，认为从动物模型研究获得的数据比从代理模型研究获得的数据更好（例如，兔子回肠循环模型）。因此，我们试图评估从产气荚膜杆菌人类喂养研究中获得的数据，从而为产气荚膜杆菌的吸收建立一个剂量反应关系。

从文献服务检索系统（www.ncbi.nlm.nih.gov）和 AGRICOLA（www.nal.usda.gov）数据库里搜索相关论文。这些论文中引用的参考文献同样是在其他的人类喂养研究中搜索的，也许这些人类喂养研究还未被搜索恢复。所有文章均是通过美国国家农业图书馆的文档传递服务获取的。

发现有人类志愿者进食净化肠毒素（CPE）的研究，但在该风险评估中并未采用（斯科耶尔科瓦勒和上村，1977a，1977b）。用从这类研究中获得的数据来建立一个剂量反应关系将需要比受体进食细胞的研究最终导致更大不确定性的假设。例如，将不得不在一个模型能体现该证据之前将每个营养产气荚膜杆菌细胞产生的肠毒素数量特征化。此外，与滤液隔离的有毒物质（如 CPE）可能被胃液破坏，但是整个有机体，尤其是肉类中的有机体，可能存活并通过胃部，允许其在肠内产生毒素（霍布斯等，1953）。由于这些原因，也由于本章中人类喂养尝试数据的力量，不用这样的研究来建立一个剂量反应关系。

在下面两段中鉴别并总结了 6 个产气荚膜杆菌人类喂养研究。在这些之中没有每应变的剂量数量或每份剂量的人数足以充分明确剂量反应曲线。大部分数据代表单一应力和矩阵挑战。在这些人类喂养研究中，所用的剂量均高于 10^8 个细胞，所以较小剂量的效果一定很好推测。从以下描述的 4 个研究中执行应力获得的一些临床资料被包含在该剂量反应建模系统中。

并未使用从相同研究中获得的其他资料，因为即将讨论的原因，也不包含从另外两个研究中获得的资料。

5.2　资料汇总

5.2.1　剂量反应建模系统中所包含的资料

本段中所描述的资料包含在获得剂量反应关系里。在此仅描述所使用的部分资料。关于人类志愿者的省略资料会在下面一段讨论，一般不会提及任何控制实验，因为他们一般确认背景腹泻疾病率在这类研究中可被忽略。表 5.1 概述了在剂量反应建模系统里的菌株中 CPE 产生的证据；此外，大多数菌株本来与人类食物中毒的发生无关。

表 5.1　剂量反应模型中包含中人类临床数据的毒素产生和结果的证据

菌株	肠毒素的直接证据		肠毒素的间接证据			参考文献
	PCR 分析 cpe 基因[b]	CPE 蛋白质[a]	患腹泻的猴子个数/试验个数[e]	液体累积[c]	芽胞耐热（100℃条件下，≥30min）[d]	
683、689、690、692	ND	ND	ND	ND	ND	Dack 等，1954 年
NCTC8238	+	+	ND	+	+	Dische 和 Elek，1957 年
NCTC8797	ND	ND	ND	ND	+	
NCTC8239	+	+	3/5	+	+	Dische 和 Elek，1957 年；Strong 等，1971 年
S-79	ND	+	ND	+	−	Hauschild 和 Thatcher，1967 年
NCTC8798	+	+	2/5	+	+	
NCTC10240	ND	+	3/5	+	+	
68900	ND	ND	ND	+	ND	Strong 等，1971 年
NCTC10239	+	+	4/5	+	+	
79394	ND	ND	5/5	+	ND	
027	ND	ND	3/5	+	ND	
E13	+	+	0/5	+	+	

注：a. 免疫印迹、红斑试验或 ELISA。Sarker 及其他人，2000 年；Niilo，1973 年；McClane 和 Strouse，1984 年。

b. Kokai-Kun 及其他人，1994 年；van Damme-Jongsten 及其他人，1990 年。

c. 兔子或羊羔结扎肠襻实验。Duncan 和 Strong，1969b；Strong 及其他人，1971 年；Niilo，1973 年。

d. Hall 及其他人，1963 年；Sarker 及其他人，2000 年。

e. Duncan 和 Strong，1971 年。

"ND" 表示尚未确定。

· 迪舍和埃勒克（1957）：该论文描述了用 3 个抗热 A 类产气荚膜梭菌（C 型魏氏[①]）菌株进行的人类志愿者研究。该研究采用了以下菌株。

（1）产气荚膜梭菌菌株 NCTC 8797：在 18 个喂养了罗伯森的熟食培养基中细胞的人中有 16 个经观察有症状（平均 $1.3×10^9$ 个细胞，范围是 $5.1×10^8 ～3×10^9$ 个细胞），6 个喂养了用于罗伯森培养基的上层液体培养基部分中有 5 个有症状（平均 $9.8×10^8$ 个细胞，范围为 $7.4×10^8 ～1.3×10^9$ 个细胞）。症状包括腹泻、腹痛、不舒适、呕吐、头痛和发热。在总数为 24 的志愿者中，其中 17 个报告有腹泻（平均剂量为 $1.2×10^9$ 个产气荚膜梭菌细胞）。

（2）产气荚膜梭菌菌株 NCTC 8797：5 名志愿者被喂食了包含有平均值为 $1.2×10^9$ 个细胞（范围为 $9.6×10^8 ～1.9×10^9$ 个细胞）的细胞悬液[②]。其中 3 个得了腹泻。在被喂食了较低剂量（平均值为 $1.9×10^8$，范围为 $3×10^7 ～4.2×10^8$ 个细胞）的细胞悬液之后，7 个志愿者中有一个后来得了腹泻。

（3）产气荚膜梭菌菌株 NCTC 8238：两名志愿者被喂食了罗伯森熟食培养基中的细胞（$8.5×10^8$ 个细胞），而在摄取后 11h 一人拉了两次稀粪。

· 斯特朗等（1971）：这些作者检查了喂食人类志愿者个别菌株或兔肉正产气荚膜梭菌菌株培养滤液（在小兔子的结扎回肠里产生液体积累或在非结扎肠子的内回肠注入后产生明显腹泻的菌株）的影响。将菌株放在巧克力味的牛奶饮料（100ml 包含有平均值为 $3.3×10^{10}$ 总的活细胞数和 $2.5×10^8$ 个芽胞）或牛肉罐头炖肉（213g 中含有平均为 $2.5×10^{10}$ 总的活细胞和 $7.8×10^7$ 个芽胞）里喂食给志愿者。

因为预期芽胞不会在人体内发芽长成营养细胞，所以假定使用的芽胞不会影响这些临床试验的结果。在 92 名受测试的志愿者中，总共有 27 名（29%）在各种不同菌株和剂量试验中得过腹泻。

关于剂量反应建模系统，使用了从实施产气荚膜梭菌菌株 NCTC 10240、NCTC 8798、NCTC 8239、NCTC 10239、NCTC 68900、NCTC 79394、E13 和 027 中获得的人类试验资料（表 5.2）。

表 5.2　用于建立产气荚膜梭菌剂量反应关系的数据

菌株	养护细胞数量		人体腹泻数/试验数	参考文献
	总菌数	芽胞		
027	3.20E+11	3.20E+08	2/4	4
683	2.90E+09	NM	0/5	1
689	2.12E+09	NM	0/5	1
690	4.62E+08	NM	0/6	1

---

① C 型魏氏是代替 C 型产气荚膜梭菌的早期用名；然而，为了一致性起见，该文件中通篇采用术语 C 型产气荚膜梭菌。

② 细菌细胞悬液是从"在用离心和加入悬浮蒸馏水里的储存，从肉类或——少数情况下——从营养液体培养基或 2% 的葡萄糖液体培养物里倒出的罗伯森的培养液体培养基组分"准备的。

续表

菌株	养护细胞数量		人体腹泻数/试验数	参考文献
	总菌数	芽胞		
690	1.29E+09	NM	0/5	1
690	1.03E+09	NM	0/6	1
692	5.56E+09	NM	0/5	1
68900	3.00E+10	3.20E+07	2/4	4
79394	7.90E+10	5.20E+05	4/4	4
E13	4.50E+12	1.60E+08	3/4	4
NCTC10239	3.60E+10	6.40E+08	1/4	4
NCTC10239	4.70E+10	5.40E+06	1/4	4
NCTC10239	1.60E+11	4.20E+07	3/5	4
NCTC10240	1.80E+09	2.70E+06	2/4	4
NCTC10240	1.30E+10	3.40E+07	0/4	4
NCTC8238	8.50E+08	NM	1/2	2
NCTC8239	2.30E+09	NM	0/6	2
NCTC8239	6.60E+09	7.80E+08	2/5	4
NCTC8239	5.80E+10	1.60E+10	3/3	4
NCTC8797	1.90E+08	NM	1/7	2
NCTC8797	1.20E+09	NM	3/5	2
NCTC8797	1.20E+09	NM	17/24	2
NCTC8798	3.20E+09	1.50E+08	1/4	4
NCTC8798	1.10E+10	1.50E+10	0/5	4
NCTC8798	4.10E+10	2.10E+08	2/4	4
S-79	5.00E+09	NM	5/6	3

注："NM" 表示未测量（即未曾试图从这些研究中测量）。

1. Dack 等，1954 年。

2. Dische 和 Elek，1957 年。

3. Hauschild 和 Thatcher，1967 年。

4. Strong 等，1971 年。

• 豪斯切德和撒切尔（1967）：该研究使用了之前与烤牛肉隔离的产气荚膜梭菌 S-79（表 5.2）。6 名人类志愿者摄取了（4～6）×10^9 个熟牛奶中该菌株的营养细胞。6 个志愿者中有 5 名患过腹泻和腹痛。

• 达克等（1954）：确认为 683、689、690 和 692 的产气荚膜梭菌菌株的小牛注入肉汤培养物（"与嫌疑食物分开"）被放入牛奶给 5 个志愿者每人一个，菌株 690 和

692 鸡肉汤培养物喂食给 6 个志愿者（表 5.2）。志愿者为男性或女性内科医生、护士、学生和其他值得信赖的医院工作人员，年龄为 21～45 岁。在用了喂养的剂量（$4.62 \times 10^8 \sim 5.56 \times 10^9$ 的活性产气荚膜杆菌细胞）之后，志愿者中无人患过腹泻。

　　这些研究中用于剂量反应模型的数据列在表 5.2 中。细胞总数和发病率（全部包含在研究中）之间的剂量反应关系，见图 5.1。在图 5.1 中，线条连接点显示用于单个产气荚膜梭菌菌株的多剂量试验，而孤立点则表示单剂量试验（采用多个产气荚膜梭菌菌株）[①]。

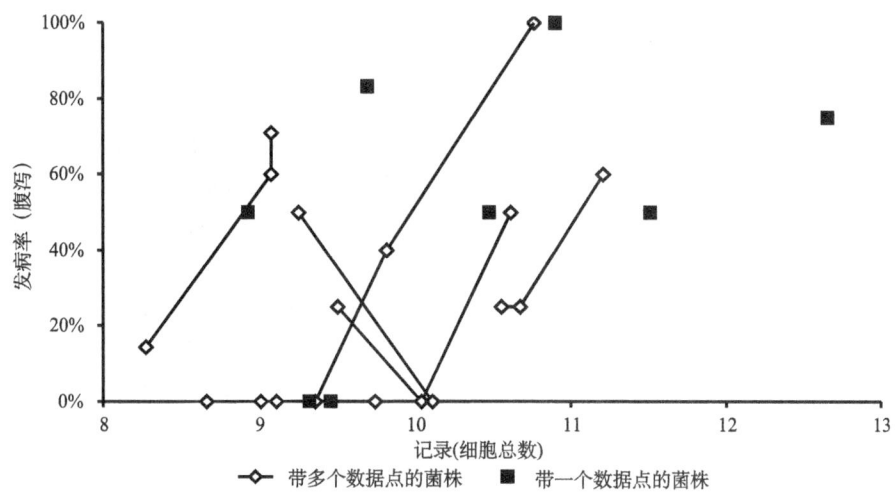

图 5.1　针对产气荚膜梭菌的剂量反应关系（细胞总数）

5.2.2　未包含在数据反应模型中的数据

　　如 5.2.1 部分所述，4 项研究的数据包含在剂量反应模型中。但是，经鉴定，6 项研究中一部分研究包含通过管理产气荚膜梭菌的菌株而获得的数据（不会引发疾病或在剂量反应模型中不起作用）。将人类摄食数据排除在此类研究之外的原因将在接下来的章节中进行讨论。

　　· Strong 及其他人（1971 年）：未将来自产气荚膜梭菌菌株 215b、F42 和 FD1 的临床数据用于剂量反应分析。众所周知，这些菌株（215b、F42 和 FD1）为兔阴性（不会产生液体累积或显性腹泻），随后显示缺乏 *cpe* 基因（通过 PCR 分析）和/或不产生 CPE 蛋白质（表 5.3）。在缺乏该基因的情况下，这些产气荚膜梭菌菌株不会引起产气荚膜梭菌食物中毒。

---

　　①　观测到的速率随剂量的增加而降低的两种情况在这里归因于个体反应的随机性和测试人群的极小数量。在采用两种剂量的情况下，反应速率从 2/4 降低至 0/4；在第二种情况下，3 种增加剂量条件下的反应速率为 1/4、0/5 和 2/4。图中未对标出部分做不确定性评估，在某种程度上易使人误解，但是由于所有此类针对单个点进行的不确定性评估相对来说数量庞大，因而容易混淆。分析对少数及合成不确定因素进行了正确考虑。

表 5.3　从各类产气荚膜梭菌菌株的使用中获得的临床数据排除在外的证据

菌株	肠毒素的直接证据		肠毒素的间接证据	参考文献
	PCR 分析 *cpe* 基因[b]	CPE 蛋白质[a]	液体累积[c]	
F42	—	ND	—	
215b	—	ND	—	Strong 及其他人，1971 年
FD1	—	—	—	

注：a. ELISA 分析。McClane 和 Strouse，1984 年；Wnek 及其他人，1985 年。

b. Kokai-Kun 及其他人，1994 年。

c. 兔子结扎肠襻实验。Strong 及其他人，1971 年。

"ND" 表示未确定。

　　另外，Strong 及其他人在人类志愿者中测试了两种剂量条件下（1.2×10^7 个细胞和 2.2×10^{10} 个细胞）的产气荚膜梭菌菌株 NCTC 8247。在其中较低剂量条件下，5 名志愿者中的一名摄食后约 31h 出现腹泻症状（但是在这些实验中观测到的所有其他症状发生在 24h 以内），并且 5 名志愿者中的 3 名出现某些症状。在相同实验系列中，剂量大约高出 2000 倍条件下，（4 名接受测试的志愿者中）没有一名出现任何类型的症状。至少 Strong 及其他人（1971 年）注意到了前者的不一致性，并提出这种情况同实验程序无关的可能性[①]。尽管该菌株的芽胞具有耐热性（在 100℃ 条件下，≥30min；Hall 及其他人，1963 年；Sarker 及其他人，2000 年），该菌株的其他特征同人类腹泻活动毫不相干。通过红斑试验，未发现该菌株会产生肠毒素（Niilo，1973），尽管将此类实验条件推广到活体毒素产生存在问题。对 5 只猴子喂养剂量为 9.5×10^9 个细胞的 NCTC 8247 不会引发疾病（Duncan and Strong，1971）。最后，在兔子结扎肠襻实验中，不会产生致液体累积的产气荚膜梭菌菌株（其中 NCTC 8247 是一个），明确同猴子和人类志愿者不会出现腹泻有关（Duncan and Strong，1969a，1969b；Strong 及其他人，1971 年）。

　　我们认为，观测到的同 NCTC 8247（Strong 及其他人，1971 年）有关的人类腹泻的单个情况中的这些不一致性足够证实其同该风险评估中观测到的产气荚膜梭菌导致的腹泻不相符。因此，我们不对 NCTC 8247 有关的人类数据加以考虑。

　　据推定，下列两项研究提出了针对产气荚膜梭菌的剂量反应关系；但是，这些研究不能被用于量化函数关系。

　　• Hobbs 及其他人（1953 年）：该研究涵盖了对猴子和人类使用产气荚膜梭菌的摄食试验。但是，研究中人类摄食成分既不包含产气荚膜梭菌细胞个数，也不包含管理的产气荚膜梭菌毒素数量，而表明志愿者摄取的是 "熟肉中 18～20h 培养菌（10～15ml）"。由于这些实验中对剂量测量不充分，这些数据不能用于建立剂量反应关系模型，因而排除在进一步分析的范围之外。

　　• Cravitz 和 Gillmore（1946 年）：该研究给出了一份针对人类和动物（兔子、狗和猫）进行的产气荚膜梭菌摄食试验结果的报告。研究中采用了产气荚膜梭菌菌株 683、

---

　　① 如果该特定培养菌或其受到管理的巧克力饮料被产气荚膜梭菌菌株 NCTC 8247 以外的事物污染，腹泻及其他症状可能同实验程序有关。

685、686、689、690、691、692、694 和 ATCC846、3624、3626、3628、3629、3609、9081、9856。对于人类志愿者研究，只将菌株 685、686 和 690 作为活菌进行管理。

该研究中未对管理剂量加以明确；因而，来自本研究的数据未被用于建造剂量反应关系模型。

5.3　剂量反应模型

5.3.1　采用的剂量反应模型

感染和疾病被认为是宿主摄食一种或一种以上病原生物和经过宿主防御后存留的某些生物组分，直至感染或中毒足以引发疾病的结果。剂量反应模型通常建立在实际摄取的、并给出标称剂量的病原体数量的概率说明，以及摄取病原体的存活的概率说明基础之上。

在大多数微生物剂量反应模型中一项重要的推断是：单个病原体细胞能感染摄取该细胞的个体。另外，如果能感染，那么引发疾病也是可能的。该推断的备选方案包括可能需要一个以上病原体引发感染和疾病，或多细胞集合体或聚集细菌细胞的其他行为增加致病性和毒力。此类要求针对某些要求宿主体内结合有雄性和雌性形式的寄生病原体来引发感染和疾病。尽管如此，经推断，细菌性病原体感染只需要单个生物体即可实现。单个生物体能感染人类宿主很重要，因为特征会促使数学上的剂量反应函数（本质上）无阈值。

生物学上最简单的似乎有理的剂量反应函数是指数（Haas，1983）。导致此类剂量反应函数产生的一套可能的推断是：在给定剂量中特定数量的病原体的概率是该剂量的平均估计值有关的泊松分布；各个摄入的病原体是独立的，且具有在宿主体内生存和引发疾病的相同概率（在各宿主体内，且针对不同宿主）。给出平均剂量 d、$P(d;k)$ 的疾病概率，表述为

$$P(d;k)=1-\exp(-kd) \tag{5.1}$$

式中，可将 k 解释为任何个体生物体生存和引发疾病的概率。该相同剂量反应函数可通过备选推断获得，因而对 k 做出这样的解释既没有必要也不独特。在这里，由于可用数据不能证明其使用的合法性，我们对复杂剂量反应函数进行了考虑。参数 k 被启发性地解释为针对分配给一组个体的剂量的平均估计值和任何个体最终出现腹泻的概率之间的关系的测量；随后，其将作为引发人类腹泻的效能进行参考。另外，使用的剂量反应函数的模型被证明毫无价值（见下述解释）。在该剂量反应曲线的使用过程中暗示了实验研究中因产气荚膜梭菌导致的腹泻可通过独特方式被鉴别，此处评估的研究中，志愿者中没有因产气荚膜梭菌导致的腹泻的背景计数率。

5.3.2　隔离群内剂量反应评估

5.1 部分中的数据同针对产气荚膜梭菌的特定隔离群开展的剂量反应实验有关。每个实验通过隔离群使用的菌株名称加以区别，但是相同菌株的其他隔离群，或相同隔离群在通过各种宿主或培养条件连续传代后，可能会具备引起人类腹泻的不同效能。在以

下的讨论中，实验数据通过参照菌株加以区分，但是必须明白，参照菌株严格对应该菌株的特定隔离群。

针对 5.1 部分中列出的数据所做的检查表明，产气荚膜梭菌的测试隔离群在引发人类腹泻的能力方面存在较大差异。总共列出了 15 个通过菌株加以区分的产气荚膜梭菌隔离群有关的实验。对于其中 5 个隔离群（NCTC 菌株 8239、8797、8798、10239 和 10240），在多种剂量条件下具备对参数 k 进行（非零）估算的数据，以及测试该数据是否同选择的剂量反应曲线保持一致的数据[①]。对于另外 5 个菌株（菌株 27、68900、E13、NCTC8238 和 S-79），可获得 k 的有限非零点估计值，而剩余 5 个菌株分别给出了 k 的零点估计值（683、689、690、692）和无限点估计值（79394）。

为了对每个菌株的效能参数 k 进行估算，通过采用最大概似技巧为个别菌株数据配备了剂量反应函数。据推断，在各实验中针对各剂量组采用的剂量可恰当表示为该剂量组的平均剂量，并且个体组中的结果可通过采用该平均剂量用指数剂量反应函数给定的概率进行双名分布。在这类情况下，给定观测组的对数概似（J）是（取决于相加性常数）

$$J = \sum_{i=l}^{N}[r_i\ln(p_in_i/r_i)+(n_i-r_i)\ln(n_i(1-p_i)/(n_i-r_i))] \qquad (5.2)$$

式中，N 为独立剂量组个数；n_i 为剂量组 i 中接受测试的人数；r_i 为剂量组 i 中反应的人数；$p_i=p(d_i；k)$，剂量 d_i 中的患病概率——剂量反应函数给定：

$$p(d_i；k)=1-\exp(-kd_i) \qquad (5.3)$$

该对数概似被规范化，以便其在各 p_i 同经验观测值（r_i/n_i）精确匹配时消失（对于 $r_i=0$ 或 $r_i=n_i$，对数概似的对应项消失）。通过该规范化，可通过统计 $-2J$ 的方式[这大约为 x^2，并通过等于剂量组数量减去估算的参数数量（在此情况下为一个）的若干自由度进行分布]获得近似拟合优度试验（Haas，1983）。

为 15 个菌株中的每一个配备剂量反应曲线[②]给定 k 的估计值，见表 5.4（对于只有一种剂量的菌株，或在任何剂量条件下均无反应的菌株，最大概似估计相当于为观测到的患有腹泻的部分志愿者配备剂量反应曲线）。在所有情况下均可为可以进行的多剂量实验配备剂量反应曲线（$p>0.01$）[③]。针对效能 k 值的相等性进行的概似试验显示，获得所有测试菌株的单值的可能性极小（$p\approx10^{-35}$）。

表 5.4　针对 15 个产气荚膜梭菌菌株中的每一个菌株进行的效能估算

菌株	（每 CFU 的）效能（k）估计值	p 值
027	2.17E-12	NA
683	0.00E+00	NA
689	0.00E+00	NA

① 部分多剂量实验也反映了多矩阵，因此在分析中存在矩阵影响相对较小的其他隐含假设。
② 随同该风险评估在工作簿 CP_dose_response.xls 中进行计算。
③ 该恰当配备表明，可能由于各实验中接受实验人数太少的缘故，通过分析这些实验不能获取显著基体效应。

续表

菌株	（每 CFU 的）效能（k）估计值	p 值
690	0.00E+00	NA
692	0.00E+00	NA
68900	2.31E−11	NA
79394	∞	NA
E13	3.08E−13	NA
NCTC 10239	6.17E−12	0.98
NCTC 10240	3.49E−11	0.03
NCTC 8238	8.15E−10	NA
NCTC 8239	5.90E−11	0.61
NCTC 8797	9.65E−10	0.94
NCTC 8798	1.62E−11	0.41
S-79	3.58E−10	NA

注："NA"表示由于该菌株只有一种剂量或在任何测试剂量条件下均无反应，因而未对 p 值进行计算。

5.3.3　隔离群之间剂量反应可变性评估

已经注意到，有充分理由在最初获得隔离群之后适用于该隔离群的特定条件下，将效能测量单独应用到特定实验中测试的隔离群。因而获得的是可能在血清学方面有所区别的 15 个隔离群的 15 个测量值（Strong 及其他人，1971；Niilo，1973；Hall 及其他人，1963）。以下论证建议在不要通过任何同其效能相关联的方式选择这些特定隔离群。

· 大多数（可能全部）隔离群同人类腹泻疾病或产气荚膜梭菌食物中毒暴发牵涉的食物有关，暗示需要选择 A 类 cpe-阳性菌株。需要进行该类选择是由于关注人类疾病并只对引发产气荚膜梭菌的疾病进行评估，而并不暗示需要选择效能。

· 尚无任何迹象表明有人曾做出任何尝试从那些暴露最多或最少的隔离群或 CFU 计数特别高或特别低的暴发，或从食物制备方法或食物本身或多或少可能会导致实际摄取的食物中出现较高或较低 CFU 计数的暴发，或尤其影响年轻人或老年人或任何其他可能更容易或更不容易受到影响的人群的暴发，或从发病率被认为较高或较低情况下的暴发获取隔离群。此外，对疾病的选择并未暗示需要对效能做出的选择。

因此，15 个效能估计值被假定为象征所有影响人类的 A 类 cpe-阳性产气荚膜梭菌效能分布的随机样本的效能估计值；同时，在这里这些估计值将被视为来自影响人类摄取的 RTE 食物的产气荚膜梭菌的随机样本的估计值[①]。

我们针对单个隔离群获得的 k 的 10 个有限、非零最大概似参数的分布进行了检查，

---

① 如果在该选择中对更多有效菌株存在偏见，该风险评估将会过高估计疾病的患病率和数量。

并发现其同对数正态完全一致 [$p = 0.79$，夏皮罗 - 威尔克试验（Shapiro-Wilk test）][1]。图 5.2 显示在标准正态图上这 10 个估计值的分布（Cunnane，1978）。因而在产气荚膜梭菌效能隔离群之间引起人类腹泻的效能变化被作为对数正态分布进行模拟。因此假定经过测试的 15 个产气荚膜梭菌隔离群提供可能存在于 RTE 或半熟食品中的产气荚膜梭菌生物体无偏随机样本（从其引起人类腹泻的效能的角度看）。

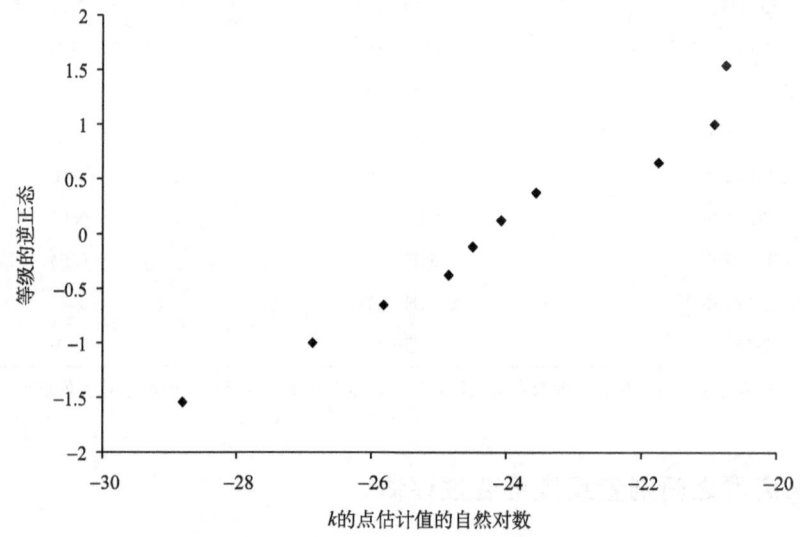

图 5.2　效能（k）的最大概似参数的分布

我们未以任何固定方式对 15 个隔离群进行随机取样，但是，正如以上证实，其选择不太可能同其效能有实质性关联，证明其被视为无偏随机样本的合理性。

效力的对数正态分布是用两个参数值来表示的——对数刻度上的平均数（$\hat{z}$）和标准偏差（σ）。以方差-协方差形式表现的这些参数的估计和估计的不确定性是通过运用似然方法来获得的，概似方法应用于 15 个产气荚膜梭菌隔离群人体测试中。对于特殊实验来说，观察的可能性成比例：

$$J = \frac{1}{\sigma\sqrt{2\pi}} \int_{-\infty}^{\infty} \mathrm{d}_2 \exp\left(\frac{(z-\hat{z})^2}{2\sigma^2}\right) \prod_{i=1}^{N} \left(\frac{p_i n_i}{r_i}\right)^{r_i} \left(\frac{(1-p_i)n_i}{n_i - r_i}\right)^{n_i - r_i} \tag{5.4}$$

式中，N 为独立剂量组的数量；n_i 为第 i 剂量组接受测试的人的数量；r_i 为第 i 剂量组反应的人的数量；p_i 为效力为 ez，在剂量为 d_i 时，发生疾病的可能性，由剂量反应函数给出：

$$p_i = 1 - \exp(-e^z d_i) \tag{5.5}$$

这里用于概似而采用的标准化同用于单个实验检验而采用的标准化一样（被积函数中 $r_i = 0$ 或 $r_i = n_i$ 时，产品中的公式被看成是一个整体）。用于 $\hat{z}$ 和 σ 的最大概似估计

---

① 这不排除存在其他分布形式的可能性；但是考虑到其在自然现象中的普遍性，以及在乘数效应中随机变化方面的普遍性的通常解释，我们对对数正态存有偏见。

值同它们不确定性的估计（标准偏差和向相关系数）显示在表 5.5。中位数效力估计值估计为每菌落形成单位 $\exp(\hat{z}) = 1.8 \times 10^{-11}$，在同一标准偏差中，隔离群之间因子的变化为 $\exp(\sigma) = 10.2$。

表 5.5 描述能力对数正态分布的参数

参数	值
对数正态分布平均值（$\hat{z}$）	−24.7
对数正态分布标准偏差（σ）	2.32
中位数效力估计（每菌落形成单位）	1.82E-11
同一标准偏差中分离株之间的变化	10.2

标准偏差（主要为对角）和相关系数（非对角）

	$\hat{z}$	σ
$\hat{z}$	0.684	0.078
σ	0.078	0.664

图 5.3 阐述了通过运用表 5.5 的参数而获得的有效菌株平均剂量反应曲线（实线）同单个菌株效力的中位数和 95% 置信界限中的单个菌株剂量反应曲线（虚线），菌株平均剂量反应曲线的一些百分点在表 5.6 中显示。菌株之间的变化很大，为了这次风险评估的目的，单个菌株剂量反应曲线精确形状的确认没有说明产气荚膜梭菌不同隔离群之间效力的变化那么重要。任意产气荚膜梭菌细胞的有效剂量反应曲线（痢疾同摄入细胞相对的可能性）相当于隔离群内（指数）剂量反应的卷积和隔离群间（对数）的变化，因此，隔离群内剂量反应曲线的假定形状事实上变淡了。

表 5.6 图 5.3 显示的菌株平均剂量反应曲线的百分点

百分点（疾病的可能性）	摄入细胞数量
1%	4.8E+07
5%	3.7E+08
10%	1.0E+09
25%	5.4E+09
50%	3.2E+10
75%	1.9E+11
90%	8.8E+11
95%	2.2E+12
99%	1.2E+13

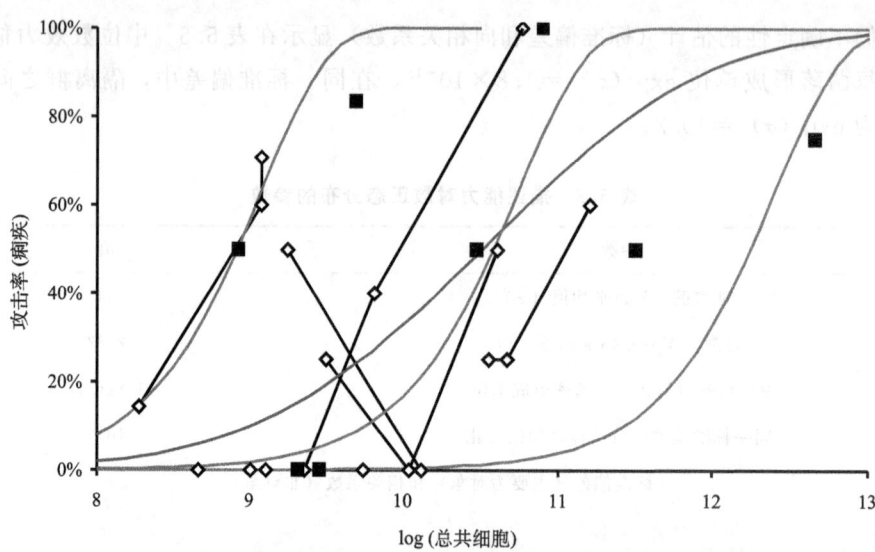

图 5.3　实验数据上叠加的在中间值和 95％置信界限上的单个
菌株剂量反应曲线（虚线）和菌株平均计量反应曲线（实线）

5.4　剂量反应模型中的不确定性

在剂量反应模型中已经做了很多假设，运用该剂量反应模型来进行风险评估时，这些假设通常是必要的。除了这些假设的不确定性引入在风险评估中已经估计的不确定性外，还引入了未知大小的一组不确定性。在假设引入中，这样的不确定性有以下几方面。

· 剂量反应为非阈值。

· 在实验研究中由产气荚膜梭菌产生的痢疾可以确定为是有机体产生的，由产气荚膜梭菌产生的痢疾的背景率在这样的实验中非常小，可以忽略不计。

· 个体易感性中的任何变化都充分地包含在隔离群内剂量反应函数中。

· 没有食物矩阵的影响[①]

· 接受测试的分离株实际上是源于由产气荚膜梭菌影响的即食食物的随机样本。

· 任何给定的即食食物大体上都会受到单个的克隆产气荚膜梭菌的影响，以便从给定食物份数中获得的产气荚膜梭菌的剂量同被测试的隔离群一致。

· 导致人类痢疾的能力的分布是对数正态形式的。

· 分布参数中的不确定性是由正常分布形成模型的。

可能一些或所有的这些假设已经影响了获得的结果。例如，当这些研究的对象通常是一个成人医务工作者时，有可能总数中的某一组出于实际上不同的风险中，以探究紧接着产气荚膜梭菌的给定剂量的暴露评估的痢疾。同样地，大多数研究把肉类或奶制品当作人体暴露评估的工具，尽管有时工具被引入常餐中。还不清楚这些工具的修改或者即食食物的众多品种会影响可能性。

---

①　在有用数据中，食物矩阵效果有可能，但不大可能辨认（见 109 页脚注①）。这里一个较弱的假设就足够了，任何矩阵效果都受菌株间变化的控制。

6 风险鉴定

6.1 稳定期间生长中的痢疾的风险的变化

6.1.1 主要结果

模型是通过生长稳定期间的多个固定值来运行的，多个固定值的目的是为了评估就每一年产气荚膜梭菌疾病的估计而言的生长稳定期间变化的效果。疾病的估计是通过运用两种方法获得的：①包含在模型中的不确定性被忽略了，所有的不确定性参数都设置在最大概似估计值（MLE）；②包括了不确定性，并对所有的不确定性分布进行了估计，该分布的中位数被当作集中趋势的摘要估计量。该方法的原因在下面指出。表 6.1 和图 6.1 显示了当稳定期间的生长从 $0.5\text{-}log_{10}$ 增加到 $3.5\text{-}log_{10}$ 时，每一份中的这两个风险估计值是怎样变化的。疾病率中位数估计值的范围是从大约每百万份中 1.3 例疾病到每百万份 2.7 例疾病。美国每一年即食食物和半熟食物份数的总数大约是 557 亿（见 3.15.1），因此这些估计分别同每一年（运用中位数估计的曲线拟合）。

表 6.1 疾病每一年的数量和比例估计

生长（log_{10}）	疾病每一年的数量（557 亿份）			每百万份的比例		
	最大概似估计值估计[a]	中位数估计[b]	曲线拟合[c]	最大概似估计值估计[a]	中位数估计[b]	曲线拟合[c]
0.5	74 000	75 000	74 000	1.33	1.34	1.34
1	82 000	78 000	79 000	1.47	1.40	1.42
1.5	89 000	89 000	86 000	1.59	1.59	1.54
2	97 000	93 000	96 000	1.74	1.67	1.72
2.5	101 000	108 000	108 000	1.82	1.95	1.95
3	117 000	128 000	126 000	2.10	2.29	2.26
3.5	137 000	148 000	149 000	2.46	2.66	2.68

注：a. 在每个生长中模拟的 10 亿份，所有的参数都设置为不确定性的最大概似估计值

b. 每个生长 600 个值的几何平均值，每一个值同 3000 万份的不确定性模拟相符。

c. 中位数估计的最佳拟合曲线，同时考虑了不确定性［见公式（6.1）和图 6.1］。

米德等（1999）估计每年因为食用各种食物而导致的产气荚膜梭菌食物中毒的大约有 250 000 例，这暗示了由即食食物和半熟食物引起的疾病可能要占总数的一部分。但是，米德等（1999）的方法需要大量的从报告的疾病数量到疾病总数量的外

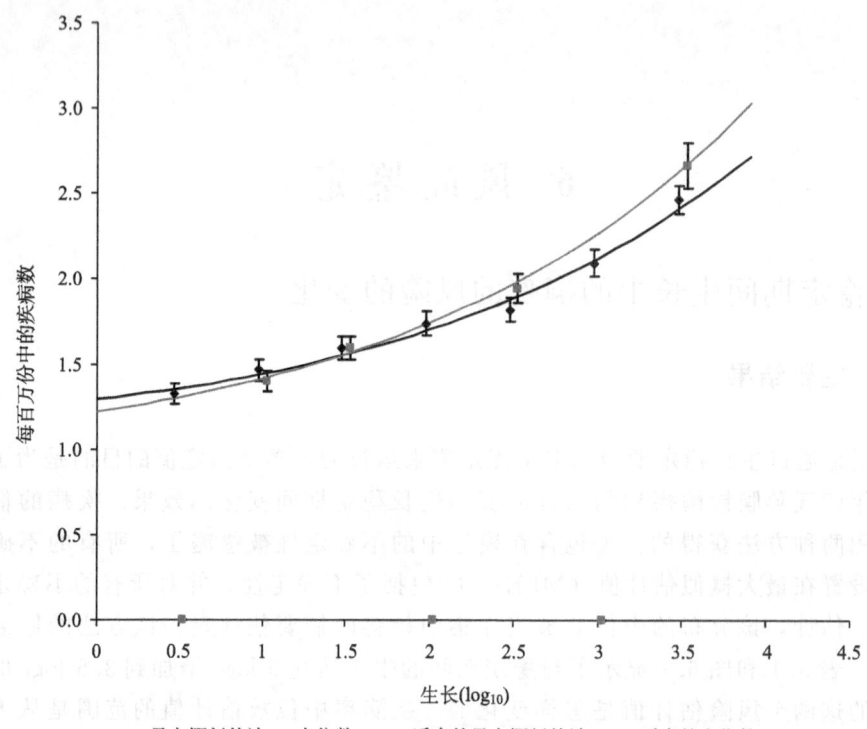

图 6.1　稳定期间生长中的痢疾风险中的变化（最大概似估计值和中位数）

推法。这是通过运用唯一可用的观察来完成的，这些观察基于同其他疾病的未经检验的类比。

　　假设联邦政府调查的工厂正满足了目前 $1\text{-}\log_{10}$ 的稳定性能标准，那么通过模型获得的在 $1\text{-}\log_{10}$ 生长期间的 79 000 例疾病的中位数估计[①]该属于米德等估计的范围。然而，由于即食食物和半熟食物的消费，没有可以通过产气荚膜梭菌疾病模型估计验证的现有传染病学；此外，正如下面解释的那样（见 6.4.1），由持续加热的食物引起的疾病数量已经被模型低估了。

　　图 6.1 中的误差线显示了由于只运行了少量的蒙特卡罗迭代而确定的数值精度，通过展示仅仅是为了说明足够[②]数量的食物份数模拟已经运行了，以确定稳定期间的平稳变化。对于 7 个生长值的结果来说，插线是一个平滑拟合，这暗示当容许生长从 $0.5\text{-}\log_{10}$ 增长到 $3.5\text{-}\log_{10}$ 时，没有阈值事件的迹象（从使用的模型结构中什么也不会预计到）。描述最大概似估计值和中位数估计值的目的是阐述非常相似的趋势，并且支撑最大概似估计值的运用，以评估结果对于包含在敏感度分析中的输入的敏感度。

———————————

　　① 模型用于稳定期间的固定生长，见 3.12，然而我们可以预计在符合 $1\text{-}\log_{10}$ 标准的工厂之间的生长变化。假若所有的工厂都严格执行这个标准的话，那么后面病例的中位数可能比稳定期间固定的 $1\text{-}\log_{10}$ 生长所估计的中位数要小。

　　② 显示的结果是基于每一个最大概似估计值描述生长上的 10 亿份（7 个描述生长点的总共 70 亿份）和中位数估计每 3000 万份的 600 此不确定性迭代（7 个描述生长点的总共 1260 亿份）。

6.1.2 疾病发生的主要原因

在实验运行过程中对所获得的结果的检查[①]表明理解储存期间由模型所预测的疾病主要组分生长变化的关键是储存温度（生产商和零售商之间，或者消费者储存）。如果温度在最低温度以下（适合生长的最低温度，见 3.11.1），那么实质上什么也没发生，发生疾病非常不大可能。但是如果是在最低温度以上，那么储存的时间长度就很长，产气荚膜梭菌营养细胞的最初数量预计会生长到稳定期，如果吃了冷的或没有加热到很高温度的食物，那么发生疾病的可能性就非常大。因此，预计大多数的疾病就会发生，而发生的原因只能描述为冰箱坏了。

由此可见，在稳定期间的生长产生了很小范围内的影响。只有一小部分食物储存在最低温度以上的温度中，在此温度期间，到储存结束时，一些原来的细胞可能不会一直生长到稳定期。另外（见下文 6.3.3），由于稳定期间生长大幅度增大，一些疾病有可能由细胞的浓度造成，细胞浓度的产生完全是由生长引起的（在储存期间不会进一步生长）。

对疾病发生主要预测原因的描述表明，疾病的主要影响因素是食物中产气荚膜梭菌的最初浓度（盛行和总数）、储存温度的分布、储存期间时间的分布和产气荚膜梭菌的最大浓度。其他因素如冷冻储存期间的死亡率几乎没有影响。即使在接近最低温度的温度中获得的生长率也不那么重要，只要最够高（正如好像是源于 3.11 的那样），在通常的储存时间里，还会有大量的生长；尽管对于某些食物来说，这强调了 3.11.5.2 中所做的假设的潜在重要性，但是亚硝酸盐的效果是平局地降低生长率而不是改变生长能够进行的温度的范围。

6.2 不确定估计

6.2.1 在模型中不包含不确定性

在讨论该风险评估中估计的不确定因素之前，有必要强调许多不确定因素来源不包含在内，不知不包含在内的不确定因素的总量。第 4 节讨论了暴露模型多方面的局限性，5.4 部分进一步讨论了剂量反应模型的不确定因素。为了强调这一点，对 6.5 部分中的"假设分析"方案的检查和 6.6 部分中的一些敏感度结果表明风险评估的绝对大小关键取决于模型中的一些假设。所有的结果取决于实际上发生的精确代表模型，在模型中有许多对所发生的事没做充分研究的地方（或在一些情况下，根本没做研究）。

6.2.2 包含在模型中的不确定性

图 6.2 中阐明了结果的不确定性（到了包括在模型中的程度），这解释了中间值估

计和 95% 的实验可信区间，在稳定期痢疾比例的 7 个固定增长在 0.5-log₁₀ ～ 3.5-log₁₀ 内。

图 6.2 中所示的风险不确定范围由蒙特卡罗模拟法中获得的不确定分布得到，这近似于对数正态。

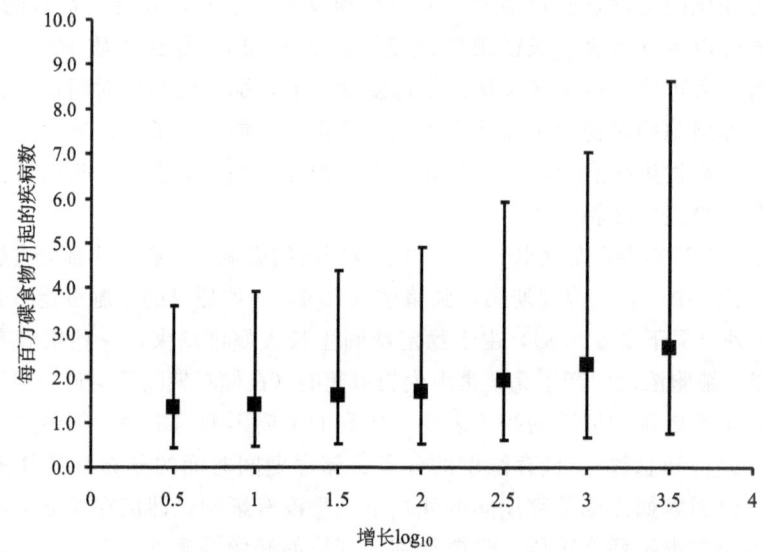

图 6.2　在稳定期痢疾比例固定增长的不确定估计

图 6.3 中显示了在可能会是一条完美对数正态分布直线图上，稳定期 7 个增长值的不确定分布[①]。显示的直线偏移接近于预期的完美对数正态分布，所以分布的中间值估计可通过抽取 600 个样本中的比例中项来估计（这是在前一节中给出的"中间值"的估计值，图 6.1、图 6.2 中的正方形符号）。

对稳定期不同增长时期的不确定分布的检查表明这些分布有标准偏差，该标准偏差随稳定期增长值的增加而稍微增加，从 1-log₁₀ 的 0.64（固有对数比例）到 3-log₁₀ 的 0.72。图 6.1 和图 6.2 中所示的随增长患病率的中间值估计的变化，依据比例的二次曲线，非常适合作为增长函数。结合这些观察结果，依据患病率 R 的经验公式总结不确定结果，R 包含中间值估计和不确定性。经验公式为

$$R = R_0 \exp(\beta g + \gamma g^2 + \varepsilon) \tag{6.1}$$

式中，$R_0 = 1.22 \times 10^{-6}$ 每份食物；$\beta = 0.121$；$\gamma = 0.029$；g 为增长值，以 $\log_{10}$ 表示，所以 $g = \log_{10}(G_c)$（见 3.12）；通常随平均值 0 和随增长值 g 而变化的标准偏差分布，这里 g 为 $0.60 + 0.039g$（所以 e^ε 为 1.9～2.1，增长值为 1-log₁₀ ～ 3-log₁₀）。

一种解释是，不确定性的增加几乎直接与患病率中间值成比例，所以对于稳定期的

[①]　依据在蒙特卡罗模拟法中对 3000 万份食物估计的痢疾数量的自然对数为 600 个样品分别绘制"标准坐标"。"标准坐标"即样品等级的标准倒置（Cunnane，1978）。

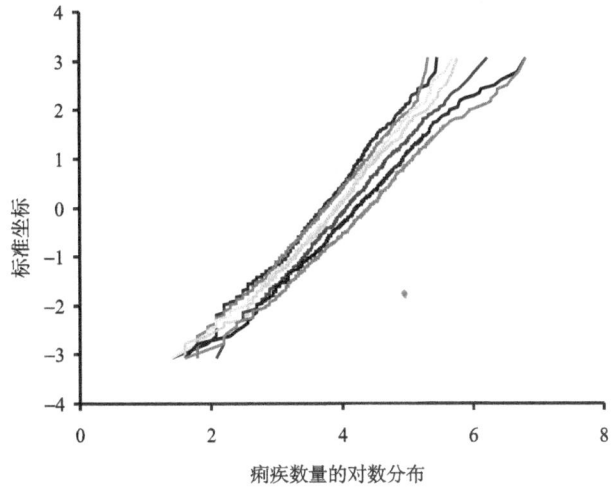

图 6.3 稳定期固定增长的不确定分布

所有增长值，不确定性可几乎与中间值倍数表达形式相同，系数大约为 2.0[①]。在这种意义上，不确定性几乎独立于稳定期的增长值。

中间值估计是从公式（6.1）中当 $\varepsilon=0$ 时获得的，通过将 ε 设为相应值 [如当为 10% 和 90% 的置信限度时，分别设定 $\varepsilon=0.68\times（-1.2816）=-0.87$ 和 $0.68\times 1.2816=0.87$]，获得想要得到的置信限度。相应方程式显示了在不确定分布的百分位点的随增长值变化的变量。

6.3 导致疾病的产气荚膜梭菌的来源

以下章节提供了产气荚膜梭菌的来源的定量估计，基于蒙特卡罗模拟法结果和所有结果的中间值的不确定参数集。由于这些结果不是分析的最初结果，因此没有评估这些估计的不确定性。

6.3.1 来源于肉类或香料的产气荚膜梭菌

在追踪模型中的产气荚膜梭菌生长过程中，确定最后导致疾病的营养细胞的起源是可能的。表 6.2 显示了导致疾病的食物的模型预测，产气荚膜梭菌来源于肉类、香料或储存过程中发芽的芽胞（该模型不能确定是来源于肉类还是香料），在没有热持续或在热持续之后（在后一种情况下，在热持续过程中，产气荚膜梭菌生长）出现疾病。来源于肉类和香料的营养细胞有助于食物，不可能区分繁殖细胞的来源（这就是表 6.2 中的"未知"项）。

---

① 这是包含在模型中的不确定因素的一种属性。它不一定对不包含在模型中的不确定因素有效，见第 4 节。

表 6.2　来源于肉类、香料或发芽芽胞的组分

	所有组分	标准化组分
	没有热持续	
肉类	0.63	0.68
香料	0.30	0.32
未知	0.002	0.002
发芽芽胞	0.007	0.007
总数	0.94	1
	热持续	
肉类	0.002	0.036
香料	0.058	0.96
未知	0.0002	0.004
总数	0.06	1

表 6.2 中所示的组分是模拟稳定期生长的平均组分，从 $0.5\text{-}\log_{10}$ 到 $3.5\text{-}\log_{10}$。然而，这些组分不会随该范围中稳定期的生长变化而发生大的变化。

6.3.2　依据食物类别产气荚膜梭菌的来源

在模型中追踪食物类型，在这种食物中产气荚膜梭菌会成倍增加，在该模拟中将引起疾病的特别食物类型制成表。表 6.3 显示了在检查过的食物类型中，由增长引起的疾病的模拟组分。在这种情况下，随着稳定期增长的变化，每种类型食物中的相关组分有一些变化。

表 6.3　依据每种食物类型的疾病组分，稳定期增长从 $0.5\text{-}\log_{10}$ 到 $3.5\text{-}\log_{10}$

增长	依据食物类型[a]在模拟中所观察到的组分								
	1a	1b	2	3a	3b	3c	3d	4a	4c
0.5	0.15	0.10	0.68	0	0	0	0.0008	0.026	0.0023
1	0.17	0.08	0.67	0	0	0	0	0.029	0.0007
1.5	0.16	0.10	0.67	0	0	0	0	0.022	0.0006
2	0.18	0.11	0.63	0	0.0012	0.0012	0.0017	0.022	0.0029
2.5	0.19	0.12	0.64	0.0006	0.0017	0	0.0055	0.017	0.0017
3	0.17	0.13	0.62	0.0014	0.0076	0.0024	0.013	0.025	0.0019
3.5	0.19	0.12	0.55	0.0057	0.019	0.0069	0.028	0.024	0.0032

注：a. 表 3.1 中定义了食物类型。

小于 0.001 的相当于 1 模拟疾病，所以该表中的小组分受相当大的不确定性影响。0 的出现是由于模拟不充分（每个增长值中有 10 万个），不是因为它们不会导致疾病。

6.3.3 完全由于稳定期产气荚膜梭菌增长引起的疾病

由于在适于产气荚膜梭菌生长的温度进行家庭或零售储存，产气荚膜梭菌会快速增长，因此模拟的大组分疾病都出现了。然而，模拟的小组分疾病的出现不是由于储存过程中的生长，而是纯粹由于稳定之后出现在食物中的最初的细胞数量，也就是，由于在稳定期加热之后立即出现的最初的细胞数量的增长。在模拟中，引起疾病的食物不受稳定期后引起营养细胞增长的温度影响，确实，在冷藏过程中，虽然对营养细胞会有一些损失，但在消耗时仍有足够的营养细胞不定期地导致疾病。这种疾病的发生率大约为，在每10亿份食物中增长值为1-$\log_{10}$时有1例，增加到了在每10亿份食物中增长值为2-$\log_{10}$时有10例，在每10亿份食物中增长值为3-$\log_{10}$时有70例（图6.4）。该比例的近似值[①]如下：

$$r = r_0 \exp(ag + bg^2) \tag{6.2}$$

式中，r 是每份食物的患病率；$r_0 = 0.079 \times 10^{-9}$；$a = 2.23$；$b = 0.013$；$g$ 是稳定期的增长 $\log_{10}$。

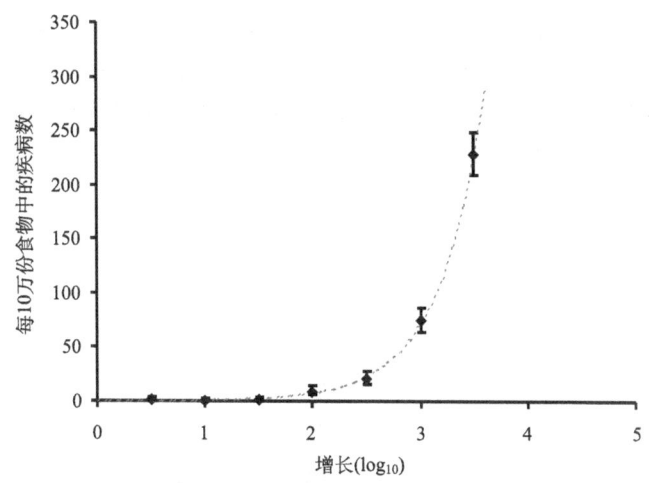

图6.4 完全由于稳定期产气荚膜梭菌增长引起的患病率。误差线表明了由于模拟的疾病数少，数值的精确度，而不是不确定性

为了获得每年预计的疾病数量，替换公式（6.2）中的 γ_0 为4.36，例如，表6.4中显示了完全由稳定期的增长预计的疾病数量。

---

① 因为该比例的估计值仅仅是基于每个增长值的10亿份食物的模拟，该公式预计的比例为每10亿中不到3例，对于该比例有许多的不确定性，也就是在增长值小于1.5-$\log_{10}$时。所有食物类别都包含在该模拟中，但模拟的疾病数量太少而不足以依据食物类别获得可靠的分类。

表 6.4　完全由稳定期的增长引起的每年疾病数量（即 557 亿份食物中）

增长值	疾病数量
0.5	13
1	40
1.5	130
2	400
2.5	1300
3	4000
3.5	13000

6.3.4　依据储存温度的来源

通过模型预计的大约 90％的疾病是由储存过程中产气荚膜梭菌营养细胞增长引起的，主要是制造商到零售之间的储存，有些是在家庭储存过程中。由于在适合生长的最小温度以上延长储存时间出现了增长。图 6.5 显示了通过选择那些模拟的疾病来估计的不同温度下的储存引起的疾病数，在储存过程中依据系数 1000 或更大出现的营养细胞增长[①]。最高温度为 60℉（15.6℃）是由于记录在温度测量报告中的这个温度占多数（显示的温度是在测量中记录的温度，见 3.13.3），该最高温度很可能不是测量的准确温度（因为记录温度计上最近点的温度标记倾向，或在记录之前将读取的温度记录为整数）。

图 6.5 表明模型预测大多数疾病是由不正确的储存引起的，因为显示的所有温度相当于不充分制冷的温度。

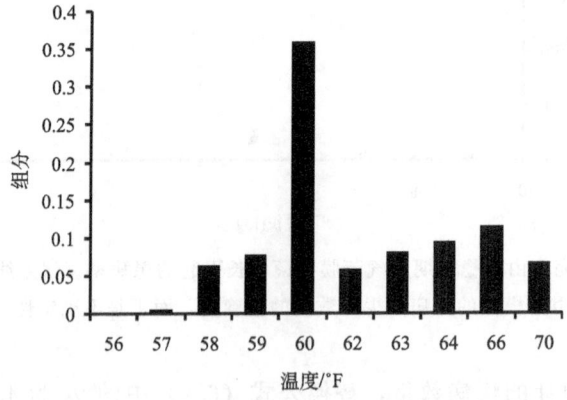

图 6.5　由于极高高温下的储存引起的疾病组分

---

① 这是在稳定期对不确定性的最大概似估计估计的 7 个增长值（在 0.5-$\log_{10}$ 阶段从 0.5 到 3.5）的平均数；随稳定期的增长没有很大变化。改变选择标准从系数 1000 到系数 100 或 10 000，几乎没有什么不同。

6.4　对风险管理问题的回答

6.4.1　对在稳定期由于增长值达到 3-$\log_{10}$ 的产气荚膜梭菌引起的人类疾病有什么影响？

疾病（痢疾）数会随产气荚膜梭菌的增长而增加。在美国当稳定期的增长值为 1-$\log_{10}$ 时，预计的模型变化从每 100 万份食物中大约有 1.4 个疾病，相应地类推到每年大约有 79 000 个疾病；当稳定期的增长值为 2-$\log_{10}$ 时，从每 100 万份食物中大约有 1.7 个疾病，相应地类推到每年大约有 96 000 个疾病；当稳定期的增长值为 3-$\log_{10}$ 时，从每 100 万份食物中大约有 2.3 个疾病，相应地类推到每年大约有 126 000 个疾病。这些值是不确定分布的中间值（也就是，如果模型中所有的假设是正确的，大约有一半的机会大于或小于这些值）。在不确定分布的较高的第 90 位百分位（模型中包含不确定性），对于稳定期的所有增长率，疾病数系数大于 2.4，当稳定期的增长值为 1-$\log_{10}$ 时，范围从每年大约 179 000 到增长值为 2-$\log_{10}$ 时的 228 000，到增长值为 3-$\log_{10}$ 时的 315 000。当稳定期增长值的变化为 0.5-$\log_{10}$ ～ 3.5-$\log_{10}$ 时，预期疾病的相对变化与不确定分布的任何百分位相似，对于稳定期的任一增长值相对不确定性差不多相同（标准偏差为 1 时系数为 2）。

预计疾病包括哪些由于热持续过程中产气荚膜梭菌的增长而发生的疾病。预计这样的事件发生率大约为每 1000 万份食物中有 1.1 个，相当于以上给出的数字的 6 000 个疾病，或当稳定期的增长值为 1-$\log_{10}$ 时大约是总疾病数量的 7.6%，但与热持续相关的疾病数与稳定期时增长值无关。然而，很可能模型低估了热持续过程中产气荚膜梭菌引起的疾病数，因为该模型单独处理每份食物。

实际上，由模型滥用热持续引起的一种疾病可能代表了热持续事件引起的多种疾病（因为热持续食物通常可以一起加热，并且会交叉污染其他食物）。模型低估疾病的系数在热持续过程中接近加热的和混合的食物份额平均数[①]。因此，滥用的热持续导致产气荚膜梭菌食物中毒的程度不能通过该风险评估来准确估计。然而，很明显不适当的热持续导致了产气荚膜梭菌疾病的年负担，且很可能是一个危险因素。

作为影响因素引用"不适当的保持温度"，74 例疾病发作中有 69 例受此影响，为此 1988～1997 年（CDC，1996，2000）至少记录了一个影响因素（确定一共有 109 例疾病发作），和 97% 的疾病发作数，在疾病发作中肯定确定了 1973～1987 年有影响或没影响的因素（记录了 147 例疾病发作的某一影响因素）（Bean and Griffin，1990）。然而，术语"不适当的保持温度"包括不适当的储存温度和滥用的热持续。此外，该估计很可能对公共团体疾病发作有偏见，公共团体疾病发作很可能是由于疾病发作规模通过监视获得的。很可能从生食物而不是即食食物和半熟食物中准备负责该公共团体疾病发

---

① 如 CDC 记录的，产气荚膜梭菌疾病受害者的平均数可用于估计热持续过程中加热的和混合的食物份数平均数。然而，依据报告的较小规模的产气荚膜梭菌疾病发作很可能导致高估热持续的影响。

作的产品。由于所涉及的疾病的自身限制，很可能没有报告许多小规模的疾病发作，而且没有突发情况的报告系统，因此不知这种情况下的产气荚膜梭菌食物中毒的热持续作用。

由该模型预测的大多数疾病来自零售或在家储存食物过程中产气荚膜梭菌的增长，几乎可以明确检测由该模型预测的导致疾病的食物组分，这些食物的没有被消耗就变质的丢弃的食物。然而，随着稳定期允许增长值的增加，预计稳定后直接由有机体引起的疾病，在储存过程中没有进一步增长。不可从污染的或变质的食物中检测。预计疾病率为，当稳定期的增长值为 $1\text{-}\log_{10}$ 时，每 10 亿份食物中不到 1 个，增加到增长值为 $3\text{-}\log_{10}$ 时每亿中有 7 个（每年大约 4000 个）。

6.4.2　改变稳定性对产肉毒菌有什么影响？

如果只考虑规定的产肉毒菌的增长范围，不可能对产肉毒菌的潜在增长规定范围。出于特别考虑，在 28℃（82℉）以下产肉毒菌比产气荚膜梭菌生长更快，产气荚膜梭菌在某一温度以下不生长时，产肉毒菌可能会生长（图 3.4）。为了限制产肉毒菌的潜在增长范围，要求附加限制处于该温度的时间，另外限制产气荚膜梭菌的生长。

此外，依据产气荚膜梭菌的生长不可预测产肉毒菌的生长，因为在较高温度下产气荚膜梭菌比产肉毒菌生长更快，在温度范围（50℃及更高[①]）内产气荚膜梭菌能够生长但产肉毒菌不能。没有进一步时间和温度说明（如对允许的冷却曲线的限制），不可能由一种生物体预测另一生物体的生长。

即使知道冷却曲线，对于从不同生长介质的芽胞形成的产肉毒菌的生长缺乏滞后时间变化的知识限制了对可能会生长的产肉毒菌数量的可预测性。

6.5　对"假设"方案的分析

尽管温度表明制冷失败，在相对较低的温度下（57～60℉/13.9～15.6℃，见图 6.5），依据模型预测产气荚膜梭菌大量生长。然而，该模型不包括可能减轻由制冷失败而引起对疾病的潜在影响。这样的两种影响如下。

·低温下嗜冷菌有害微生物生长的影响。

·在烹饪或消耗之前消费者检测变质（$>10^7$ 个细胞/g）食物中的产气荚膜梭菌。

6.5.1　抵触的嗜冷菌有害生物体的影响

需氧和厌氧嗜冷菌有害生物体最理想的生长温度是 12～30℃，因此如果存在嗜冷菌有害生物体，在这些温度下它们很可能标榜自己为只要生物体（与产气荚膜梭

---

① 未发布能够准确估计范围的数据。发布的数据表明在 50℃时产气荚膜梭菌会生长，而在该温度持续 504h 后产肉毒菌不会生长。

菌相反，在该温度范围内，其生长相对较缓慢）。由芽胞形成的诸如其他梭菌和杆菌的嗜冷菌有害生物体存在于加工厂经过热处理的即食食物和 PCF 中，一些耐热营养菌（乳酸菌、场球菌、微球菌）的营养细胞也可能存在于一些商品中（Ray，1996）。商品的后热处理也可能导致污染，触摸、切片空气传送时也可能造成污染。在变质的即食食物中有厌氧嗜冷菌和需氧细菌，包括真空包装和气体包装产品（Ray，1996）。这种细菌的出现和程度取决于许多因素，包括传送方式、食物基质和生理机能、添加剂和加工。

在理想情况下，需要与即食商品中的产气荚膜梭菌相竞争的不同有害微生物生长的实验数据和模型，以便估计在一定条件下预期限制病原体的生长的有害生物体的影响，包括低温。进行这样的实验和分析会很复杂，超出了目前风险评估的范围。尽管即食肉类商品中不存在这样的实验数据和模型，但对于主要肉类有害生物体的生长，在更多的受控制混合培养的液体培养基基质（Pin and Baranyi，1998）中存在数据和模型。在该研究中，假单胞菌似乎是生肉和禽类产品中有害生物体的很好替代品。基于假单胞菌替代品间的竞争，发布了限制生肉和禽类产品中病原体的生长的程序（Ross and Mc-Meekin，2003；Coleman 及其他人，2003）。

因此，在缺乏有说服力的科学证据来支持建模的情况下，完善图 6.5 中展现的"假设"方案方法以提供有害生物体对产气荚膜梭菌生长的潜在敌对指示。通过有害生物体的相互抵触，生长过度可能会抑制产气荚膜梭菌的生长，在一些有大量组分的情况下，完全有可能。部分抑制会随温度变化，在较低储存温度下很可能更大。

图 6.5 表明在观察的储存温度下，57～70℉（13.9～21.1℃）[1]，预测的疾病组分假设没有通过相互抵触的生物体抑制。这些组分也是预测的疾病的最大组分，在相应温度下通过完全抑制产气荚膜梭菌的生长去除该疾病，在一些温度下不是 100％抑制的效果可以通过在相关温度下增加这些组分的减少量来估计。

由在储存过程中这些温度下的生长引起的疾病占模型预计的疾病的 90％，所以由有害生物体的过度生长导致的抑制生长的影响应该对疾病总数有直接比例的影响。在 57～70℉100％抑制情况下，疾病总数会减到原始估计值的 10％；在 57～70℉的所有温度下 50％抑制情况下，疾病总数会减到原始估计值的 55％[2]。有害生物体间竞争的潜在影响肯定包括研究中的即食食物微生物生态学，这在该文件的章节中有说明。

6.5.2 消费者检测高浓度产气荚膜梭菌的影响

尽管产气荚膜梭菌不是易腐败的厌氧菌，食物中生物体含量高很可能会导致"变

---

① 记录的温度为最近的华氏度，但不能看见该范围内的所有温度。在 56℉温度下，在模拟的七十亿份食物中，预测在这个储存温度下没有疾病。

② 通过指定低于其他生物体过度生长的温度，计算机模型允许评价该"假设"方案和出现过度生长的情况。然而，图 6.5 中的检查足以识别这一效果。

质”食物产品，这种变质产品可通过眼睛、味觉或嗅觉检测，或依据消耗者组分[①]。当在冷冻柜中或在准备过程中拿走食物时，消费者不会购买这种产品（如果在零售之前变质），他们也不会察觉出食物已变质。不论是哪种情况，产品很可能不会被消耗，因此不可能导致疾病。然而，对于有相似产气荚膜梭菌的受污染的类似产品，不同消费者的辨识能力可能不同，这是因为不同消费者的味觉、嗅觉、视敏度和判断力不同。

为了评估这种消费者行为，对本模型进行了修改，以允许包含在烹调之前处理食品份数的可能性，该可能性在浓度低于 C_{min} 时为零，当浓度为 C_{90} 时增加到 90%，其中 C_{min} 和 C_{90} 是该模型中的两个参数。在其他浓度时，假设处理食品的可能性呈指数曲线：

$$p = 1 - \exp\left(-\ln(10)\,\frac{\ln(C/C_{min})}{\ln(C_{90}/C_{min})}\right) \tag{6.3}$$

式中，p 是废弃菜肴的可能性。检测模型中的参数符合以下公式：

$$C_{min} = 7 - \log_{10} \mathrm{CFU/g}$$

$$C_{90} = 8 - \log_{10} \mathrm{CFU/g}$$

当该参数为 $9\text{-}\log_{10}\mathrm{CFU/g}$ 时，废弃食物的可能性为 99%。

在稳定化的时候，以生长速率模拟 5 亿份菜肴就会产生表 6.5 所示的结果。检测公式（6.3）中暗示的变质食品发现在稳定化的时候，估计发病次数的增长就会减小 1/3.5。同时在表 6.5 中还列出了相应的废弃率，在这种情景下，当食品达到这个废弃率的时候就要丢弃。

表 6.5　消费者进行变质检测前后每年估计的发病次数和食品废弃率

增长（$\log_{10}$）	每年估计发病次数，使用 MLE 参数值		每 100 万份食品中废弃食品所占比例/%
	没有进行变质检测	进行变质检测之后	
0.5	74 000	20 000	5.9
1	82 000	24 000	6.4
1.5	89 000	25 000	7.1
2	97 000	27 000	7.7
2.5	101 000	34 000	8.7
3	117 000	39 000	9.0
3.5	137 000	46 000	10.1

注：使用每种生长速率的样本 10 亿个，默认敏感度参数和不确定性值设置为其 MLE 进行估计。

---

① Hauschild（1975）提到的"引起产气荚膜梭菌疾病发作的食物每克中包含 10^6 或更多的产气荚膜梭菌营养细胞，但是尽管有污染在消耗时它们似乎很美味可口。"Craven 及其他人（1981）评估了有产气荚膜梭菌生长的鸡肉的感官特性。由 3 位训练过的裁判通过 12 个问题回答/处理独自断定每个样品的气味。在 $7.99\text{-}\log_{10}\mathrm{CFU/}$ g 测定的瘦肉气味与 $7.37\text{-}\log_{10}\mathrm{CFU/g}$ 测定的有很大不同，且未经变质处理控制，Craven 及其他人评论说"表面上，营养细胞数量接近 $10^8/\mathrm{g}$，在孢子形成和肠霉素即将形成之前，已经检测到了变质气味。"

6.6 敏感度分析

对于集中模型参数，实验证据表明一系列数值可以用于可变性分布，但是这些数值的数量太少，还不足以定义可变性分布。在其他情况下，该模型简化到只使用一个值，但是没有任何实验能够精确地测量出相关的数量，而且其他相关测量获得的数值推断都不客观。在第 3 章中对敏感度分析的这些情况进行了介绍，并且在此列出这些情况和数值或其他证据对模型结果的影响。

表 6.6 总结了每年的发病总次数对经过敏感度分析的不同参数的敏感度的数值估计。这些数值估计是对无因次敏感度测量的估计，其计算公式如下：

$$\frac{\partial \ln N}{\partial \ln x} = \frac{x}{N} \frac{\partial N}{\partial x} \tag{6.4}$$

式中，N 为应用该模型预测的每年发病次数；x 为相关的参数。

公式（6.4）中给出的值可以直接通过数值测量（改变参数 x 的大小，运行蒙特卡罗模拟，观察 N 的变化）获得，也可以通过表格以下段落总结的理论评估和使用已经获得的结果获得。

应该记住，不同参数的不确定性程度不同，而且评估每个参数的相关重要性的时候应该考虑参数和表 6.6 所示的敏感度的潜在变化大小。

表 6.6　敏感度数值估计摘要

相关参数	敏感度	方法
经过两次加热之后生长出的最大组分	<0.06	t
即食产品生产中生长的平均芽胞组分	0.025～0.04	t
没有经过加热生长的平均芽胞组分	0.025～0.04	t
在第二次加热时生长的平均芽胞组分	0.06	t
储存时生长的平均芽胞组分	0.007	t
在制造厂和零售店的平均储存时间	1.6	n
第一类冷吃的食品的组分	0.019	t
在烤箱中加热的热食品的组分	大约−0.04	n
平均微波加热时间	±<0.04	n
平均烤箱加热时间	±<0.06	n
第 1 和第 4 类热乎食品的平均组分	0.06	t
耐热时间	NE（<0.06）	a
食品中营养细胞平均密度	0.29	n
选择的即食和半熟 CSFII 食品组分	1.0	t

注：t：理论分析，与已经获得的测量结果相结合。

n：直接数值测量（检测阈值大约为 0.04）。

NE：没有经过评估。这个值可能很小，但是需要进行数值测量，使用大约 100 亿个样本。

6.6.1　两次加热步骤中可能生长的最大芽胞组分

默认值为 0.75。这个组分主要影响第一次加热之后仍然存在的芽胞的潜在最大数量，这些芽胞在再次加热的时候会生长，最终具有耐热的特性。由于其耐热特性，预测腹泻组分大约为总次数的 6%，因此腹泻总次数对这种组分的敏感度大约小于 0.06。

6.6.2　即食产品生产中生长的平均芽胞组分

生长的芽胞组分呈可变性分布，默认分布为三角形分布（0.05，0.50，0.75）。改变这个组分就会极大地影响原先存在于每份食品中的营养细胞数量，而且在某种程度上会影响每份食品容纳初始营养细胞的可能性。所以分布平均值就是控制因素。生长的芽胞组分平均值的变化量几乎和生产同等相关数量的芽胞组分的生长变化量是相等的，因为它们都是繁殖生长的芽胞数量。从公式（6.1）中可以看出，N 次发病的变化量和稳定化期间的增长的较好估计是

$$N = N_0 \exp(\beta g + \gamma g^2) \tag{6.5}$$

式中，N 为每年的发病次数；N_0 为每年预计在稳定化期间不会增长的发病次数；$\beta = 0.121$；$r = 0.029$；g 为稳定化期间的 $\log_{10}$ 增长。

因此如果

$$g = \log_{10}(xy + z) \tag{6.6}$$

且增长组分 $f = xy/(xy+z)$ 与某个参数 x 成正比，那么就有

$$\frac{x}{N}\frac{\partial N}{\partial x} = f\frac{\beta + 2\gamma g}{\ln 10} \tag{6.7}$$

当 $g=1$ 时，公式右边的项目为 $0.078f$，而当 $g=3$ 时，它为 $0.13f$；组分 f 大约等于疾病组分，由于调料中存在芽胞，因此在经历杀灭步骤之后，在该疾病组分中仍然存在营养细胞。3.8.3 部分显示，由于调料中存在芽胞，营养细胞的浓度大约为 η；而在 3.5 部分中显示，由半熟食品（类别 3b）导致的疾病组分是微不足道的，而预计耐热性只产生的组分很小（6%，表 6.2），经历稳定工艺（表 6.2）之后生长的芽胞产生的组分也是微不足道的，所以事实上，所有的疾病都与稳定化期间的生长无关。[①] 所以当 $g=1$ 时，发病次数对即食产品生产时生长的芽胞组分的平均估计的敏感度大约为 0.025，而当 $g=3$ 时，大约为 0.04。

6.6.3　没有经过加热生长的平均芽胞组分

这个组分（φ，见 3.9.5）呈可变性分布，默认分布为三角形分布（0.05，0.50，0.75）。同样，改变这个组分的平均值变化量几乎等于稳定化期间的增长变化量；而且同样大约 32% 的疾病（疾病的百分比由调料中的芽胞数量计算出）直接由这个值

---

① 由于公式（6.5）中的 g^2 项，疾病组分仅仅和生长速率大致相等，但是此处的近似值非常的接近。

(3.8.3部分中显示,由于调料中存在芽胞而产生的营养细胞浓度和φ呈反比,但是由于肉类中存在芽胞而参数的浓度与φ无关)决定。使用6.6.2中的相同方法,发病总次数对没有经过加热生长的芽胞组分的平均值的敏感度也是0.025~0.04。

6.6.4 可以通过加热或二次加热进行激活的芽胞组分

这个组分(g_p,见3.9.4)呈可变性分布,默认分布为三角形分布(0.0,0.5,1.0)。它只影响耐热情况,其发病次数大约和平均值呈正比。因耐热食品产生的疾病组分大约为6%,所以食品总份数对这个参数的平均值的敏感度大约为0.06。

6.6.5 储存和运输过程中生长的芽胞组分

这个组分(g_s,见3.13.1)呈可变性分布,默认分布为三角形分布(0.0,0.025,0.05)。在储存时生长的芽胞引起的发病次数大约和可变性分布的平均值呈正比,而且由这次生长出来的芽胞引起的疾病组分大约为0.7%(表6.2)。所以发病总次数对该参数的平均值的敏感度大约为0.007。

6.6.6 在制造厂和零售店的平均储存时间

这是一种可变性分布,默认分布为均匀分布(10,30)天数(平均20天)。相对而言,这些结果对这个默认假设具有敏感性。如果将估计更改为储存均匀(5,20)天数(平均12.5天),那么就会导致:当增长率为1-$\log_{10}$的时候,估计每100万份食品引起的发病次数大约会降至0.64次;当增长率为2-$\log_{10}$的时候,估计每100万份食品引起的发病次数大约会降至0.83次;当增长率为3-$\log_{10}$的时候,估计每100万份食品引起的发病次数大约会降至1.1次;在每种案例中,大约0.47的概率是通过使用默认假设获得的。图6.6("短期储存")举例说明了更换假定制造商对零售店储存时间的影响。显示的误差条形图符合模拟5亿份食品的数值精确度。

在对数坐标$[\ln(12.5/20)]$上,平均储存时间的变化可以大约表示为-0.47,这会导致发病次数(同样也是在对数坐标上)大约会减少-0.76 $[\ln(0.47)]$。所以敏感度大约为$-0.76/(-0.47)=1.6$。

6.6.7 第1b类冷食食品组分

这个参数是一个固定组分,默认值为0.02。在这个模型中,第1b类食品为冷食或热食食品。假设发病总次数为N,第1b类食品的份数为M,第1b类冷食食品中每份食品引起的发病率为r_1,第1b类热食食品中每份食品引起的发病率为r_2,并且冷食组分为x,那么

$$N = U + r_1 x M + r_2(1-x)M \tag{6.8}$$

式中,U表示因其他食品类型而引起的发病次数。然后

$$\frac{x}{N}\frac{\partial N}{\partial x}=\frac{x(r_1-r_2)M}{N}=x\left(\frac{n_1}{x}-\frac{n_2}{1-x}\right)/N \tag{6.9}$$

式中，n_1 和 n_2 分别是第 1b 类冷食和热食食品引起的发病次数。如果对 MLE 模拟结果的这种表达进行评估，那么可以得出发病次数对第 1b 类冷食食品组分的敏感度为 0.019。

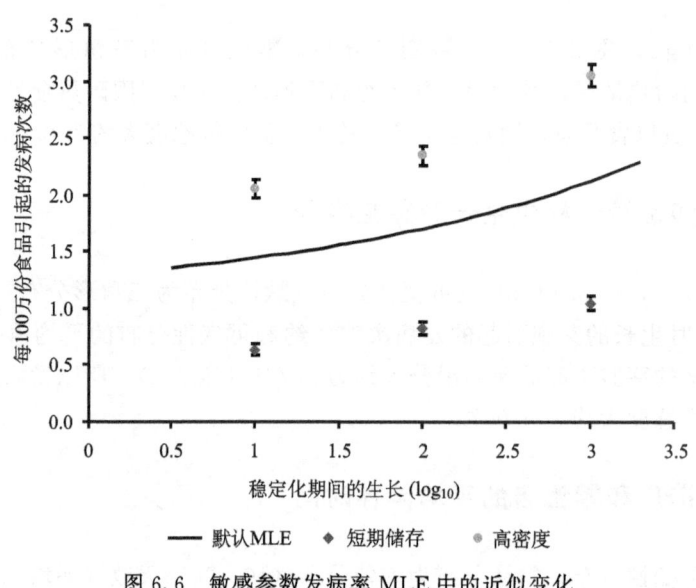

图 6.6   敏感参数发病率 MLE 中的近似变化

6.6.8   即食食品组分和在烤箱中加热得半熟的食品组分

估计在烤箱（加热速率较低，而另一种食品是在微波炉中加热的，加热速率较高）中加热的食品组分的默认值为 0.5。将这个组分改成 0.25 对估计发病次数产生的影响很小，大约 5 亿份食品的数值模拟增加 3%，在这种估计发病次数中，模拟的数值精确度大约也是 3%（用同一标准偏差表示）。发病次数的对数变化为 0.03 [ln (1.03)]，参数值的对数变化为 −0.69 [ln (0.25/0.5)]，这时使得敏感度大约为 −0.04（尽管存在很大的不确定性）。

6.6.9   在微波炉中加热的时间

这是一种可变性分布，默认分布为（1，10）min 的均匀分布。将这种分布转换成（0.5，5）min（平均值的对数变化大约为 −0.69）的均匀分布对 5 亿份食品（用同一标准偏差表示时，这种 5 亿份食品中，数值精确度大约为 3%）的模拟的影响不可忽视。所以发病总次数对在微波炉中加热的时间平均值的敏感度为零，不确定性大约为 ln (1.03) / (0.69) =0.04。

6.6.10 在烤箱中加热的时间

这是一种可变性分布，默认分布为 (10，30) min 的均匀分布。将这种分布转换成 (5，20) min 的均匀分布对 5 亿份食品（用同一标准偏差表示时，这种 5 亿份食品中，数值精确度大约为 3%）的模拟的影响不可忽视。所以发病总次数对在微波炉中加热的时间平均值的敏感度为零，不确定性大约为 ln (1.03) / [ln (20/12.5)] ＝0.06。

6.6.11 第 1 和第 4 类具有耐热特性的食品组分

默认值为 0.01，这仅仅是一种猜测。因具有耐热性而产生的发病次数直接与这种组分呈正比。当值为默认值时，它们只能形成总组分中很小的一部分（大约为 6%），所以对该参数的敏感度大约等于 0.06，只要默认估计比较接近。而且，因具有耐热性而产生的发病次数不受稳定化期间生长的影响（在该模型假设的情况下）。

6.6.12 耐热时间

这是一种可变性分布，默认分布为小时的三角形分布 (0.5，2，8)，不严格地以耐热性要求为基础。因为预测的因具有耐热性而产生的发病次数在组分总数中只占一小部分（大约为 6%），所以因具有耐热性而产生的发病次数不会受到稳定化期间增长的影响（在该模型假设的情况下）。正如 6.4.1 部分所讨论的那样，该模型对具有耐热性而产生的发病次数的估计可能过低，而且在这种敏感度分析中没有考虑到估计过低的情况。

6.6.13 营养细胞最大密度

这种一种可变性分布，默认分布为对数正态分布，它与 $\log_{10}$ 标尺上的中间值 8-$\log_{10}$ 和标准偏差 0.5 相符合。如果将估计值改成 $\log_{10}$ 标尺上的中间值 8.5-$\log_{10}$，标准偏差为 0.5，那么就会导致：食品份数为 100 万，增长率为 1-$\log_{10}$ 的时候，估计发病次数大约增加 2 次；食品份数为 100 万，增长率为 2-$\log_{10}$ 的时候，估计发病次数大约增加 2.3 次；食品份数为 100 万，增长率为 3-$\log_{10}$ 的时候，估计发病次数大约增加 3.1 次；在每种情况下，大约 1.4 倍的比例是通过使用默认假设获得的。图 6.6（"高密度"）举例说明了假设的营养细胞最大密度中的变化的影响。显示的误差条形图符合模拟 5 亿份食品的数值精确度。所以估计的发病总次数对营养细胞最大密度的平均估计的敏感度大约为 ln (1.4) /ln ($10^{0.5}$) ＝0.29。

6.6.14 CSFII 即食食品和半熟食品份数的组分

假设这个组分为 0.8（见 3.15.2），但是没有科学根据。估计的发病率和这个值无关，打扫发病总次数直接该值呈正比。

7 研 究 需 求

对风险评估分析和结构的检查定义了以下研究或设计需求。以近似优先顺行将其列于表上，这种顺行在一定程度上考虑到了符合它们实际情况的相对难度。

7.1 CSFII食品、即食和半熟食品之间的关系

CSFII食品并不区分用原料，即食和半熟食品准备而成的食品，所以在选择CSFII中描述的用于本次分析的食品时有必要做大量的推断。因此不知道从CSFII选来的食品中哪种即食和半熟食品的组分在事实上是即食食品和半熟食品（见3.15.1）。这通常会影响每年即食和半熟食品的总份数，而不会影响每份食品的大小和类型分布。假设80％从CSFII选来的食品确实是即食和半熟食品，而且估计发病次数直接和这个组分成正比。为了独立估计出即食/半熟食品行业生产的食品总份数，需要做一个市场或行业调查。

7.2 加热产品中肉毒梭菌的生长特征

即食和半熟食品中存在A型和B型蛋白水解肉毒梭菌，而且在稳定化的时候，肉毒梭菌毒素的产生会引发疾病。在食品中产生毒素所需的进行增长量目前还不得而知，所以我们的目的一般就是防止细菌有任何的增长。对有关产气荚膜梭菌和肉毒梭菌的可用研究的评估表明，生长速率和研究中使用的生长培养基无关，但是那个滞后时间更具有敏感性。但是，已经确定没有有关熟肉类和禽产品中的肉毒梭菌的研究，特别是有关能够充分确定滞后时间的研究（见6.4.2）。为了更好地量化滞后时间、生长速率及熟牛肉和禽产品中毒素产生的时间的可变性，需要做一些研究。这种研究应包括变量，例如，菌株变异、食品矩阵和生理机能（包括pH、盐浓度和水分活性）、温度、添加剂（如亚硝酸盐、磷酸盐）和微生物竞争的影响。

7.3 具有耐热特性的即食和半熟食品的百分比

暴发观察表明，不恰当的耐热特性反而有利于产气荚膜梭菌生长因素的暴发。目前的风险分析支持了这种观点，尽管还没有很好的模型化。在风险评估中，假设1％可以促进含肉产气荚膜梭菌生长的第1和第4类即食和半熟食品具有耐热特性（见3.15.2）。但是具有耐热特性的食品的实际百分比目前还不得而知。所以需要有在全国范围内具有代表性的即食和半熟食品组分值。为了减少这个估计的不确定性，或许可以

设计一次以预计将成为具有耐热特性的即食和半熟食品的主要食用者的消费者和机构（餐馆、医院、疗养院、学校、监狱和食品杂货店）为对象的调查。

7.4 香料和药草中 A 类、cpe-阳性产气荚膜梭菌芽胞的普遍性

暴发观察表明，五香食品，如有些墨西哥式食品，可能会成为引发产气荚膜梭菌暴发的因素。当前的风险评估考虑到污染香料中产气荚膜梭菌扮演的角色，然而，所使用的文献数据可能不能体现当前的产气荚膜梭菌芽胞水平和普遍性（见 3.8）。需要进行一次全国性代表调查来说明在即食和半熟食品中使用到的香料和药草中产气荚膜梭菌 A 类、cep-阳性芽胞的普遍性和水平，以便更好地确定产气荚膜梭菌食物中毒中香料的作用。

7.5 在不同食品中最大产气荚膜梭菌营养细胞密度

最大产气荚膜梭菌营养细胞密度假定为 8-$\log_{10}$，在 $\log_{10}$ 的范围内变动 0.5，建立在 3 个实验的非正式评估上（见 3.11.5.6）。

7.6 消费者再热和保温时间行为

在每个份额中消耗的产气荚膜梭菌营养细胞水平是疾病可能性的主要决定因素。保持污染产品在一个固定温度期间，通过允许这些细菌的生长、生存或死亡将会改变每个份额中最终的产气荚膜梭菌水平。风险评估假定的加热时间将会根据加热方法的不同而改变：①50%的即食和半熟食品假定在 1～10min 内用微波炉煮熟；②50%的即食和半熟食品假定在 10～30min 内用烤炉煮熟。对于保温时间，假定为最少 0.5h，中等2.0h，最多 8.0h。（三角分布）（见 3.14.2 和 3.14.4）。为了更加精确地得出每个份额中产气荚膜梭菌的最后水平，需要对消费者对即食和半熟食品再热和保温时间、方法和温度进行调查。

7.7 即食和半熟食品的存储

稳定后，在产品销售前把即食和半熟食品从存储阶段移动到运输。在这一过程中，时间和温度的变化可能会改变污染份额中的产气荚膜梭菌水平。风险评估目前无法区分生产商、分发商和零售存储和各销售点之间的运输，对所有考虑到的食品假定其期间统一分布到 10～30 天。另外，零售店冰箱内选择产品上的国际审计数据假定为生产商和零售商之间的全部存储时间的代表（见 3.13.3）。为了更好地决定存储和运输对产气荚膜梭菌食物中毒疾病的影响，需要对存储和传输的每个特别时间段进行时间和温度数据调查。

7.8　原产品中的产气荚膜梭菌芽胞

有些研究评估出用于即食和半熟食品生产的一些原产品中产气荚膜梭菌芽胞水平。然而，这些研究检查很少的样品来决定可能发生的分配水平上限，或者区分不同的原产品或检测地理或时间变量；没有一个研究来评估在这些原产品中 A 类、cep-阳性的产气荚膜梭菌芽胞组分（见 3.5）。

需要进行一个更加广泛的调查来确认所有注定成为即食和半熟食品的原产品中产气荚膜梭菌的上限。需要实施一次所有季节的大型的全国性代表调查来估计整块和粉碎的/肉末和家禽产品中产气荚膜梭菌 A 类、cep-阳性芽胞的普遍性和水平。

7.9　附加数据的需要

下面的在某种程度上比上面列出的优先性要低，并且不会在任何优先顺序中列出。

消费者冰箱/冷冻室内的存储时间

在消费者冰箱和冷冻室内估计的存储时间建立在一个小型调查上，该调查询问消费者非代表性样品熟肉制品和热狗存储的平均时间，以及消费者的其他非代表性样品热狗存储的最近时间（见 3.13.3）。需要进行一个消费者代表性样品的调查，以获取所有 RTE 和半熟食品产品的存储时间分布。

在不同条件下发芽的 A 类、cpe-阳性芽胞组分

加热后发芽的产气荚膜梭菌芽胞组分随着加热温度、时间和芽胞菌系变化很大。对温度、时间和菌株变化、或加工条件所知甚少，因而无法对基于加工条件的即食或半熟食品的加工过程中发芽的 A 类、cpe-阳性芽胞组分进行预测。在当前近似不可能确切预测出在温和条件或是不同低温下存储阶段中的发芽组分（见 3.9）。需要对 A 类、cpe-阳性菌株进行试验，最好是在田野条件下，以便对这一组分获取可靠的数据。另外，这类研究需要进行二次加热来评估在第一次热处理存活后在第二次热处理中发芽的芽胞组分。在原产品和香料中发现的 A 类、cpe-阳性产气荚膜梭菌之间的原始差异也需要做出解释说明。

对含亚硝酸盐和盐的食品生长率变化的量化估计

含亚硝酸盐和盐的产气荚膜梭菌浓度的生长率变化还没有很好地绘制出来，特别是食品基质，仅仅是可以用的未加工的临界值（见 3.11.5.2）。特别是，盐和亚硝酸盐对温度范围增长的影响是未知的。在食品基质中使用不同的亚硝酸盐和盐浓度的因素性试验可以提供大量的信息。

更多产气荚膜梭菌菌株和更多食品基质中的生长率试验

目前对产气荚膜梭菌的生长率估计取决于对很少菌株的测量，典型的是选择这些快速生长的（大体上见 3.11，特别细节见 3.11.4）。需要对产气荚膜梭菌 A 类、cpe-阳性的一些菌株进行生长率和温度依赖试验。类似地，生长率估算仅仅适用于很少的食品基质。肉含量的变化对生长率和它的温度依赖性的影响需要估算出来。

参 考 文 献

21CFR114. Acidified foods. Code of Federal Regulations. Title 21, Volume 2, Chapter 1, Part 114.

Ahmed, M., and Walker, H.W. (1971). Germination of spores of *Clostridium perfringens*. *J. Milk Food Technol.* 34:378–384.

Alzamora, S.M., and Chirife, J. (1983). The water activity of canned foods. *Journal of Food Science* 48:1385–1387.

American Meat Institute (2001). Consumer handling of RTE meats. (unpublished data submitted to Docket No. 99N-1168). Copies available in the public docket. FDA Docket No 99N-1168: Food and Drug Administration, Dockets Management Branch (HFA-305), 5630 Fishers Lane, Room 1061, Rockville, MD 20852 and in the FSIS Docket No 00-048N: FSIS Docket Clerk, U.S. Department of Agriculture, Food Safety and Inspection Service, Room 102, Cotton Annex, 300 12th Street, SW., Washington, DC 20250-3700.

Araujo, M., Sueiro, R.A., Gomez, M.J., and Garrido, M.J. (2001). Evaluation of fluorogenic TSC agar for recovering *Clostridium perfringens* in groundwater samples. *Water Sci. Technol.* 43:201–204.

Audits International/FDA (1999). 1999 U.S. Food Temperature Evaluation. Database and study summary available at the Food Safety Risk Analysis Clearinghouse, http://www.foodriskclearinghouse.umd.edu/audits_international.htm (Accessed 3/4/2004).

Audits International (2000). Home food safety study. http://www.audits.com/2000HFS.html (at 3/4/2004, this link did not resolve. No other links could be located. Contacted Food Risk Clearing House and confirmed URL no longer functioning.)

Baird-Parker, A.C., and Freame, B. (1967). Combined effect of water activity, pH and temperature on the growth of inocula. *J. Appl. Bacteriol.* 30:420–429.

Barnes, E.M., Despaul, J.E., and Ingram, M. (1963). The behaviour of a food poisoning strain of *Clostridium welchii* in beef. *J. Appl. Bacteriol.* 26:415–427.

Bauer, F.T., Carpenter, J.A., and Reagan, J.O. (1981). Prevalence of *Clostridium perfringens* in pork during processing. *J. Food. Prot.* 44:279–283.

Baxter, R., and Holzapfel, W.H. (1982). A microbial investigation of selected spices, herbs, and additives in South Africa. *J. Food Science* 47:570–574, 578.

Bean, N.H., and Griffin, P.M. (1990). Foodborne disease outbreaks in the United States, 1973–1987: Pathogens, Vehicles, and Trends. *J. Food Protection* 53(9) 804–817.

Boyd, R.F., and Hoerl, B.G. (1991). *Basic Medical Microbiology, 4th ed.* Little, Brown, and Company. Boston. pp. 437–454.

Canada, J.C., Strong, D.H., and Scott, L.G. (1964). Response of *Clostridium perfringens* spores and vegetative cells to temperature variation. *Appl. Microbiol.* 12:273–276.

Candlish, A.A.G., Pearson, S.M., Aidoo, K.E., Smith, J.E., Kelly, B., and Irvine, H. (2001). A survey of ethnic foods for microbial quality and aflatoxin content. *Food Addit. Contam.* 18:129–136.

Cates, S.C., Cignetti C., and Kosa, K.M. (2002). *Consumer research on food safety labeling features for the development of responsive labeling policy: Volume 1, Final report.* Research Triangle Institute. Research Triangle Park, NC.

CDC (Centers for Disease Control and Prevention) (1996). *Surveillance for Foodborne-Disease Outbreaks — United States, 1988–1992.* Morbidity and Mortality Weekly Report, CDC Surveillance Summaries, October 25, 1996. MMWR 45, No. SS-5. Available via http://www.cdc.gov/mmwr/PDF/ss/ss4505.pdf (accessed 2/28/2005).

CDC (Centers for Disease Control and Prevention) (2000). *Surveillance for Foodborne-Disease Outbreaks — United States, 1993–1997.* Morbidity and Mortality Weekly Report, CDC Surveillance Summaries, March 17, 2000. MMWR 49, No. SS-1. Available via http://www.cdc.gov/mmwr/sursumpv.html (accessed 3/26/2004).

CDC (Centers for Disease Control and Prevention) (2002). U.S. foodborne disease outbreaks. http://www.cdc.gov/foodborneoutbreaks/us_outb.htm. Originally accessed 2002, at which time data had been published to 1999. (Accessed 3/4/2004 to determine currency of link).

Chirife, J., and Ferro Fontan, C. (1982). The water activity of fresh foods. *J. Food Sci.* 47:661.

Coleman, M.E., Sandberg, S., and Anderson, S.A. (2003). Impact of microbial ecology of meat and poultry products on predictions from exposure assessment scenarios for refrigerated storage. *Risk Anal.* 23:215–28.

Craven, S.E. (1980). Growth and sporulation of *Clostridium perfringens* in foods. *Food Technology* 34:80–87, 95.

Craven, S.E., Blankenship, L.C., and McDonel, J.L. (1981). Relationship of sporulation, enterotoxin formation, and spoilage during growth of *Clostridium perfringens* type A in cooked chicken. *Applied and Environmental Microbiology* 41(5):1184–1191.

Craven, S.E., Blankenship, L.C. (1985). Activation and injury of *Clostridium perfringens* spores by alcohols. *Appl. Environ. Microbiol.* 50(2):249–56.

Craven, S.E. (1988). Activation of *Clostridium perfringens* spores under conditions that disrupt hydrophobic interactions of biological macromolecules. *Appl. Environ. Microbiol.* 54(8): 2042–8.

Cravitz, L., and Gillmore, J.D. (1946). The role of *Clostridium perfringens* in human food poisoning. Naval Medical Research Institute. National Naval Medical Center. Bethesda, MD.

Crouch, E.A.C., and Spiegelman, D. (1990). The evaluation of integrals of the form $\int_{-\infty}^{\infty} f(t)\exp\left(-t^2\right)dt$: Application to logistic-normal models. *J. Am. Statistical Assoc.* 85:464–469.

Cunnane, C. (1978). Unbiased plotting positions — a review. *J. Hydrology* 37:205–222.

Dack, G.M., Sugiyama, H., Owens, F.J., and Kirsner, J.B. (1954). Failure to produce illness in human volunteers fed *Bacillus cereus* and *Clostridium perfringens*. *J. Infect. Dis.* 94:34.

Daube, G., Simon, P., Limbourg, B., Manteca, C., Mainil, J., and Kaeckenbeeck, A. (1996). Hybridization of 2,659 *Clostridium perfringens* isolates with gene probes for seven toxins (alpha, beta, epsilon, iota, theta, mu, and enterotoxin) and for sialidase. *Am. J. Vet. Res.* 57:496–501.

de Jong, A.E.I., Eijhusen, G.P., Brouwer-Post, E.J.F., *et al.* (2003). Comparison of media for enumeration of *Clostridium perfringens* from foods. *Journal of Microbiological Methods* 54:359–366.

DeBoer, E., Spiegelenberg, W., and Janssen, F. (1985). Microbiology of spices and herbs. *Ant. Van. Leeuw.* 51:435–438.

DeWaal, C.S., Barlow, K., Alderton, L., and Jacobson, M.F. (2001). Outbreak alert: Closing the gaps in our federal food-safety net. Center for Science in the Public Interest. Updated and revised — October, 2001. Updates to September 2002 and March 2004 are also available. All are available from http://www.cspinet.org/reports/index.html (Accessed 7/21/2005).

Dische, F.E., and Elek, S.D. (1957). Experimental food-poisoning by *Clostridium welchii*. *Lancet* 2:71–74.

Duncan, C.L., and Strong, D.H. (1968). Improved medium for sporulation of *Clostridium perfringens*. *Appl. Microbiol.* 16:82–89.

Duncan, C., and Strong, D. (1969a). Experimental production of diarrhea in rabbits with *Clostridium perfringens*. *Can. J. Microbiol.* 15:765–770.

Duncan, C., and Strong, D. (1969b). Illeal loop fluid accumulation and production of diarrhea in rabbits by *Clostridium perfringens*. *J. Bacteriol*. 100:86–94.

Duncan, C., and Strong, D. (1971). *Clostridium perfringens* type A food poisoning I. Response of the rabbit ileum as an indication of enteropathogenicity of strains of *Clostridium perfringens* in monkeys. *Infect. Immun*. 3:167–170.

Eisgruber, H., and Reuter, G. (1987). Anaerobic spore formers in commercial spices and ingredients for infant food. *Z. Lebensm. Unters Forsch*. 185:281–287. German.

FDA (Food and Drug Administration) (1992). *The Bad Bug Book*. Center for Food Safety and Applied Nutrition. Available at http://www.cfsan.fda.gov/~mow/intro.html.

FDA (1997). Food Code. U. S. Department of Health and Human Services, Public Health Service, Food and Drug Administration, Washington, DC 20204. Available at http://vm.cfsan.fda.gov/~dms/foodcode.html (Accessed 3/3/2004 to verify link).

FDA (2000). Report of the FDA Retail Food Program Database of Foodborne Illness Risk Factors. Prepared by the FDA Retail Food Program Steering Committee. August 10, 2000. Raw data from this report was provided by the FDA to B.S. Eblen by personal communication, February 10, 2003.

FDA/FSIS (2003). *Quantitative Assessment of the Relative Risk to Public Health from Foodborne Listeria monocytogenes Among Selected Categories of Ready-to-Eat Foods*. Center for Food Safety and Applied Nutrition, Food and Drug Administration, USDHHS; and Food Safety and Inspection Service, USDA. September 2003. Available from http://www.foodsafety.gov/~dms/lmr2-toc.html (Link accessed 3/3/2004).

Foster, J., Fowler, J., and Ladiges, E. (1977). A bacteriological study of raw ground beef. *J. Food Prot*. 40:790–795.

FSIS (Food Safety and Inspection Service) (1999). Microbiological Hazard Identification Guide for Meat and Poultry Components of Products produced by very small plants. http://www.fsis.usda.gov/OA/haccp/hidguide.htm.

FSIS (Food Safety and Inspection Service) (2001). Performance standards for the production of processed meat and poultry products. Proposed rule. 66FR39:12590–12636. February 27.

FSIS (Food Safety and Inspection Service) (2003). *Clostridium perfringens* Spores in Raw Ground Beef Study. Unpublished data. (Available in the Docket).

Gibson, A.M., and Roberts, T.A (1986). The effect of pH, sodium chloride, sodium nitrite and storage temperature on the growth of *Clostridium perfringens* and faecal *Streptococci* in laboratory media. *International Journal of Food Microbiology* 3:195–210.

Gough, B.J., and Alfred, J.A. (1965). Effect of curing agents on the growth and survival of food-poisoning strains of *Clostridium perfringens*. *Journal of Food Science* 30:1025–1028.

Gould, G.W. (1969). Germination. In: G.W. Gould and A. Hurst, eds., *The Bacterial Spore*. London: Academic Press, Ltd., p. 397–444.

Greenberg, R.A., Tompkin, R.B., Bladel, B.O., Kittaka, R.S., and Anellis, A. (1966). Incidence of mesophilic *Clostridium* spores in raw pork, beef, and chicken in processing plants in the United States and Canada. *Applied Microbiology* 14(5):789–793.

Haas, C.N. (1983). Estimation of risk due to low doses of microorganisms: A comparison of alternative methodologies. *American Journal of Epidemiology* 118(4):573–582.

Hall, H.E., Angelotti, R., Lewis, K.H., and Lewis, J.W. (1963). Characteristic of *Clostridium perfringens* strains associated with food and food-borne disease. *J. Bacteriol.* 85:1094–1103.

Hall, H.E., and Angelotti, R. (1965). *Clostridium perfringens* in meat and meat products. *Appl. Microbiol.* 13:352.

Hallerbach, C.M., and Potter, N.N. (1981). Effects of nitrite and sorbate on bacterial populations in frankfurters and thuringer cervelat. *Journal of Food Protection* 44:341–346.

Hauschild, A., and Thatcher, F. (1967). Experimental food poisoning with heat-susceptible *Clostridium perfringens* type A. *J. Food Sci.* 32:467–471.

Hauschild, A.H.W., and Hilsheimer, R. (1974). Enumeration of food-borne *Clostridium perfringens* in egg yolk-free tryptose-sulfite-cycloserine agar. *Applied Microbiology* 27(3):521–526.

Hauschild, A.H. (1975). Criteria and procedures for implicating *Clostridium perfringens* in food-borne outbreaks. *Can. J. Public Health* 66(5):388–92.

Hintlian, C.B., and Hotchkiss, J.H. (1987). Comparative growth of spoilage and pathogenic organisms on modified atmosphere package cooked beef. *J. Food Protect.* 50:218.

Hobbs, B.C., Smith, M., Oakley, C., Warrack, G., and Cruickshank, J. (1953). *Clostridium welchii* food poisoning. *J. Hyg.* 51:75–101.

Hobbs, B.C., and Wilson, J.G. (1959). Contamination of wholesale meat supplies with *Salmonella* and heat-resistant *Clostridium welchii*. *Monthly Bull. Min. Health Public Health Lab Ser.* 18:198–206.

Hobbs, B.C. (1962). *Staphylococcal* and *Clostridium welchii* food poisoning. *Food Poisoning Symposium*. London. Royal Society of Health. pp. 49–59.

Hobbs, B. C. (1979). *Clostridium perfringens* gastroenteritis. In: H. Riemann and F. L. Bryan, eds., *Food-borne Infections and Intoxications*, 2nd ed. New York: Academic Press, p. 131–167.

Holley, R.A., Lammerding, A.M., and Tittiger, F. (1988). Microbiological safety of traditional and starter-mediated processes for the manufacture if Italian dry sausage. *International Journal of Food Microbiology* 7:49–62.

Huang, L. (2003). Dynamic computer simulation of *Clostridium perfringens* growth in cooked ground beef. *International Journal of Food Microbiology* 2716:1–11.

Huang, L. (2004). Numerical analysis of microbial growth in foods under isothermal and dynamic conditions. *J. Food Safety*, accepted for publication.

Juneja, V.K., Whiting, R.C., Marks, H.M., and Snyder, O.P. (1991). Predictive model for growth of *Clostridium perfringens* at temperatures applicable to cooling of cooked meat. *Food Microbiology* 16:335–349.

Juneja, V.K., Marmer, B.S., and Miller, A.J. (1994a). Growth and sporulation potential of *Clostridium perfringens* in aerobic and vacuum-packaged cooked beef. *J. Food Protect.* 57:393–398.

Juneja, V.K., Call, J.E., Marmer, B.S., and Miller, A.J. (1994b). The effect of temperature abuse on *Clostridium perfringens* in cooked turkey stored under air and vacuum. *Food Microbiol.* 11:187–193.

Juneja, V.K., and Majka, W.M. (1995). Outgrowth of *Clostridium perfringens* spores in cook-in-bag beef products. *Journal of Food Safety* 15:21–34.

Juneja, V.K., and Marmer, B.S. (1996a). Growth of *Clostridium perfringens* from spore inocula in sous-vide turkey products. *International Journal of Food Microbiology* 32:115–123.

Juneja, V.K., Marmer, B.S., Phillips, J.G., and Palumbo, S.A. (1996b). Interactive effects of temperature, initial pH, sodium chloride, and sodium pyrophosphate on the growth kinetics of *Clostridium perfringens*. *J. Food Protect.* 59:963–968.

Juneja, V.K., and Marmer, B.S. (1998). Thermal inactivation of *Clostridium perfringens* vegetative cells in ground beef and turkey as affected by sodium pyrophosphate. *Food Microbiol.* 15:281–287.

Juneja, V.K., and Marks, H.H. (1999). Proteolytic *Clostridium botulinum* growth at 12–48 °C simulating the cooling of cooked meat: development of a predictive model. *Food Microbiology* 16:583–592.

Junega, V.K., Whiting, R.C., Marks, H.M., and Snyder, O.P. (1999). Predictive model for growth of *Clostridium perfringens* at temperatures applicable to cooling of cooked meat. *Food Microbiology* 16:335–349.

Juneja, V.K., Novak, J.S., Marks, H.M., and Gombas, D.E. (2001). Growth of *Clostridium perfringens* from spore inocula in cooked cured beef: Development of a predictive model. *Innovative Food Science and Emerging Technologies* 2:289–301.

Juneja, V.K., and Marks, H.M. (2002). Predictive model for growth of *Clostridium perfringens* during cooling of cooked cured chicken. *Food Microbiology* 19:313–317.

Kalinowski, R.M., Tompkin, R.B., Bodnaruk, P.W., and Pruett, W.P. (2003). Impact of cooking, cooling and subsequent refrigeration on the growth or survival of *Clostridium perfringens* in cooked meat and poultry products. *J. Food Protection* 66:1227–1232.

Kang, C.K., Woodburn, M., Pagenkopf, A., and Cheney, R. (1969). Growth, sporulation, and germination of *Clostridium perfringens* in media of controlled water activity. *Applied Microbiology* 18:798–805.

Kneifel, W., and Berger, E. (1994). Microbiological criteria of random samples of spices and herbs retailed on the Austrian market. *Journal of Food Protection* 57:893–901.

Kokai-Kun, J.F., Songer, J.G., Czeczulin, J.R., Chen, F., and McClane, B.A. (1994). Comparison of Western immunoblots and gene detection assays for identification of potentially enterotoxigenic isolates of *Clostridium perfringens*. *J. Clin. Microbiol.* 32:2533–9.

Krishnaswamy, M.A., Patel, J.D., and Parthasarathy, N. 1971. Enumeration of micro-organisms in spices and spice mixtures. J. Food Sci. Technol. 8:191–194

Labbe, R., and Duncan, C.L. (1970). Growth from spores of *Clostridium perfringens* in the presence of sodium nitrite. *Appl. Microbiol.* 19:353–9.

Labbe, R.G. (1989). *Clostridium perfringens*. In: M. P. Doyle, ed., *Foodborne Bacterial Pathogens*. New York: Marcel Dekker, p. 192–234.

Ladiges, W.C., Foster, J.F., and Ganz, W.M. (1974). Incidence and viability of *Clostridium perfringens* in ground beef. *J. Milk Food Technol.* 37(12):622–623.

Leder, I.G. (1972). Interrelated Effects of Cold Shock and Osmotic Pressure on the Permeability of the *Escherichia coli* Membrane to Permease Accumulated Substrates. *J. Bacteriol.* 111:211–219

Lee, M.B., and Styliadis, S. (1996). A survey of pH and water activity levels in processed salamis and sausages in Metro Toronto. *Journal of Food Protection* 59:1007–1010.

Leitão, M.F.de F., Delazari, I., and Mazzoni, H. (1974). Microbiologia de alimentos desidratados. Coletanea do Instituto de Tecnologia de Alimentos 5:223-241.

Lukinmaa, S., Takkunen, E., and Siitonen, A. (2002). Molecular epidemiology of *Clostridium perfringens* related to food-borne outbreaks of disease in Finland from 1984 to 1999. *Applied and Environmental Microbiology* 68:3744–3749.

Masson, A (1978). La qualité hygiénique des épices. *Trav. chim. aliment. hyg.* 69:544–549.

McClane, B.A., and Strouse, R.J. (1984). Rapid detection of *Clostridium perfringens* type A enterotoxin by enzyme-linked immunosorbent assay. *J. Clin. Microbiol.* 19:112–115.

McClane, B.A. (1992). *Clostridium perfringens* enterotoxin: Structure, action, and detection. *Journal of Food Safety* 12:237–252.

McClane, B.A. (2001). *Clostridium perfringens*. In: Doyle, M.P., Beuchat, L.R., and Montville, T.J., ed., *Food Microbiology: Fundamentals and Frontiers*, 2nd ed. Washington, D.C.: ASM Press, p. 351–372.

McKillop E.J. (1959). Bacterial contamination of hospital food with special reference to *Clostridium welchii* food poisoning. *J. Hyg.* 57:30.

Mead, G.C. (1969). Combined effect of salt concentration and redox potential of the medium on the initiation of vegetative growth by *Clostridium welchii*. *Journal of Applied Bacteriology* 32:468–475.

Mead, P.S., Slutsker, L., Dietz, V., McCaig, L.F., Bresee, J.S., Shapiro, C., Griffin, P.M., and Tauxe, R.V. (1999). Food-related illness and death in the United States. *Emerg. Infect. Dis.* 5:607–625.

Miwa, N., Masuda, T., Terai, K., Kawamura, A., Otani, K., and Miyamoto, H. (1999). Bacteriological investigation of an outbreak of Clostridium perfringens food poisoning caused by Japanese food without animal protein. *International Journal of Food Microbiology* 49:103–106.

Mundt, J.O., Mayhew, C.J., and Stewart, G. (1954). Germination of Spores in Meats during Cure. *Food Technol.* 8:435–436.

Neut, C., Pathak, J., Romond, C., and Beerens, H. (1985). Rapid detection of *Clostridium perfringens*: Comparison of lactose sulfite broth with tryptose-sulfite-cycloserine agar. *J. Assoc. Off. Anal. Chem.* 68:881–883.

Niilo L. (1973). Antigenic homogeneity of enterotoxin from different agglutinating serotypes of *Clostridium perfringens*. *Can. J. Microbiol.* 19:521–524.

Pafumi, J. (1986). Assessment of microbiological quality of spices and herbs. *J. Food Protect.* 49:958–963.

Paradis, D.C., and Stiles, M.E. (1978). Food poisoning potential of pathogens inoculated onto bologna in sandwiches. *Journal of Food Protection* 41:953–956.

Perigo, J.A., and Roberts, T.A. (1968). Inhibition of *Clostridia* by nitrate. *J. Food. Technol.* 39:91.

Powers, E., Lawyer, R., and Masuoka, Y. (1975). Microbiology of processed spices. *J. Milk Food Technol.* 39(11):683–687.

Pin, C., and Baranyi, J. (1998). Predictive models as means to quantify the interactions of spoilage organisms. *International Journal of Food Microbiology* 41:59–72.

PROFILE® ShowCase (2002). By Sales Partner Systems. At http://profileshowcase.foodprofile.com/internetshowcase/default_sman.htm (Accessed 12/2002. Link accessed 3/3/2004).

Raj, H., and Liston, J. (1961). Survival of bacteria of public health significance in frozen sea foods. *Food Tech.* 15:429.

Ray, B. (1996). Fresh and ready-to-eat meat products. In *Fundamental Food Microbiology*. CRC Press Inc. pp. 214–218.

Ridell, J., Björkroth, J., Eisgrüber, H., Schalch, B., Stolle, A., and Korkeala, H. (1998). Prevalence of the enterotoxin gene and clonality of *Clostridium perfringens* strains associated with food-poisoning outbreaks. *J. Food Prot.* 61:240–243.

Riha, W.E., and Solberg, M. (1973). The instability of sodium nitrite in a chemically defined microbiological medium. *J. Food Sci.* 38:1.

Riha, W.E., and Solberg, M. (1975). *Clostridium perfringens* growth in a nitrite contaminating defined medium sterilized by heat or filtration. *J. Food Sci.* 40:443–445.

Roberts, T. (1968). Heat and radiation resistance and activation of spore of *Clostridium welchii*. *J. Appl. Bacteriol.* 31:133–144.

Roberts, T.A., and Derrick, C.M. (1978). The effect of curing salts on the growth of *Clostridium perfringens* (*welchii*) in laboratory medium. *Journal of Food Technology* 13:349–353.

Rodriguez-Romo, L.A., Heredia, N.L., Labbe, R.G., and Garcia-Alvarado, J.S. (1998). Detection of enterotoxigenic *Clostridium perfringens* in spices used in Mexico by dot blotting using a DNA probe. *J. Food Prot.* 61:201–204.

Ross, T., and McMeekin, T.A. (2003). Modeling microbial growth within food safety risk assessments. *Risk Anal*. 23:179–97.

Roy, R.J., Busta, F.F., and Thompson, D.R. (1981). Thermal inactivation of *Clostridium perfringens* after growth in several constant and linearly rising temperatures. *J. Food. Sci*. 46:1586–1591.

Sarker, M.R, Shivers, R.P., Sparks, S.G., Juneja, V.K., and McClane, B.A. (2000). Comparative experiments to examine the effects of heating on vegetative cells and spores of *Clostridium perfringens* isolates carrying plasmid genes versus chromosomal enterotoxin genes. *Appl. Environ. Microbiol*. 66:3234–3240.

Sherman, S., Klein, E., and McClane, B.A. (1994). *Clostridium perfringens* type A enterotoxin induces concurrent development of tissue damage and fluid accumulation in the rabbit ileum. *J. Diarrheal Dis. Res*. 12:200–207.

Skjelkvale, R., and Uemura, T. (1977a). Experimental diarrhoea in human volunteers following oral administration of *Clostridium perfringens* enterotoxin. *J. Appl. Bacteriol*. 43:281–286.

Skjelkvale, R., and Uemura, T. (1977b). Detection of enterotoxin in feces and anti-enterotoxin in serum after *Clostridium perfringens* food-poisoning. *J. Appl. Bacteriol*. 42:355–363.

Skjelkvale, R., Stringer, M.F., Smart, J.L. (1979). Enterotoxin production by lecithinase-positive and lecithinase-negative *Clostridium perfringens* isolated from food poisoning outbreaks and other sources. *J. Appl. Bacteriol*. 47:329–339.

Smith, A.M., Evans, D.A., and Buck, E.M. (1981). Growth and survival of *Clostridium perfringens* in rare beef prepared in a water bath. *J. Food Protect*. 44:9–14.

Smith, L.D.S. *Clostridium perfringens* food poisoning (1963). In: S.O. Slanetz, C.O. Chichester, A.R. Gaufin, and Z.J. Ordal, eds., *Microbiological Quality of Foods*. New York: Academic Press, p. 77–83.

Solberg, M., and Elkind, B. (1970). Effect of processing and storage conditions on the microflora of *Clostridium perfringens*–inoculated frankfurters. *Journal of Food Science* 35:126–129.

Songer, J.G., and Meer, R.M. (1996). Genotyping of *Clostridium perfringens* by PCR is a useful adjunct to diagnosis of clostridial enteric disease in animals. *Anaerobe* 2:197–203.

Stiles, M.E., and Ng, L.K. (1979). Fate of pathogens inoculated onto vacuum-packed sliced hams to stimulate contamination during packaging. *J. Food Prot*. 42:464.

Strong, D.H., Canada, J.C., and Griffiths, B.B. (1963). Incidence of *Clostridium perfringens* in American foods. *Appl. Microbiol*. 11:42–44.

Strong, D.H., and Canada, J.C. (1964). Survival of *Clostridium perfringens* in frozen chicken gravy. *J. Food Sci.* 29:479.

Strong, D.H., Weiss, K.F., and Higgins, L.W. (1966). Survival of *Clostridium perfringens* in starch pastes. *J. Amer Diet Ass.* 49:191.

Strong, D.H., Foster, E.F., and Duncan, C.L. (1970). Influence of water activity on the growth of *Clostridium perfringens*. *Applied Microbiology* 19:980–987.

Strong, D., Duncan, C., and Perna, G. (1971). *Clostridium perfringens* type A food poisoning II. Response of the rabbit ileum as an indication of enteropathogenicity of strains of *Clostridium perfringens* in human beings. *Infect. Immun.* 3:171–178.

Taormina, P.J., Bartholomew, G.W., and Dorsa, W.J. (2003). Incidence of *Clostridium perfringens* in commercially produced cured raw meat product mixtures and behavior in cooked products during chilling and refrigerated storage. *J. Food Prot.* 66:72–81.

Traci, P.A., and Duncan, C.L. (1974). Cold shock lethality and injury in *Clostridium perfringens*. *Appl. Microbiol.* 28:815–821.

Tsai, C.C., and Riemann, H.P. (1974). Relation of enterotoxigenic *Clostridium perfringens* type A to food poisoning I. Effect of heat activation on the germination, sporulation and enterotoxigenesis of *C. perfringens*. *J. Formosan Med. Assoc.* 73(11):653–9.

U.S. Census Bureau (2003). Census estimates on-line at http://www.census.gov/.

USDA (1999). Performance Standards for the Production of Certain Meat and Poultry Products. 64FR732–749. FSIS Docket No. 95-033F. Available at http://www.fsis.usda.gov/OPPDE/RDAD/FinalRules99.htm. (Accessed 3/3/2004).

USDA (2000). Continuing survey of food intakes by individuals (CSFII) 1994–96, 1998. Agricultural Research Service. CD-ROM.

USDA/FSIS (1992–1996). *Nationwide Beef Microbiological Baseline Data Collection Program: Steers and Heifers (October 1992–September 1993)*, January 1994; *Nationwide Beef Microbiological Baseline Data Collection Program: Cows and Bulls (December 1993–November 1994)*, February 1996; *Nationwide Federal Plant Raw Ground Beef Microbiological Survey (August 1993–March 1994)*, April 1996. *National Pork Microbiological Baseline Data Collection Program: Market Hogs (April 1995–March 1996)*, June 1996. *Nationwide Raw Ground Chicken Microbiological Survey*, May 1996. *Nationwide Raw Ground Turkey Microbiological Survey*, May 1996. United States Department of Agriculture, Food Safety Inspection Service, Science and Technology, Microbiology Division. Available from http://www.fsis.usda.gov/OPHS/baseline/contents.htm (accessed 3/3/2004).

van Damme-Jongsten, M., Rodhouse, M.J., Gilbert, R.J., and Notermans, S. (1990). Synthetic DNA probes for detection of enterotoxigenic *Clostridium perfringens* strains isolated from outbreaks of food poisoning. *J. Clin. Microbiol.* 28:131–133.

Vareltzis, K., Buck, E.M., and Labbe, R.G. (1984). Effectiveness of a betalains/potassium sorbate system versus sodium nitrite for color development and control of total aerobes, *Clostridium perfringens* and *Clostridium sporogenes* in chicken frankfurters. *Journal of Food Protection* 47:532–536.

Weadon, D.B. (1961). A technique for the isolation of heat-resistant *Cl. Welchii* from meat. *J. Med. Lab. Technol.* 18:114–116.

Williams, O.S., and Purnell, H.G. (1953). Spore germination, growth and spore formation by *Clostridium botulinum* in relation to the water content of the substrate. *Food. Res.* 18:35–39.

Wnek, A.P., Strouse, R.J., and McClane, B.A. (1985). Production and characterization of monoclonal antibodies against *Clostridium perfringens* type A enterotoxin. *Infect Immun.* 50:442–448.

Wynne, E.S., and Harrell, K. (1951). Germination of spores of certain *Clostridium* species in the presence of penicillin. *Antibiotics and Chemotherapy* 1:198–202.

Wynne, E.S., Mehl, D.A., and Schmieding, W.R. (1954). Germination of *Clostridium* spores in buffered glucose. *J. Bacteriol.* 67:435–437.

附录 A　美国农业部食品安全检验局产气荚膜梭菌风险评估中用作模型的食物种类

A.1　引言

食品安全检验局（FSIS）提出了一条即食的规则（美国农业部食品安全检验局，2001），其中一部分指出所有的即食产品（加热处理及工业消毒产品除外），以及用来生产部分加热处理产品的加工应满足稳定性能标准（如冷却），以防止产气荚膜梭菌的繁殖。在试图估计这一规则对即食和半熟食物中产气荚膜梭菌引起的食源性疾病发生率的影响的过程中，形成了风险评估。之后的文件顺序地概括了该机构挑选风险评估所用相关食物并将其分组的步骤。

A.2　挑选食物

美国消费食物最具代表性的可用信息来自于个体食物摄取的持续调查［CSFII 1994～1996，1998 年数据库，简称 CSFII（USDA，2000）］。CSFII 是由美国农业部（USDA）农业研究所（ARS）进行的一项调查，最初在 1994～1996 年这 3 年期间进行。在这期间的每一年，在全国范围内抽取居住在美国的非组织人口中的代表样本，并与之联系两次（间隔 3～10 天），询问其在前一天（24h，前一天午夜至当天午夜）所食用的食物。这一为期 3 年的 CSFII 数据集包括了 16 103 个个人的食物及营养摄入，他们提供了至少一天的饮食数据。

1998 年进行的儿童补充调查增补了 1994～1996 年的 CSFII 数据。这一调查是为了响应于 1996 年颁布的食品质量保护法，要求美国农业部提供大量样本儿童的数据以供环境保护署用于估计儿童饮食暴露于农药残留的情况。1998 年的补充调查针对 5559 个年龄在刚出生至 9 岁儿童进行，所得出的摄入数据是对 1994～1996 年针对同样年龄的 4253 个儿童所进行调查收集到摄入数据的一个补充。

CSFII 得出了饮食所涉及的每种食物和饮料数量的描述及估计。每个参与调查的人所消费的每种食物都有一个特定的食物代码和尽可能详细的食物描述（例如，可以是商标名称，或一种特殊的原料，像生胡萝卜、带皮的胴体或任何其他描述短语）。每种食物代码都有一个相关的"食谱"，标明这种食物原料的最佳可用信息，有时还标明烹调及制作方法。但是，值得注意的是 CSFII 的设计目的并不在于获得所食用食物的原料，其设计的主要目的在于估计饮食摄入的营养。CSFII 包含食物钠含量的信息（此处用来推断含盐量），但并不包含任何亚硝酸盐添加剂的信息。

使用 CSFII 的食谱数据库，通过如下程序能够构建一个包含肉类及禽类的食物列表。首先，使用表 A. 1 中规定的搜索词搜索作为食谱数据库①一部分的食谱原料数据集，找到可能含有肉类及禽类的所有原料。

表 A. 1 CSFII 中所有肉类及禽类原料的搜索词[a]

半圆形小酥饼	意大利馄饨	负鼠	羚羊	火腿	山牡蛎
肥猪	（牛、羊）乳房	猪油渣	海狸	犰狳	鹌鹑
柏林香肠	牛排	熊	平胸鸟	牛肉干	斑鸠
大腊肠	水牛	鹿肉	黄鼠狼	zyreicka	猪肠
*德国肉肠	杂交食用牛	鹿	松鼠	玉米肉饼	箭猪
肝脏	野猪类	北美野牛	*汉堡包	鸭肉	pastirma
西班牙辣香肠	马	兔子	肉丸子	奶牛	小馅饼
希腊烤肉	雏鸟	野鸡	sremski	林吉萨香肠	午宴
nem-chua	野味	鸽子	chix	熏肉	意大利熏火腿
五香烟熏牛肉	鸽子	北美驯鹿	意大利蒜味腊肠	腰子	意大利辣香肠
alessandri	apenino	斯雷姆·吉姆肉类	肉（清）汤	basturma	basterna
wiejskha	krakowska	kabanosy	goralska	mysliwsa	kabanosse
white hots	浣熊	驼鹿	脑	肉	kabanossy
猪脚	鸡（鸭）胗	烤肉	drzewnia	法式馅饼	krakowska
火鸡	腌货	家禽	烟熏食物	烧烤	vienna
link	狗	母鸡	维也纳香肠	肉类	鹂鹋
basturmi	肉饼	鸡肉	*法兰克福肠	bf	鸡
鸵鸟	鹅肉	猪	羊肉	牛肉	香肠
风干脖肉	头	小牛肉	法兰克福肠	猪肉	山羊

注：a. 搜索词前的星号表明任一字符串与搜索显示的词相关。

从表 A. 2 所列的条款中搜索获得的配料清单，去除以外的配对（例如，素的熏腌肉、辣根调味品）。亲手检查了第二次搜索中确定的配料，去除了那些无肉或禽类的产品。另外，第一次搜索中包括了食品编码 71401000 和 71401030（分别代表没有指定要保鲜或冷藏的炸薯条和准备冷藏的炸薯条），因为它们可能包含了牛脂肪，但自从用来准备这些食品的脂肪的温度以可以杀死营养细胞和产气荚膜梭菌芽胞的温度为准就不考虑它们了。

表 A. 2 无肉配料的搜索关键词

无肉	环状物	替代物	牡蛎	仿制品
肾脏	肉饼	牛奶	烧烤	面包卷
仿制品	午餐	奶酪	牛排调味品	腌牛肉
小面包	大豆	素食者	椰子	椰子
松仁	调味品	长条	全麦的	茶
香槟	鸡蛋	奶脂层	鹅莓	小麦
替代物	专利	豇豆	鸽嘴豆	鸽嘴豆

① 食谱数据库包括 CSFII 所含有每种不同食物代码的条目，食物代码清单与参与 CSFII 调查者所食用食物的所有不同描述相对应。食谱数据库条目包括食物的原料、数量，以及一些此处用不到的信息。

第二，为了获得包含这些关键词的所有食品编码，第一步中包含的配料清单和 CFSII 的食品说明的数据库进行了合并。然后通过这个食品编码清单搜索单个的食品摄取的数据库，并且汇集了被报告在 CSFII 中至少用过一次的那些数据。检查了没有规定肉类配料特性的有说明的食品编码的食谱数据库，以便确保它们规定恰当，如果恰当就不予考虑。

结果是 1625 个食品编码的清单描述了包含肉类或禽类的食物，以及假定代表了在美国食用的这类食物（附录 B）。

A.3 排除标准

通过排除那些不受既定规则影响的食物，修改了包含 1625 种来自 CSFII 的肉类或禽类食品的清单。这需要从清单中去除生食品（因为既定规则只会影响即食和半熟制品），以及那些包含预计可以阻止产气荚膜梭菌生长的特性或配料的食品，或者是那些好像不会导致源自产气荚膜梭菌的人体疾病的食品（图 A.1）。好像不会导致源自产气荚膜梭菌的人体疾病的商品的食品特性包括：①生产方式是使食品耐存，在这个作为 CFSII 一部分的数据库中，食品说明实际上通常比较简单，除了某些谷类早餐食品、婴儿配方奶粉和糖果。包括了完整的简短的说明。一些品牌的谷类食品的说明包括了名字，附有一个括号，括号里写明了以前用过的名字。单个食品摄取的数据库（CSFII 的一部分，记录类型 30 种）包含了 589 928 个记录。本协议也用到了没有报告使用过的食品。这是因为 CSFII 以前的食品记录中包括了这些食品，因此，数据库中同样建立并

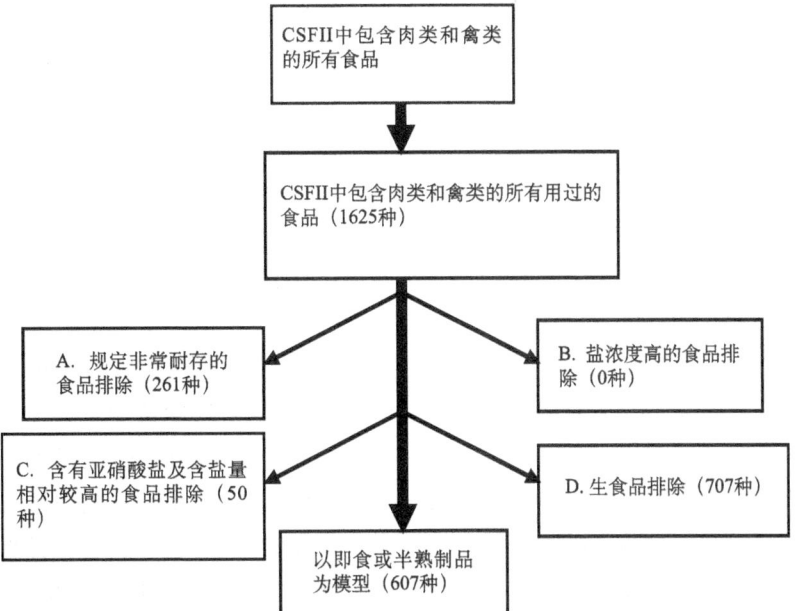

图 A.1 这次风险评估中不予考虑的食品的排除标准

保留了描述这些食品的食品编码，例如，肉干和罐装或瓶装食品。②盐（食盐）含量高（大于 8%）。③含有亚硝酸盐的盐含量相对较高（3%～8%）[1]。通过可利用的食品说明和特性（CSFII 确实包含了食品钠含量的信息，这里用来推断盐的含量，但不能推断亚硝酸盐的浓度），已完成了符合这些排除标准的食品的鉴定。当一种食品被排除后，不久会参考后来的排除标准重新考虑，尽管排除团体之间可能会产生一些重叠。

A. 3. 1　耐存性

在产气荚膜梭菌无生长的情况下可以以室内温度储存的食物不予考虑。食品安全检验局 FSIS 和美国农业部 USDA 规定中的 318.300（u），联邦条例法典 CFR 法令 9，条款 318 下的 G 条对耐存性的定义是"热量应用获得的条件，单独或联合其他配料或处理方法，足够消除食品中的微生物，微生物在无冷冻条件下（超过 50 华氏度或 10℃）能够在食品里生长，在分布和储存过程中打算以这个温度保存食品。"机构习惯上使用这条款，以及和它同义的条款"商业无菌"或"商业上无菌的"。干式食品，包装过程中蒸馏过的食品和罐装食品（例如婴儿食品和腌制产品）都是耐储存的，所以不予考虑，因为它们的制作方法要么消除了所有的产气荚膜梭菌（营养细胞和芽胞），要么正如以下讨论的那样阻止了产气荚膜梭菌的生长。

A. 3. 2　干式食品

包括产气荚膜梭菌在内的细菌的存活和生长都需要水分。食品中缺水的食用性（水中不含盐，碳水化合物，蛋白质或者其他食品成分，因此可以被细菌利用）通过水分活度测量（a_w）。

简而言之，论证产气荚膜梭菌生长的研究最好是在水分活度高的情况下进行，a_w 为 0.97～0.995（Kang 等，1969；Strong 等，1970）。a_w 值更低的情况下，为 0.93～0.965，C 型产气荚膜梭菌的生长率会降低（Kang 等，1969；Strong 等，1970），取决于参数的变化，包括溶解度、菌株、接种体尺寸、pH、温度、氧化还原电位和各种营养物质的存在度（Craven，1980）。

基于这条信息，a_w 值低于 0.93 的食品假定可以阻止产气荚膜梭菌的生长。尽管 CSFII 包括了一些可用作计算或估算 a_w 值的信息，如氨基酸和盐含量，但是单靠这些信息还不能准确地估算 a_w 值。事实上，经验性的测量为食品的 a_w 值提供了可靠的定量，所以通过 CSFII 以外的信息选择了受这次排除影响的食品。一些香肠、意大利香肠、火腿、意大利辣香肠、汤类、干式熏牛肉片产品和干式肉类的 a_w 值都低于这个水平（Alzamora and Chirife，1983；Lee and Styliadis，1996；Holley et al.，1988）。

---

① 联邦条例法典（CFR）法令 9，第三章中条款 424 下的第 21 条陈述了美国农业部对肉类腌制管理规定的限制。成品中的钠或亚硝酸钾含量不能超过百万分之两百（ppm），熏猪肉食品中的含量将停留在更低的水平。

A. 3. 3 蒸馏过的食品

许多罐装或瓶装的商品在蒸馏过后都没有存活的产气荚膜梭菌（营养细胞或芽胞）。蒸馏过的食品是预包装过的（在罐子、瓶子或恰当的袋子里），密封封闭，包装后有一个致死步骤加以处理，包括特定的时间段里（美国农业部食品安全检验局，1999）加热到 240℉（116℃）。蒸馏过程已经经过验证，作为一种加工方法，对生产设备中的芽胞和营养细胞至关重要。由于致死的获得，利用这种方式加工的食品假定没有产气荚膜梭菌细胞或芽胞。

A. 3. 4 未经蒸馏的耐存罐装商品

未经蒸馏的罐装和瓶装食品通常是"热包装"，pH 调到 4.6 或更低。在热包装过程中使用的温度预计可以杀死营养细胞①。这些食品的低 pH 预计可以阻止营养细胞的存活（21CFR114），以及阻止芽胞的发芽和后来的生长（Craven，1988；Ahmed and Walker，1971）。

产气荚膜梭菌生长的 pH 最好为 6～7。预计 pH 小于或等于 5.0，以及大于或等于 8.3 就会限制生长（Hobbs，1979；Labbe，1989）。酸性食品（pH 小于或等于 5.0）通常认为不利于产气荚膜梭菌的生长（McClane，2001）。而且，食品里的酸性因素和其他因素协同作用，例如，抑制产气荚膜梭菌生长的腌制盐的存在度（Labbe，1989）。基于上述利于生长的范围可以合理地假定，pH 小于或等于 5.0 的即食食品，以及半熟肉制品或禽类制品，极其不利于产气荚膜梭菌的生长，所以热包装和 pH 调整过的食品排除在这次风险评估之外。

CSFII 的 1625 种包含肉类和禽类的食品可以通过许多词来搜索（表 A.3），这些词假定与干式、蒸馏过的或罐装食品相称，就上述的原因而言它们被定为限制因素。附录 B 中的前 261 种（从第 1 排到第 261 排）是那些要排除的食品，因为表 A.3 中描述的耐存特性，在排除/类别栏中标注为"ss-c"（耐存-罐装/瓶装）或"ss-d"（耐存-干式）。

表 A. 3 耐存食品的搜索关键词

干式食品		
干的/干	意大利香肠	猪油渣
牛肉	干的	Pastirma
鸭胸肉	发酵的	Basterna
非豆类	硬的	Basturmi

---

① "热包装"的即食食品使用了热过程计划表，包括行业确立的加工机构确定的有效的时间和温度。虽然不知道特定时间和温度，但是由于加工要求细菌引起的致死，那么可以假定它能够杀死产气荚膜梭菌细胞。

干式食品		
火腿	香肠	Basturma
干腌制的	亚力山德里	Jerky
深紫色的	Apenino	烟肉碎
辣椒	夏季的	猪肉皮（炸的）
Westfhalia	发酵的	Proschutto
腿	Slim Jim 肉制品加工厂	Prosciutto
非家禽腿	意大利辣香肠	风干脖肉
肉汤		

罐装或瓶装食品		
汤	调味汁	婴儿
非家传食谱	意大利式面条和肉丸子	罐装或瓶装
非野味肉	肉酱意大利面食	火腿末
非蘑菇	非家传食谱	
	炖汤	
	非家传食谱	牛肉片
维也纳	调味品	罐装牛肉或烤牛肉
罐头猪肉	腌肉的	腌制的

A.3.5　盐

　　每种食品中的盐浓度（食盐）影响产气荚膜梭菌的生长能力。审查公布的鉴定各种研究的作品，研究检查了产气荚膜梭菌在不同盐浓度的生长情况（表 A.4）。

表 A.4　盐对产气荚膜梭菌生长的影响：研究的概述

参考文献	接种体细胞 类型，水平	时间 /天	温度 /℃	盐的百 分比/%	结果[a]
实验室媒质里的测试					
Gough 和 Alford，1965	营养细胞，未知	1	37	4	14/18[b] 良好生长； 14/18 少许生长
				6	1/14 良好生长； 8/14 少许生长
				8	1/18 少许生长
Mead，1969	营养细胞； 2-$\log_{10}$ CFU/g、 7.6-$\log_{10}$ CFU/g	1、14	37	6	1 天：0/4 14 天：4/4
				6	1 天：3/4 14 天：4/4
Roberts 和 Derrick，1978	营养细胞，未知	90	35	6	可见混浊度生长为 11/21
				7	可见混浊度生长为 1/21

续表

参考文献	接种体细胞 类型,水平	时间 /天	温度 /℃	盐的百 分比/%	结果[a]
在食品基质里的测试					
Juneja 和 Majka,1995[b]	芽胞,2.3-$\log_{10}$ CFU/g	0.5	28	3	牛肉里的生长为 2-$\log_{10}$ CFU/g
Juneja 和 Marmer,1996a[b]	芽胞,3-$\log_{10}$CFU/g	0.75	28	3	火鸡里的生长为 2.7-$\log_{10}$ CFU/g

注:a. 以发生生长的样品数量或样品的总数表明了生长的结果,如果没有特别规定,就不用指定生长程度,但是假定开始接种之后有明显的增长。

b. 食品样品包括 0.3% 的焦磷酸钠。

只有盐浓度大于 8% 时生长才基本停止(Gough and Alford,1965)。因此,只有盐浓度至少达到这个程度才考虑消除。利用源自 CSFII 的数据计算每种食品中的盐浓度。CSFII 提供了每种食品钠浓度和使用量的最大值,平均数和最小值;最小值用于排除计算。为计算含盐的百分比,假定一种特殊食品中存在的所有钠为氯化钠。CSFII 中报告的钠的最小克数然后就转化成了盐的克数并且这个数值以克数的最小比例划分。含盐量大于 8% 的食品,依据这个计算,这次风险评估排除后是可以食用的。所有这类商品都不予考虑,因为事实上它们符合耐存的资格。

A.3.6 亚硝酸盐存在的盐

各种肉类食品的储存都要添加亚硝酸盐,主要是亚硝酸钠(NaNO$_2$)或亚硝酸钾(KNO$_2$)的形式。含亚硝酸盐的食品会考虑在食品项目最后清单的排除中。可利用的数据表明亚硝酸盐和食盐对阻止产气荚膜梭菌生长有效,但是,大部分试验都是在温度低于最适合产气荚膜梭菌生长的温度(43℃和47℃)下进行的,而且在温度更高的情况下不能预测产气荚膜梭菌在含盐和亚硝酸盐的食品里的生长。在更高温度下进行的一个研究表明,至少 3% 的食盐和百万分之一百五十六的新进亚硝酸盐的结合体对阻止产气荚膜梭菌生长有效(Kalinowski 等,2003)。由于这个研究中新进亚硝酸盐的含量低于大多食品中允许的最大值(百万分之两百),因此假定知道含亚硝酸盐的食品和 Kalinowski,以及投稿者所用的食品有相似的亚硝酸盐含量。

简介®展示(2002)包括了 696 个生产商和供应商的信息,列出了他们的食品和标签信息。这个数据库用来设立代表含亚硝酸盐食品的搜索关键词清单。从每种食品类型可利用的生产商的食品标签中至少任意选出两个。如果所有检查过的公司里的食品都包含亚硝酸盐,则假定所有相似的食品都包含亚硝酸盐。表 A.6 显示了用来确立哪种食品含亚硝酸盐的搜索关键词。附录 B 中 262~311 排的 50 种食品包含了至少 3% 的食盐和亚硝酸盐,在这次风险评估中不予考虑这些食品。

表 A.5 亚硝酸盐和食盐的结合对产气荚膜梭菌生长的影响：研究的概述

参考文献	食品基质	接种体细胞类型，含量	时间/天	温度/℃	亚硝酸盐（百万分率）	盐（百分比）/%	结果（生长）
Solberg 和 Elkind，1970	牛肉/猪肉腊肠	不清楚；3-log₁₀	3	15	136	2.2	2-$\log_{10}$ 的生长增长
			5	12			无生长
Paradis 和 Stiles，1978	大腊肠	营养细胞；(2~3) - $\log_{10}$ CFU/g	1	30	没有确定准确的亚硝酸盐含量	2.4	无生长
Hallerbach 和 Potter，1981	牛肉/猪肉腊肠	芽胞；(2~3) - $\log_{10}$ CFU/g	3.1	20	140	2.2	无生长
	图林根熏香肠		4		156	2.7	
Vareltzis 等，1984	鸡肉腊肠	芽胞；4.7-$\log_{10}$ CFU/g	9	20	150	2.6	无生长；大约 0.7-$\log_{10}$ CFU/g 的下降
Kalinowski 等，2003	熟制火鸡	芽胞；2-$\log_{10}$ CFU/g	0.25	44.3	156	3.0	无生长；1h 后含量下降到 3CFU/g（检测含量）

a. 新进亚硝酸盐含量

表 A.6 含亚硝酸盐的食品的搜索关键词[a]

卡毕可拉香肠	卡毕可拉香肠	腌制	热狗
熏制	熏制	火腿	冷盘
	猪肉	咸肉	香肠
腌制牛肉	— * 非猪排	—非 w 肉丸	
	—非新鲜的	—非 w 鸡肉	—非新鲜的
五香烟熏牛肉	西班牙辣香肠	意式肉肠	维也纳香肠
玉米肉饼	* 德式香肠	意大利香肠	猪头肉冻
比萨饼（为设立肉类型与食谱数据相互参照）		午餐	本尼迪克特
烟熏肉类食品		* 法兰克福肠	大腊肠

注：a. 标注星号的搜索关键词表示在联结搜索指示词时考虑到的任意字符。

A.3.7 生食品

这次风险评估讨论到的是 RTE 和半熟制品。因此，不予考虑那些假定会生加工的食品。第一，基于这些食品在市场上不能当作 RTE 或半熟制品食品的假定，排除包含异域肉食、有机肉类和野味的食品。第二，排除那些包括索引词的食品，特别是指定为生食品的（例如，熟制的、家传食谱）。第三，基于简介®展示（2002），排除那些通常不能当作 RTE 或半熟制品的食品。表 A.7 中列举了依据这些标准用来鉴定生食品的关键词。

表 A.7 假定原料为生肉的食品的搜索关键词

大脑	头部（非猪头肉冻）	鸵鸟
砂囊	脚（鸡、猪）	肾脏
肝脏	脖子	尾巴
背部	内脏	胃
鸭子	兔子	松鼠
羔羊	山羊	鹌鹑
北美驯鹿	北美野牛	鸽子
鹿肉	平胸类鸟	熊
野鸡	鸸鹋	鹿
排骨（烧烤的）	鸡蛋（肉炒蛋）	盛蛋容器
肉/禽类末	盛蛋容器	牤牛肉
牛排	汉堡	牛尾
咸肉	熟制的[a]	准备的
无增加价值的肉类；列出的有骨头或没骨头的肉类、有皮或没皮的、瘦肉或全部，以及制作方式多样但没有调味汁或配菜的肉类		家制
		家传食谱

注：a. 这些搜索关键词中"熟的"和"未熟的"的明显差别是未熟的是直接确定原料配料，然而 CSFII 数据库（USDA，2000）中熟的通常指示准备食物的原料配料的部分。

附录 B 中的 312~1018 排显示了用以上关键词排除的 707 种食品并且在排除/类别中标注了"R"。

A.3.8 不作为排除标准的因素

除了耐存性之外，被视为食品排除方法的还有含盐量、含食盐的亚硝酸盐、生食品、增加抗菌剂的效果和氧气的可利用性。基于任何许可的抗菌剂的存在或氧气的排除，科学依据的检查，各个产品配方的不同，以及保护这些产品配方不被暴露的事实都阻止了机构排除产气荚膜梭菌生长的可能性。

A.4 食品类别

检查了基于加工方法（附录 B 中 1019~1625 排）排除的 607 种食品的相似性，这些相似性允许了一些串联商品的检查。被视为关联最密切的特征有以下几方面。

（1）含有亚硝酸盐且盐含量为 2.2%~3% 的食品。
（2）食用前不用加热的食品。
（3）加热后即可食用的食品。
（4）食用前需加热但是没必要加工成即食的食品（"加热储存"）。

确定经 CSFII 鉴定的一些食品是否是 RTE 或是否是用原料成分制成是不可能的。在这些例子中，很明显，如果该食品是 RTE，那么因为商业因素它就会被冷却。将此类食品归为上述列举的合适种类并根据被认为是 RTE 的食品百分比相关的因素调整暴露评估中使用的分量。

A. 4. 1　种类 1：含有亚硝酸盐且盐含量为 2. 2%～3% 的食品

亚硝酸盐的影响之前已讨论过。如果食品中含有盐的分量至少为 3% 的亚硝酸盐，那么应将此类食品排除在外。含盐量为 2. 2%～3% 的食品可能抑制产气荚膜梭菌的生长（Solberg and Elkind，1970；Kalinowski et al.，2003），即使可能不是完全抑制。预计这些食品的生长率不同，所以建模时，把它们归为一组。由于可以获得可以冷食的热狗（猪牛肉混合香肠）的成分信息（见 3. 14. 2. 1），依据食品描述进一步把该组分成两个种类：1a（热狗或猪牛肉混合香肠）和 1b。该组食品在附录 B 中使用 D 栏的 "1a" 和 "1b" 标记且包括从 1019～1080 的 62 种食品。

A. 4. 2　种类 2：食用前不用加热的食品

销售 RTE 肉类色拉和三明治时应对其冷却，且附上保持食品冷却并在冷却时食用的说明。另外，加热的肉片很快便会回潮，因此应制成冷片并在冷却时食用。有 32 种来自 CSFII 的食品在食用时不需要再加热，建模时应将这些食品归为一组，以反映顾客的习惯。使用 D 栏中的 "2" 标记这些食品，在附件 B 中的排列顺序为从 1081～1112。

A. 4. 3　种类 3：加热后即可食用的食品

假设 CSFII 报道的 "冷肉" 不是零售食品，那么这些食品就不可能长时间储存在冷却温度下。由食品安全和检验服务（政策和项目开发办公室）标记和顾客保护人员（卡特斯等，2002）进行的焦点组研究表明，顾客认为冷冻主菜和正餐的准备说明 "最有用"。该研究还发现焦点组成员认为这样的准备说明专用于食品，因此顾客在准备冷餐时很可能按照这些说明进行。但是该研究结果属于定性研究结果，在全国范围内并不具有代表性，这就说明顾客不可能乱食用这些食品以促进产气荚膜梭菌孢子发芽和细胞生长。另外，家庭食品安全研究（国际审计，2000）监管食品加工、服务和餐后清理，以及非随机和非代表性组中 115 间家庭厨房对残羹剩菜的处理或储存，在该研究中没有任何家庭加热储存食品（不论合不合理）。

把在家庭内观察到的结果与食品服务部门（即医院、疗养院、学校、全套服务餐厅及快餐店）的类比观察进行比较，发现家庭遵循食物加热储存时间的比例（68%）高于全套服务餐厅遵循食物加热储存时间的比例（37%）。因为在家庭内不进行食物热处理，观察到的温度就只是不合理的冷食储存温度。国际审计认为这是 "符合逻辑的，因为家庭内做的是即食食品而餐厅需要储存食品，这样就增加其违背食物储存时间的可能性。" 如上所述，由国际审计进行的研究在全国范围内并不具有代表性；但是由于缺乏其他的数据资源，这里就使用该观察来对全国范围内的可能特征进行说明。

因为"冷肉"在酒店、餐厅或机构场所中并不常见，在这些地方，最可能对食品进行加热储存（PROFILE© Showcase，2002），并且顾客显然遵循冷食生产商提供的备餐说明，所以在建模时本次风险评估中的所有冷食都被归为"既食前应加热的食品"组的一部分。并调查了了既食食用食品清单。此类食品的主要特征是：如果热度长时间不散，这种食品的质量就有可能下降。使用 D 栏中的"3"标记 CSFII 中作为冷食报道的食品，排列次序为附录 B 中的 1113～1515。

A.4.4 种类 4：热食但没必要加工成即食的食品

在 CDC 研究的 46 例产气荚膜梭菌中，均存在"不合理地加热储存"因素（CDC 2002），因此，加热储存的食品的风险被认为比未经加热储存的食品的风险大。美国食品服务部门向美国农业部食品安全检验局提供了一组通常情况下进行加热处理的食品（附录 C）。对这些食品进行建模，以便将与加热储存相关的时间和温度分布纳入风险评估模型的最终食品准备阶段。清单剩余的部分由 110 种这种类型的食品组成，并使用 D 栏的"4"标记，其排列顺序为附录 B 中的 1516～1625。

A.5 总结

该附录就产气荚膜梭菌风险评估中怎样选择用于建模的食品进行说明。选择步骤如下。
- 按照 CSFII 提供的信息对所有在美国食用的包括肉类或家禽类食品制作清单。
- 排除在该清单上由于食品特征或成分不可能含有任何产气荚膜梭菌或促进产气荚膜梭菌生长的即食食品和半熟食品。排除的食品属于含盐量较高（大于 8%）的罐装食品和含盐量一般（3%～8%）且含有亚硝酸盐的食品。
- 根据 CSFII 规定生售或熟售的食品不予考虑。
- 剩下的食品分成 4 组，在产气荚膜梭菌风险评估中对其进行建模。这些种类是：①含亚硝酸盐且盐含量为 2.2%～3% 的食品；②食用前不需要加热的食品；③加热后即可食用的食品；④热食但没必要加工成即食的食品。

附录 B 食品代码清单

如附录 A 所述，产气荚膜梭菌风险评估中包含肉类和家禽食品。食品标准来源于 1994～1996 年和 1998 年制定的个别消费者食物摄取调查（CSFII）的 12.2 节，即"食品代码和简要描述"。通过专用代码或种类代码及字码，使用食品代码订购。

主代码

风险评估中排除的食品	
排除原因	
ss-d	耐储存的干食品
ss-c	耐储存的罐装食品
N	盐和亚硝酸盐含量大于或等于 3% 的食品
R	生食品
风险评估中所含食品	
种类代码	
种类 1	含亚硝酸盐且盐含量为 2.2%～3% 的食品
a ＝熏猪牛肉香肠（热狗）	
b ＝其他所有食品	
种类 2	食用前不需要加热的食品
（无子代码）	
种类 3	加热后即可食用的食品
a ＝含有酱油和酸性物质的食品	
b ＝半熟食品	
c ＝以墨西哥香料为配料的食品（含较多的孢子）	
d ＝其他所有食品	
种类 4	热食但没必要加工成即食的食品
a ＝含有酱油和酸性物质的食品	
c ＝以墨西哥香料为配料的食品（含较多的孢子）	
d ＝其他所有食品	

次序	食品代码	描述	氯化钠含量/%	专用代码/种类代码子码
1	21602000	生的绞碎牛肉干	8.82	ss-d
2	21602010	熟的绞碎牛肉干	0.14	ss-d
3	21602100	牛肉干	5.62	ss-d
4	22003000	东方式脱水猪肉	1.74	ss-d
5	22311450	意大利熏火腿	6.85	ss-d
6	22709010	炸猪皮	4.67	ss-d
7	22820000	婴儿食用肉串	1.39	ss-d
8	23321900	鹿肉/鹿干	7.44	ss-d
9	24705010	婴儿食用鸡肉串	1.22	ss-d
10	25220120	熏牛肉香肠串	4.29	ss-d
11	25221250	意大利辣味香肠	5.18	ss-d
12	25221520	硬质萨拉米干	4.72	ss-d
13	25221810	图林根香肠	3.16	ss-d
14	27113200	涂上奶油的绞碎牛肉或牛肉干	1.52	ss-d
15	27118130	波多黎各风味的炖牛肉干	5.67	ss-d
16	28310110	（法式）牛肉汤或牛肉清汤	0.83	ss-d
17	28310130	牛肉汤或干牛肉清汤	52.06	ss-d
18	28340110	鸡肉汤或肌肉清汤	0.81	ss-d
19	28340140	鸡肉汤或鸡肉干清汤	47.22	ss-d
20	28520000	中式肉汁或酱油（黄豆酱油，汤料或清汤，玉米淀粉）	1.67	ss-d
21	58163310	风味大米混合料	0.68	ss-d
22	58421000	墨西哥干料汤，NFS	1.11	ss-d
23	58421060	墨西哥干米汤	1.08	ss-d
24	75649050	添加干料的蔬菜汤	1.01	ss-d
25	25221920	维也纳罐装鸡肉香肠	3.48	ss-c
26	20000070	NS 婴儿食用肉，过滤过的或初级 NS 婴儿食用肉	0.15	ss-c
27	21002000	腌制牛肉	2.88	ss-c
28	21401400	罐装烤牛肉	0.15	ss-c
29	21416150	即食的罐装咸牛肉	2.55	ss-c
30	21701010	过滤过的婴儿食用牛肉	0.21	ss-c

31	21701020	初级婴儿食用牛肉	0.17	ss-c
32	22311500	NS 脂肪类的罐装熏火腿或腌火腿	3.24	ss-c
33	22311510	含脂肪的和瘦的罐装熏火腿或腌火腿	3.15	ss-c
34	22311520	瘦的罐装熏火腿或腌火腿	3.19	ss-c
35	22707020	腌猪脚	2.35	ss-c
36	22810010	过滤过的婴儿食用火腿	0.10	ss-c
37	23410010	过滤过的婴儿食用羊肉	0.16	ss-c
38	23420010	过滤过的婴儿食用小牛肉	0.16	ss-c
39	24198540	罐装白肉或罐装黑肉	0.34	ss-c
40	24198550	罐装白肉	0.46	ss-c
41	24198560	罐装黑肉	0.48	ss-c
42	24198570	罐装白肉或罐装黑肉	0.34	ss-c
43	24206000	罐装火鸡	1.19	ss-c
44	24701010	过滤过的婴儿食用鸡肉	0.12	ss-c
45	24701020	初级婴儿食用鸡肉	0.13	ss-c
46	24703000	过滤过的 NS 婴儿食用火鸡或初级 NS 婴儿食用火鸡	0.16	ss-c
47	24703010	过滤过的 NS 婴儿食用火鸡	0.14	ss-c
48	24703020	初级 NS 婴儿食用火鸡	0.18	ss-c
49	24706010	婴儿食用火鸡串	1.23	ss-c
50	25180110	过滤过的婴儿食用牛肝	0.19	ss-c
51	25221910	维也纳罐装香肠	2.42	ss-c
52	25230530	切碎、剁碎、压实、五香及罐装的午餐用火腿和猪肉	3.39	ss-c
53	25230540	切碎、剁碎、压实、五香及罐装的午餐用火腿和猪肉	2.40	ss-c
54	25230550	切碎、剁碎、压实、五香、罐装，以及钠含量降低的午餐用火腿和猪肉	2.40	ss-c
55	25240000	NFS 散装肉或罐装肉	3.27	ss-c
56	25240210	辣味烤火腿或罐装火腿	3.28	ss-c
57	25240310	散装烤牛肉	2.57	ss-c
58	27111300	含番茄酱汁但不含马铃薯的墨西哥炖牛肉（混合料）（carne guisada sin papas）	1.87	ss-c
59	27111310	含番茄酱汁和辣椒但不含马铃薯的墨西哥炖牛肉（cerdo guisada con）	1.41	ss-c

60	27120130	含番茄酱汁但不含马铃薯的墨西哥炖猪肉（混合料）（cerdo guisado sin papas）	1.14	ss-c
61	27211200	含马铃薯的炖牛肉汁	0.07	ss-c
62	27221150	含番茄酱汁和马铃薯的墨西哥炖猪肉（混合料）（cerdo guisado con papas）	1.02	ss-c
63	27311310	含番茄、马铃薯和蔬菜包括胡萝卜、花椰菜和/或绿色菜叶的炖牛肉	0.14	ss-c
64	27311320	含马铃薯和蔬菜但不包括胡萝卜、花椰菜和/或绿色菜叶的炖牛肉	0.62	ss-c
65	27311420	含马铃薯和蔬菜但不包括胡萝卜、花椰菜和/或绿色菜叶的炖牛肉汁	0.61	ss-c
66	27330030	含马铃薯和蔬菜包括胡萝卜、花椰菜和/或绿色菜叶的炖羊肉（包括小羊肉）	1.00	ss-c
67	27330210	含马铃薯和蔬菜包括胡萝卜、花椰菜和/或绿色菜叶的炖羊肉（包括小羊肉）	1.03	ss-c
68	27341310	含马铃薯和蔬菜包括胡萝卜、花椰菜和/或绿色菜叶的炖鸡肉或炖火鸡	0.50	ss-c
69	27341320	含马铃薯和蔬菜但不包括胡萝卜、花椰菜和/或绿色菜叶的炖鸡肉或炖火鸡	0.52	ss-c
70	27341510	含马铃薯和蔬菜包括胡萝卜、花椰菜和/或绿色菜叶的炖鸡肉或炖火鸡	0.23	ss-c
71	27341520	含马铃薯和蔬菜但不包括胡萝卜、花椰菜和/或绿色菜叶的炖鸡肉或炖火鸡	0.63	ss-c
72	27350030	含番茄、马铃薯及蔬菜但不包括胡萝卜、花椰菜和/或绿色菜叶的炖海鲜	1.04	ss-c
73	27350310	含番茄、马铃薯及蔬菜包括胡萝卜、花椰菜和/或绿色菜叶的炖海鲜	1.05	ss-c
74	27360000	炖 NFS	0.58	ss-c
75	27360100	炖 brunswick	0.57	ss-c
76	27430400	含马铃薯和蔬菜包括胡萝卜、花椰菜和/或绿色菜叶的炖羊肉（包括小羊肉）	0.47	ss-c
77	27430410	含马铃薯和蔬菜但不包括胡萝卜、花椰菜和/或绿色菜叶的炖羊肉汁（包括小羊肉汁）	0.96	ss-c
78	27563010	散装或罐装肉类三明治	2.00	ss-c
79	27601000	婴儿食用炖牛肉	0.88	ss-c

80	27610100	过滤过的或初级 NS 婴儿食用牛肉鸡蛋面	0.06	ss-c
81	27610110	过滤过的婴儿食用牛肉鸡蛋面	0.04	ss-c
82	27610120	初级婴儿食用牛肉鸡蛋面	0.04	ss-c
83	27610710	过滤过的含蔬菜的牛肉	0.06	ss-c
84	27610730	含蔬菜的婴儿食用牛肉	0.45	ss-c
85	27640050	过滤过的婴儿食用鸡肉米饭	0.04	ss-c
86	27640100	过滤过的或初级 NS 婴儿食用鸡肉米线	0.13	ss-c
87	27640110	过滤过的婴儿食用鸡肉米线	0.04	ss-c
88	27640120	初级婴儿食用鸡肉米线	0.04	ss-c
89	27640810	婴儿食用蔬菜鸡肉米线	0.47	ss-c
90	27642110	过滤过的婴儿食用蔬菜火鸡米饭	0.04	ss-c
91	27644120	初级婴儿食用蔬菜火鸡米饭	0.04	ss-c
92	27642130	婴儿食用蔬菜火鸡米饭	0.46	ss-c
93	27642310	过滤过的婴儿食用蔬菜火鸡米饭	0.08	ss-c
94	27644110	婴儿食用鸡汤	0.04	ss-c
95	27310120	牛肉清汤或钠含量低的罐装清汤	0.08	ss-c
96	28310210	红辣椒牛肉汤	1.05	ss-c
97	28310220	红辣椒牛肉块汤	0.82	ss-c
98	28310230	肉丸子汤，墨西哥风味（丸子）	0.19	ss-c
99	28310320	牛肉面汤，波多黎各风味（细面条肉汤）	1.16	ss-c
100	28310330	牛肉米线汤，东方风味（越南牛肉汤米粉）	0.69	ss-c
101	28315100	炖土豆牛肉蔬菜汤	0.92	ss-c
102	28315120	炖牛肉块蔬菜面条汤	0.85	ss-c
103	28315130	带米饭的炖牛肉块蔬菜汤	0.85	ss-c
104	28315140	墨西哥风味牛肉蔬菜汤（墨西哥牛肉蔬菜汤）	0.87	ss-c
105	28315150	墨西哥玉米糊肉汤（墨西哥玉米肉汤）	0.51	ss-c
106	28316020	低钠罐装牛肉蘑菇汤	0.06	ss-c
107	28317010	俄式牛肉块蘑菇汤	1.11	ss-c
108	28320110	炖猪肉块米饭汤	0.68	ss-c
109	28320120	炖猪肉块蔬菜面条汤	1.17	ss-c
110	28320130	波多黎各风味火腿土豆米饭汤	0.51	ss-c
111	28320150	土豆炖猪肉蔬菜汤	2.83	ss-c

112	28320300	东方风味的猪肉蔬菜（不包括胡萝卜、西兰花和/或深绿色叶状蔬菜）汤	0.10	ss-c
113	28321130	用水和奶油精制的腌肉汤	1.20	ss-c
114	28340150	墨西哥风味鸡汤高汤	0.48	ss-c
115	28340160	钠较少的罐装鸡汤	0.59	ss-c
116	28340170	低钠罐装鸡汤	0.40	ss-c
117	28340210	波多黎各风味鸡肉米饭汤（鸡肉米饭汤）	1.02	ss-c
118	28340220	波多黎各风味面条土豆鸡汤	0.24	ss-c
119	28340310	秋葵鸡汤	0.99	ss-c
120	28340510	鸡块汤面	0.90	ss-c
121	28340530	鸡汤	1.17	ss-c
122	28340550	糖醋汤	1.42	ss-c
123	28340580	东方风味的蔬菜（西兰花、胡萝卜、芹菜、土豆和洋葱）鸡汤	0.63	ss-c
124	28340610	炖鸡肉或火鸡蔬菜汤	0.90	ss-c
125	28340630	炖鸡肉块蔬菜汤泡饭	0.94	ss-c
126	28340640	炖鸡肉块蔬菜汤面	0.88	ss-c
127	28340670	墨西哥风味蔬菜鸡汤泡饭（蔬菜鸡汤）	0.44	ss-c
128	28340690	土豆奶酪鸡肉块蔬菜汤	1.06	ss-c
129	28340750	酸辣汤	1.63	ss-c
130	28340800	东方风味蔬菜水果鸡汤	0.34	ss-c
131	28345020	牛奶做的低钠罐装奶油鸡汤或火鸡汤	0.52	ss-c
132	28345030	水做的低钠罐装奶油鸡汤或火鸡汤	0.62	ss-c
133	28345110	奶油鸡汤或火鸡汤，未规定用牛奶做还是用水做	1.05	ss-c
134	28345120	用牛奶做的奶油鸡汤或火鸡汤	1.07	ss-c
135	28345130	用水做的奶油鸡汤或火鸡汤	1.03	ss-c
136	28345140	未掺水罐装奶油鸡汤或火鸡汤	2.00	ss-c
137	28345160	牛奶做的奶油蘑菇鸡汤	1.06	ss-c
138	28345170	鸭汤	0.28	ss-c
139	28350050	鱼杂烩浓汤	0.58	ss-c
140	28355210	牛奶做的奶油蟹汤	0.60	ss-c
141	28355350	鲑鱼奶油汤	1.58	ss-c

142	28355450	土豆蔬菜（包括胡萝卜、西兰花和/或深绿色叶状蔬菜）海鲜汤	0.27	ss-c
143	28355460	土豆蔬菜（不包括胡萝卜、西兰花和深绿色叶状蔬菜）海鲜汤	0.26	ss-c
144	28355470	蔬菜（包括胡萝卜、西兰花和/或深绿色叶状蔬菜（不包括土豆））海鲜汤	0.27	ss-c
145	28355480	蔬菜（不包括胡萝卜、西兰花和/或深绿色叶状蔬菜（不包括土豆））海鲜汤	0.27	ss-c
146	32300100	蛋花汤	0.76	ss-c
147	41601010	豆汤，NFS	0.92	ss-c
148	41601020	腌肉或猪肉豆汤	0.96	ss-c
149	41601040	利马豆汤	0.62	ss-c
150	41601050	牛奶做的大豆汤	0.35	ss-c
151	41601060	有通心粉和肉的豆汤	0.52	ss-c
152	41601070	大豆味噌汤	1.05	ss-c
153	41601090	有通心粉的豆汤	0.45	ss-c
154	41601100	葡萄牙豆汤	0.37	ss-c
155	41601110	大豆火腿块汤	0.36	ss-c
156	41601130	混合豆类豆汤	0.08	ss-c
157	41601170	大豆泡饭	0.44	ss-c
158	41602010	火腿块豌豆汤	1.02	ss-c
159	41602030	干豌豆火腿汤	1.02	ss-c
160	41602090	低钠罐装干豌豆火腿汤，用水泡或即食	0.50	ss-c
161	41610100	波多黎各风味白豆汤（布兰卡斯汤）	0.17	ss-c
162	53110100	梅子布丁蛋糕	0.40	ss-c
163	58127110	糕点中的蔬菜	0.35	ss-c
164	58128210	牡蛎调味品	1.49	ss-c
165	58130013	罐装意大利千层肉酱面	1.43	ss-c
166	58131320	番茄酱或肉酱的肉馅水饺	1.46	ss-c
167	58131323	罐装番茄酱或肉酱肉馅水饺	1.37	ss-c
168	58132310	番茄酱肉丸意大利面或肉酱意大利面或肉酱大利细面条	1.10	ss-c
169	58132313	罐装番茄酱肉或肉丸意大利面	0.92	ss-c
170	58132360	番茄酱肉丸意大利全麦细面条，或肉酱全麦细面条	1.10	ss-c

171	58132710	有番茄酱、香肠或热狗的意大利细面条	1.03	ss-c
172	58132713	有番茄酱、香肠或热狗的罐装意大利面食	1.16	ss-c
173	58134613	罐装番茄酱意大利肉饺	0.81	ss-c
174	58146110	肉酱意大利面	1.83	ss-c
175	58146120	奶酪肉酱意大利面	1.46	ss-c
176	58146200	带肉的罐装肉汁意大利面食	1.11	ss-c
177	58147510	风味意大利面食	0.74	ss-c
178	58156210	波多黎各风味的维也纳香肠米饭（香肠米饭）	2.41	ss-c
179	58400000	汤，NFS	1.01	ss-c
180	58400100	汤面，NFS	1.17	ss-c
181	58400200	泡饭，NFS	0.99	ss-c
182	58401010	大麦汤	0.75	ss-c
183	58402010	牛肉汤面	1.00	ss-c
184	58402020	牛肉水饺汤	1.51	ss-c
185	58402030	牛肉泡饭	0.60	ss-c
186	58403010	鸡汤面	0.98	ss-c
187	58403020	未掺水罐装鸡汤面	1.92	ss-c
188	58403030	低钠即食罐装鸡汤面	0.08	ss-c
189	58403050	奶油鸡汤面	1.03	ss-c
190	58403060	低钠即食罐装鸡汤面	0.49	ss-c
191	58404010	鸡汤泡饭	0.86	ss-c
192	58404040	低钠罐装鸡汤泡饭，用水泡或即食	0.43	ss-c
193	58404050	牛奶做的低钠罐装鸡汤泡饭	0.49	ss-c
194	58404500	未发酵汤团汤	0.80	ss-c
195	58404510	有饺子和土豆的鸡汤	0.81	ss-c
196	58404520	有饺子的鸡汤	0.91	ss-c
197	58406010	火鸡面条汤	0.85	ss-c
198	58407000	即食汤	0.58	ss-c
199	58407010	即食面条汤	0.82	ss-c
200	58407040	即食米饭汤	0.99	ss-c
201	58407050	有鸡蛋、虾或鸡肉的即食面条汤	0.60	ss-c
202	58408010	馄饨（云吞）汤	0.81	ss-c

203	58408500	东方风味蔬菜面条汤	0.93	ss-c
204	58421020	番茄汤意大利式细面，墨西哥风味面条汤	0.34	ss-c
205	58421080	玉米饼汤，墨西哥风味玉米饼汤	0.53	ss-c
206	58503000	通心粉、番茄和牛肉、儿童食品，未规定是粗滤食品还是幼儿食品	0.07	ss-c
207	58503010	通心粉、番茄和牛肉，粗滤儿童食品	0.10	ss-c
208	58503020	通心粉、番茄和牛肉，儿童食品，幼儿食品	0.04	ss-c
209	58503050	牛肉番茄酱通心粉，儿童食品，学步小孩	0.51	ss-c
210	58508500	番茄酱意大利肉饺，儿童食品，学步小孩	0.82	ss-c
211	58509020	番茄酱牛肉意大利细面条，儿童食品，幼儿	0.05	ss-c
212	67501000	苹果和鸡肉，粗滤儿童食品	0.03	ss-c
213	67501100	苹果和火腿，粗滤儿童食品	0.02	ss-c
214	67501200	苹果和火鸡，粗滤儿童食品	0.03	ss-c
215	71803010	土豆杂烩汤	0.55	ss-c
216	71851010	波多黎各风味芭蕉汤（芭蕉汤）	1.48	ss-c
217	72308000	深绿色叶状蔬菜肉汤，东方风味	0.53	ss-c
218	73501000	牛奶做的奶油胡萝卜汤	0.61	ss-c
219	74404030	罐装意大利细面条肉酱，不添加额外的肉	1.00	ss-c
220	74603010	水做的番茄牛肉汤	0.96	ss-c
221	74604010	水做的土豆牛肉面条汤	0.96	ss-c
222	74604100	水做的番茄牛肉米饭汤	1.23	ss-c
223	75144100	有腌肉调味品的干生菜	0.20	ss-c
224	75601200	卷心菜汤	0.32	ss-c
225	75601210	卷心菜肉汤	0.29	ss-c
226	75604020	水做的奶油玉米浓汤	0.68	ss-c
227	75607040	水做的肉羹蘑菇汤	1.01	ss-c
228	75647000	紫菜汤	1.27	ss-c
229	75649010	水做的或即食蔬菜汤	0.86	ss-c
230	75649020	未掺水罐装蔬菜汤	1.68	ss-c
231	75651020	水做的蔬菜牛肉汤	0.83	ss-c
232	75651030	水做的蔬菜牛肉面条汤	0.91	ss-c
233	75651050	水做的或即食蔬菜鸡肉或火鸡汤	0.98	ss-c
234	75651080	水做的或即食蔬菜牛肉泡饭	0.83	ss-c

235	75651090	水做的低钠罐装蔬菜鸡汤	0.09	ss-c
236	75651110	水做的或即食蔬菜牛肉泡饭	0.93	ss-c
237	75651120	水做的或即食蔬菜鸡汤面条	0.99	ss-c
238	75651140	墨西哥蔬菜鸡汤（墨西哥汤）	0.33	ss-c
239	75652020	未掺水罐装蔬菜牛肉汤	1.60	ss-c
240	75652030	牛奶做的蔬菜牛肉汤	0.87	ss-c
241	75656060	蔬菜牛肉块汤	0.95	ss-c
242	76601010	蔬菜和腌肉，粗滤儿童食品	0.11	ss-c
243	76601020	蔬菜和腌肉，儿童食品，幼儿	0.11	ss-c
244	76602000	胡萝卜和牛肉，粗滤儿童食品	0.15	ss-c
245	76603010	蔬菜和牛肉，粗滤儿童食品	0.05	ss-c
246	76603020	蔬菜和牛肉，儿童食品，幼儿	0.08	ss-c
247	76604000	西兰花和鸡肉，粗滤儿童食品	0.05	ss-c
248	76604500	红薯和鸡肉，粗滤儿童食品	0.06	ss-c
249	76605010	蔬菜和鸡肉，粗滤儿童食品	0.06	ss-c
250	76605020	蔬菜和鸡肉，儿童食品，幼儿	0.18	ss-c
251	76607010	蔬菜和火腿，粗滤儿童食品	0.03	ss-c
252	76607020	蔬菜和火腿，儿童食品，幼儿	0.22	ss-c
253	76607030	土豆、奶酪和火腿，儿童食品，学步小孩	0.52	ss-c
254	76611010	蔬菜和火鸡，粗滤儿童食品	0.05	ss-c
255	76611020	蔬菜和火鸡，儿童食品，幼儿	0.04	ss-c
256	76611030	蔬菜、火鸡和大麦，粗滤儿童食品	0.05	ss-c
257	76611500	青豆和火鸡，粗滤儿童食品	0.03	ss-c
258	77563010	波多黎各炖汤（炖汤）	0.30	ss-c
259	81302030	橙子酱（用于鸭肉）	0.49	ss-c
260	83101500	腌肉调味品（辣）	0.39	ss-c
261	83101600	腌肉和番茄调味品	2.75	ss-c
262	21601000	熟腌牛肉	5.72	N
263	21601500	腌牛肉，加工过，增加了瘦肉，煮熟	5.72	N
264	21603000	五香烟熏牛肉（牛肉、烟熏过、加香料）	3.12	N
265	22107020	烟熏或熏制熟猪排，仅食用瘦肉	3.13	N
266	22300120	炸火腿，未规定肥瘦	3.04	N

267	22300130	炸火腿，肥瘦均可食用	3.05	N
268	22300140	炸火腿，仅食用瘦肉	3.20	N
269	22300170	涂面包屑或撒上面粉的炸火腿，仅食用瘦肉	3.00	N
270	22311000	烟熏或熏制熟火腿，未规定肥瘦	3.65	N
271	22311010	烟熏或熏制熟火腿，肥瘦均可食用	3.66	N
272	22311020	烟熏或熏制熟火腿，仅食用瘦肉	3.36	N
273	22421000	烟熏或熏制熟烤猪肉，未规定肥瘦	3.52	N
274	22421020	烟熏或熏制熟烤猪肉，仅食用瘦肉	3.37	N
275	22501010	加拿大熟腌肉	3.93	N
276	22600100	熟腌肉，未规定肉的类型	4.02	N
277	22600200	烟熏或熏制熟腌猪肉，为规定是否新鲜	4.06	N
278	22601000	烟熏或熏制熟腌猪肉	4.03	N
279	22601020	烟熏或熏制熟腌猪肉，仅食用瘦肉	3.92	N
280	22605010	熟腌猪肉，经过成形加工，增加了瘦肉	5.33	N
281	22621000	熟咸肉	3.25	N
282	22704010	熟猪油渣	4.06	N
283	24208500	熟腌火鸡肉	5.80	N
284	25210110	法兰克福香肠、维也纳香肠或热狗，NFS	3.23	N
285	25210230	低脂肪法兰克福香肠或热狗，牛肉和猪肉	3.19	N
286	25210280	法兰克福香肠或热狗，猪肉和禽肉	3.01	N
287	25210310	法兰克福香肠或热狗，鸡肉	3.52	N
288	25210410	法兰克福香肠或热狗，火鸡	3.66	N
289	25220420	黎巴嫩大腊肠	3.40	N
290	25220460	猪肉腊肠	3.01	N
291	25220510	环颈斑鸠	3.63	N
292	25220710	加调料的西班牙猪肉香肠	3.13	N
293	25220910	猪头肉冻	3.19	N
294	25221210	摩泰台拉肉肠（煮熟的意大利烟熏香肠）	3.17	N
295	25221400	香肠（非冷切），NFS	3.29	N
296	25221420	褐色熟猪肉香肠	3.29	N
297	25221430	乡村风味的新鲜熟猪肉香肠	3.29	N
298	25221530	意大利蒜味牛肉腊肠	2.99	N

299	25221650	扎节烟熏猪肉香肠	3.81	N
300	25221680	烟熏猪肉香肠	3.81	N
301	25230110	午餐肉，NFS	3.29	N
302	25230210	预先包装好的或熟食切片午餐肉火腿	3.25	N
303	25230230	预先包装好的或熟食切片精瘦午餐肉火腿	3.63	N
304	25230410	午餐肉火腿块	3.28	N
305	25230430	火腿奶酪块	3.41	N
306	25230510	剁碎、切碎、压紧的非罐装五香午餐肉火腿	3.37	N
307	25230520	剁碎、切碎、压紧的非罐装低脂肪五香午餐肉火腿	3.63	N
308	25230610	午餐包（橄榄、泡菜或红椒）	3.65	N
309	25230900	预先包装好的或熟食午餐肉火鸡胸或鸡胸	3.65	N
310	27120150	拌过大豆酱的猪肉或火腿（杂烩）	3.05	N
311	27520250	饼干里的火腿	3.22	N
312	20000000	肉类，NFS	0.16	R
313	20000200	绞绞碎牛肉，NFS	0.54	R
314	21000100	熟牛肉，未规定是否切碎，未规定肥瘦	0.97	R
315	21000110	熟牛肉，未规定是否切碎，仅食用瘦肉	0.98	R
316	21000120	熟牛肉，未规定是否切碎，仅食用瘦肉	0.37	R
317	21001000	熟排骨，未规定肉的类型，未规定肥瘦	0.15	R
318	21001010	熟排骨，未规定肉的类型，肥瘦均可食用	0.15	R
319	21001020	熟排骨，未规定肉的类型，仅食用瘦肉	0.43	R
320	21003000	炸牛肉，未规定是否切碎，未规定肥瘦	0.99	R
321	21101000	牛排，未规定烹调方法，未规定肥瘦	0.97	R
322	21101010	牛排，未规定烹调方法，肥瘦均可食用	0.97	R
323	21101020	牛排，未规定烹调方法，仅食用瘦肉	0.17	R
324	21101110	烧牛排或烤牛排，未规定肥瘦	0.20	R
325	21101120	烧牛排或烤牛排，肥瘦均可食用	0.15	R
326	21101130	烧牛排或烤牛排，仅食用瘦肉	0.44	R
327	21102110	炸牛排，未规定肥瘦	0.18	R
328	21102120	炸牛排，肥瘦均可食用	1.00	R
329	21102130	炸牛排，仅食用瘦肉	0.79	R
330	21103110	涂面包屑或撒面粉的烤牛排或炸牛排，未规定肥瘦	0.48	R

331	21103120	涂面包屑或撒面粉的烤牛排或炸牛排，肥瘦均可食用	0.50	R
332	21103130	涂面包屑或撒面粉的烤牛排或炸牛排，仅食用瘦肉	0.48	R
333	21104110	涂了鸡蛋、面粉、牛奶等调成的糊状物的炸牛排，未规定肥瘦	0.83	R
334	21104120	涂了鸡蛋、面粉、牛奶等调成的糊状物的炸牛排，肥瘦均可食用	0.82	R
335	21104130	涂了鸡蛋、面粉、牛奶等调成的糊状物的炸牛排，仅食用瘦肉	0.39	R
336	21105110	炖牛排，未规定肥瘦	0.96	R
337	21105120	炖牛排，肥瘦均可食用	0.70	R
338	21105130	炖牛排，仅食用瘦肉	0.15	R
339	21301000	熟牛尾	0.59	R
340	21302000	熟牛头颈骨	0.27	R
341	21304000	熟牛小排，未规定肥瘦	0.25	R
342	21304110	熟牛小排，肥瘦均可食用	0.17	R
343	21304120	熟牛小排，仅食用瘦肉	0.15	R
344	21304200	烤牛小排，拌酱，未规定肥瘦	0.66	R
345	21304210	烤牛小排，拌酱，肥瘦均可食用	0.66	R
346	21304220	烤牛小排，拌酱，仅食用瘦肉	1.01	R
347	21305000	熟牛头	0.57	R
348	21401000	焙烤过的烤牛肉，未规定肥瘦	0.16	R
349	21401110	焙烤过的烤牛肉，肥瘦均可食用	0.38	R
350	21401120	焙烤过的烤牛肉，仅食用瘦肉	0.55	R
351	21407000	炖牛肉、焖牛肉或煮牛肉，未规定肥瘦	0.57	R
352	21407120	炖牛肉、焖牛肉或煮牛肉，仅食用瘦肉	0.58	R
353	21410000	熟的炖牛肉，未规定肥瘦	0.24	R
354	21410120	熟的炖牛肉，仅食用瘦肉	0.34	R
355	21416000	咸牛肉，全熟，未指定是否食用肥肉	2.88	R
356	21416110	咸牛肉，全熟，食用瘦肉和肥肉	2.88	R
357	21420100	牛肉，三明治肉片（碎屑，块状，薄片）	0.18	R
358	21500000	绞绞碎牛肉，生肉	0.17	R
359	21500100	绞绞碎牛肉或肉馅饼，全熟，未指定是肥瘦相间，瘦肉或精瘦肉	0.58	R

360	21500110	绞绞碎牛肉，肉丸，纯肉全熟，未指定是肥瘦相间，瘦肉，或是精瘦肉	0.45	R
361	21500200	绞绞碎牛肉或肉馅饼，裹面包屑，全熟	1.40	R
362	21501000	绞绞碎牛肉，肥瘦相间，全熟	0.43	R
363	21501200	绞绞碎牛肉，瘦肉，全熟	0.39	R
364	21501300	绞绞碎牛肉，精瘦肉，全熟	0.18	R
365	21540100	含结构性植物蛋白的绞绞碎牛肉，全熟	1.09	R
366	22000100	猪肉，未指定是否切过，全熟，未指定是否食用肥肉	0.97	R
367	22000110	猪肉，未指定是否切过，全熟，食用瘦肉和肥肉	0.98	R
368	22000120	猪肉，未指定是否切过，全熟，只食用瘦肉	0.97	R
369	22000200	猪肉，未指定是否切过，油炸，未指定是否食用肥肉	0.24	R
370	22000210	猪肉，未指定是否切过，油炸，食用瘦肉和肥肉	0.98	R
371	22000220	猪肉，未指定是否切过，油炸，只食用瘦肉	0.23	R
372	22000300	猪肉，未指定是否切过，裹上面包屑或面粉，油炸，未指定是否食用肥肉	1.59	R
373	22002000	猪肉，肉末或肉馅饼，全熟	0.56	R
374	22002100	猪肉，肉末或肉馅饼，裹面包屑，全熟	1.22	R
375	22101000	猪排，未指定烹饪方式，未指定是否食用肥肉	0.16	R
376	22101010	猪排，未指定烹饪方式，食用瘦肉和肥肉	0.98	R
377	22101020	猪排，未指定烹饪方式，只食用瘦肉	0.17	R
378	22101100	猪排，烧烤或烘烤过，未指定是否食用肥肉	0.23	R
379	22101110	猪排，烧烤或烘烤过，食用瘦肉和肥肉	0.32	R
380	22101120	猪排，烧烤或烘烤过，只食用瘦肉	0.16	R
381	22101130	猪排，裹上面包屑或面粉，烧烤或烘烤过，未指定是否食用肥肉	1.05	R
382	22101140	猪排，裹上面包屑或面粉，烧烤或烘烤过，食用瘦肉和肥肉	1.05	R
383	22101150	猪排，裹上面包屑或面粉，烧烤或烘烤过，只食用瘦肉	0.88	R
384	22101200	猪排，油炸，未指定是否食用肥肉	0.16	R
385	22101210	猪排，油炸，食用瘦肉和肥肉	0.16	R
386	22101220	猪排，油炸，只食用瘦肉	0.67	R
387	22101300	猪排，裹上面包屑或面粉，油炸，未指定是否食用肥肉	0.55	R
388	22101310	猪排，裹上面包屑或面粉，油炸，食用瘦肉和肥肉	1.11	R

389	22101320	猪排，裹上面包屑或面粉，油炸，只食用瘦肉	0.58	R
390	22101400	猪排，调糊包裹，油炸，未指定是否食用肥肉	1.05	R
391	22101410	猪排，调糊包裹，油炸，食用瘦肉和肥肉	0.19	R
392	22101420	猪排，调糊包裹，油炸，只食用瘦肉	0.72	R
393	22101500	猪排，炖煮，未指定是否食用肥肉	0.12	R
394	22101510	猪排，炖煮，食用瘦肉和肥肉	0.12	R
395	22101520	猪排，炖煮，只食用瘦肉	0.14	R
396	22107000	猪排，熏制或腌制，全熟，未指定是否食用肥肉	2.72	R
397	22107010	猪排，熏制或腌制，全熟，食用瘦肉和肥肉	2.72	R
398	22201000	无骨猪排或猪肉片，未指定烹饪方式，未指定是否食用肥肉	0.16	R
399	22201020	无骨猪排或猪肉片，未指定烹饪方式，只食用瘦肉	1.02	R
400	22201050	无骨猪排或猪肉片，调糊包裹，油炸，未指定是否食用肥肉	0.76	R
401	22201100	无骨猪排或猪肉片，烧烤或烘烤过，未指定是否食用肥肉	0.67	R
402	22201110	无骨猪排或猪肉片，烧烤或烘烤过，食用瘦肉和肥肉	0.32	R
403	22201120	无骨猪排或猪肉片，烧烤或烘烤过，只食用瘦肉	0.99	R
404	22201200	无骨猪排或猪肉片，油炸，未指定是否食用肥肉	0.98	R
405	22201210	无骨猪排或猪肉片，油炸，食用瘦肉和肥肉	0.50	R
406	22201220	无骨猪排或猪肉片，油炸，只食用瘦肉	0.35	R
407	22201300	无骨猪排或猪肉片，裹上面包屑或面粉，烧烤或烘烤过，未指定是否食用肥肉	0.27	R
408	22201310	无骨猪排或猪肉片，裹上面包屑或面粉，烧烤或烘烤过，食用瘦肉和肥肉	0.75	R
409	22201320	无骨猪排或猪肉片，裹上面包屑或面粉，烧烤或烘烤过，只食用瘦肉	0.39	R
410	22201400	无骨猪排或猪肉片，裹上面包屑或面粉，油炸，未指定是否食用肥肉	0.68	R
411	22201410	无骨猪排或猪肉片，裹上面包屑或面粉，油炸，食用瘦肉和肥肉	1.15	R
412	22201420	无骨猪排或猪肉片，裹上面包屑或面粉，油炸，只食用瘦肉	1.18	R
413	22210300	猪肉，里脊肉，全熟，未指定烹饪方式	0.96	R
414	22210310	猪肉，里脊肉，裹面包屑，油炸	0.72	R

415	22210350	猪肉，里脊肉，炖煮	0.39	R
416	22210400	猪肉，里脊肉，烘烤	0.18	R
417	22210450	猪肉，里脊肉，调糊包裹，油炸	1.10	R
418	22301000	火腿，新鲜的，全熟，未指定是否食用肥肉	0.56	R
419	22301110	火腿，新鲜的，全熟，食用瘦肉和肥肉	0.31	R
420	22301120	火腿，新鲜的，全熟，只食用瘦肉	0.16	R
421	22311200	火腿，熏制或腌制，低钠，全熟，未指定是否食用肥肉	2.46	R
422	22311210	火腿，熏制或腌制，低钠，全熟，食用瘦肉和肥肉	2.46	R
423	22311220	火腿，熏制或腌制，低钠，全熟，只食用瘦肉	2.46	R
424	22400100	烤猪肉，未指定是否切过，全熟，未指定是否食用肥肉	0.37	R
425	22400110	烤猪肉，未指定是否切过，全熟，食用瘦肉和肥肉	0.49	R
426	22400120	烤猪肉，未指定是否切过，全熟，只食用瘦肉	0.15	R
427	22401000	烤猪肉，腰肉，全熟，未指定是否食用肥肉	0.56	R
428	22401010	烤猪肉，腰肉，全熟，食用瘦肉和肥肉	0.56	R
429	22401020	烤猪肉，腰肉，全熟，只食用瘦肉	0.56	R
430	22411000	烤猪肉，肩肉，全熟，未指定是否食用肥肉	0.17	R
431	22411020	烤猪肉，肩肉，全熟，只食用瘦肉	0.19	R
432	22601040	熏肉或五花肉，新鲜的，全熟	4.06	R
433	22621100	腌猪背脊肉，全熟	0.02	R
434	22701000	猪肉，排骨，全熟，未指定是否食用肥肉	0.65	R
435	22701010	猪肉，排骨，全熟，食用瘦肉和肥肉	0.24	R
436	22701020	猪肉，排骨，全熟，只食用瘦肉	0.14	R
437	22701030	猪肉，排骨，烧烤，淋酱汁，未指定是否食用肥肉	0.85	R
438	22701040	猪肉，排骨，烧烤，淋酱汁，食用瘦肉和肥肉	0.85	R
439	22701050	猪肉，排骨，烧烤，淋酱汁，只食用瘦肉	0.82	R
440	22705010	猪耳朵，猪尾巴，猪头，猪鼻子，猪杂碎，全熟	0.21	R
441	22706010	猪肉，颈骨，全熟	1.69	R
442	22707010	猪肉，蹄膀，全熟	0.08	R
443	22708010	猪肉，猪肘子，全熟	0.39	R
444	23000100	羊肉，未指定是否切过，全熟	0.74	R
445	23101000	羊排，未指定是否切过，全熟，未指定是否食用肥肉	0.17	R
446	23101010	羊排，未指定是否切过，全熟，食用瘦肉和肥肉	0.99	R

447	23101020	羊排，未指定是否切过，全熟，只食用瘦肉	0.54	R
448	23104020	羊肉，里脊排，全熟，只食用瘦肉	0.43	R
449	23110000	羊肉，肋排，全熟，只食用瘦肉	0.63	R
450	23110010	羊肉，肋排，全熟，未指定是否食用肥肉	0.60	R
451	23120100	烤羊肉，全熟，未指定是否食用肥肉	0.21	R
452	23120110	烤羊肉，全熟，食用瘦肉和肥肉	0.17	R
453	23120120	烤羊肉，全熟，只食用瘦肉	0.58	R
454	23132000	羊肉，肉末或肉馅饼，全熟	0.21	R
455	23150100	山羊肉，水煮	0.63	R
456	23150250	山羊肉，烘烤	0.63	R
457	23150300	山羊肉肋排，全熟	0.63	R
458	23200100	小牛肉，未指定是否切过，全熟，未指定是否食用肥肉	0.22	R
459	23200120	小牛肉，未指定是否切过，全熟，只食用瘦肉	1.01	R
460	23201030	小牛肉排，未指定烹饪方式，只食用瘦肉	1.16	R
461	23203020	小牛肉排，油炸，食用瘦肉和肥肉	1.15	R
462	23203030	小牛肉排，油炸，只食用瘦肉	0.70	R
463	23203100	小牛肉排，烧烤，未指定是否食用肥肉	0.24	R
464	23203120	小牛肉排，烧烤，只食用瘦肉	0.29	R
465	23204010	小牛肉肉片或无骨肉排，未指定烹饪方式，未指定是否食用肥肉	1.00	R
466	23204030	小牛肉肉片或无骨肉排，未指定烹饪方式，只食用瘦肉	1.01	R
467	23204220	小牛肉肉片或无骨肉排，烧烤，只食用瘦肉	0.20	R
468	23205010	小牛肉肉片或无骨肉排，油炸，未指定是否食用肥肉	1.15	R
469	23205030	小牛肉肉片或无骨肉排，油炸，只食用瘦肉	0.20	R
470	23210010	小牛肉，烧烤，未指定是否食用肥肉	0.22	R
471	23210020	小牛肉，烧烤，食用瘦肉和肥肉	0.63	R
472	23210030	小牛肉，烧烤，只食用瘦肉	0.27	R
473	23220010	小牛肉，肉末或肉馅饼，全熟	1.03	R
474	23220030	小牛肉馅饼，裹面包屑，全熟	0.83	R
475	23310000	兔肉，未指定是家养的还是野生的，全熟	0.27	R
476	23311120	兔肉，未指定是家养的还是野生的，裹面包屑，油炸	0.96	R
477	23311200	兔肉，野生，全熟	0.53	R
478	23321000	鹿肉，非卖品	0.74	R

479	23321100	鹿肉，烧烤	0.21	R
480	23321200	鹿肉排，全熟，未指定烹饪方式	1.32	R
481	23321250	鹿肉排，裹上面包屑或面粉，全熟，未指定烹饪方式	0.56	R
482	23322100	鹿肉腊肠	2.49	R
483	23322350	鹿肉肋排，全熟	0.74	R
484	23322400	鹿肉，炖煮	0.46	R
485	23323500	熊肉，全熟	0.59	R
486	23324100	驯鹿肉，全熟	0.15	R
487	23326100	野牛肉，全熟	0.14	R
488	23333100	松鼠肉，全熟	0.71	R
489	24100000	鸡肉，去骨，未指定部位和烹调方式，含血肉或不含血肉，未指定是否食用鸡皮	1.03	R
490	24100020	鸡肉，去骨，未指定部位和烹调方式，含血肉或不含血肉，不食用鸡皮	1.04	R
491	24101000	鸡肉，去骨，未指定部位，烧烤，含血肉或不含血肉，未指定是否食用鸡皮	0.21	R
492	24101010	鸡肉，去骨，未指定部位，烧烤，含血肉或不含血肉，食用鸡皮	1.03	R
493	24101020	鸡肉，去骨，未指定部位，烧烤，含血肉或不含血肉，不食用鸡皮	0.22	R
494	24102000	鸡肉，去骨，未指定部位，烧烤，含血肉或不含血肉，未指定是否食用鸡皮	1.03	R
495	24102010	鸡肉，去骨，未指定部位，烧烤，含血肉或不含血肉，食用鸡皮	0.25	R
496	24102020	鸡肉，去骨，未指定部位，烧烤，含血肉或不含血肉，不食用鸡皮	0.22	R
497	24103000	鸡肉，去骨，未指定部位，炖煮，含血肉或不含血肉，未指定是否食用鸡皮	0.99	R
498	24103010	鸡肉，去骨，未指定部位，炖煮，含血肉或不含血肉，食用鸡皮	0.99	R
499	24103020	鸡肉，去骨，未指定部位，炖煮，含血肉或不含血肉，不食用鸡皮	0.71	R
500	24104000	鸡肉，去骨，未指定部位，油炸，不裹料，含血肉或不含血肉，未指定是否食用鸡皮	1.07	R
501	24104010	鸡肉，去骨，未指定部位，油炸，不裹料，含血肉或不含血肉，食用鸡皮	1.07	R

502	24104020	鸡肉，去骨，未指定部位，油炸，未裹料，含血肉或不含血肉，不食用鸡皮	0.23	R
503	24105000	鸡肉，去骨，未指定部位，裹面粉，烘烤或油炸，含血肉或不含血肉，制备时不去皮，未指定	1.03	R
504	24105010	鸡肉，去骨，未指定部位，裹面粉，烘烤或油炸，含血肉或不含血肉，制备时不去皮，鸡皮	1.03	R
505	24105020	鸡肉，去骨，未指定部位，裹面粉，烘烤或油炸，含血肉或不含血肉，制备时不去皮，鸡皮	1.05	R
506	24106000	鸡肉，去骨，未指定部位，裹面包屑，烘烤或油炸，含血肉或不含血肉，制备时不去皮，未指定	0.81	R
507	24106040	鸡肉，去骨，未指定部位，裹面包屑，烘烤或油炸，含血肉或不含血肉，制备时去皮，未指定	1.08	R
508	24106050	鸡肉，去骨，未指定部位，裹面包屑，烘烤或油炸，含血肉或不含血肉，制备时去皮，裹料	0.91	R
509	24107000	鸡肉，去骨，未指定部位，调糊包裹，油炸，含血肉或不含血肉，制备时不去皮，未指定是否食用鸡皮	0.74	R
510	24107010	鸡肉，去骨，未指定部位，调糊包裹，油炸，含血肉或不含血肉，制备时不去皮，鸡皮/裹料	0.74	R
511	24107020	鸡肉，去骨，未指定部位，调糊包裹，油炸，含血肉或不含血肉，制备时不去皮，鸡皮/裹料	0.23	R
512	24110000	鸡肉，带骨，未指定部位和烹调方式，含血肉或不含血肉，未指定是否食用鸡皮	1.03	R
513	24111000	鸡肉，带骨，未指定部位，烧烤，含血肉或不含血肉，未指定是否食用鸡皮	1.03	R
514	24111010	鸡肉，带骨，未指定部位，烧烤，含血肉或不含血肉，食用鸡皮	0.21	R
515	24111020	鸡肉，带骨，未指定部位，烧烤，含血肉或不含血肉，不食用鸡皮	1.04	R
516	24112000	鸡肉，带骨，未指定部位，烧烤，含血肉或不含血肉，未指定是否食用鸡皮	1.03	R
517	24112010	鸡肉，带骨，未指定部位，烧烤，含血肉或不含血肉，食用鸡皮	1.03	R
518	24112020	鸡肉，带骨，未指定部位，烧烤，含血肉或不含血肉，不食用鸡皮	0.43	R
519	24113000	鸡肉，带骨，未指定部位，炖煮，含血肉或不含血肉，未指定是否食用鸡皮	0.99	R

520	24113020	鸡肉，带骨，未指定部位，炖煮，含血肉或不含血肉，不食用鸡皮	0.35	R
521	24115000	鸡肉，带骨，未指定部位，裹面粉，烘烤或油炸，含血肉或不含血肉，制备时不去皮，未指定	1.03	R
522	24115020	鸡肉，带骨，未指定部位，裹面粉，烘烤或油炸，含血肉或不含血肉，制备时不去皮，鸡皮	1.05	R
523	24116010	鸡肉，带骨，未指定部位，裹面包屑，烘烤或油炸，含血肉或不含血肉，制备时不去皮，鸡皮	0.95	R
524	24117000	鸡肉，带骨，未指定部位，调糊包裹，油炸，含血肉或不含血肉，制备时不去皮，未指定是否食用鸡皮	0.74	R
525	24117010	鸡肉，带骨，未指定部位，调糊包裹，油炸，含血肉或不含血肉，制备时不去皮，鸡皮/裹料	0.74	R
526	24120100	鸡肉，鸡胸肉，去骨或带骨，未指定烹饪方式，未指定是否食用鸡皮	0.87	R
527	24120110	鸡肉，鸡胸肉，去骨或带骨，未指定烹饪方式，食用鸡皮	1.00	R
528	24120120	鸡肉，鸡胸肉，去骨或带骨，未指定烹饪方式，不食用鸡皮	0.66	R
529	24121100	鸡肉，鸡胸肉，去骨或带骨，烧烤，未指定是否食用鸡皮	0.18	R
530	24121110	鸡肉，鸡胸肉，去骨或带骨，烧烤，食用鸡皮	1.00	R
531	24121120	鸡肉，鸡胸肉，去骨或带骨，烧烤，不食用鸡皮	0.38	R
532	24122100	鸡肉，鸡胸肉，去骨或带骨，烧烤，未指定是否食用鸡皮	0.18	R
533	24122110	鸡肉，鸡胸肉，去骨或带骨，烧烤，食用鸡皮	0.27	R
534	24122120	鸡肉，鸡胸肉，去骨或带骨，烧烤，不食用鸡皮	0.21	R
535	24123100	鸡肉，鸡胸肉，去骨或带骨，炖煮，未指定是否食用鸡皮	0.67	R
536	24123110	鸡肉，鸡胸肉，去骨或带骨，炖煮，食用鸡皮	0.32	R
537	24123120	鸡肉，鸡胸肉，去骨或带骨，炖煮，不食用鸡皮	0.80	R
538	24124100	鸡肉，鸡胸肉，去骨或带骨，油炸，未裹料，未指定是否食用鸡皮	0.20	R
539	24124110	鸡肉，鸡胸肉，去骨或带骨，油炸，未裹料，食用鸡皮	0.49	R
540	24124120	鸡肉，鸡胸肉，去骨或带骨，油炸，未裹料，不食用鸡皮	0.20	R

541	24125100	鸡肉，鸡胸肉，去骨或带骨，裹面粉，烘烤或油炸，制备时不去皮，未指定是否食用鸡皮/裹料	0.19	R
542	24125110	鸡肉，鸡胸肉，去骨或带骨，裹面粉，烘烤或油炸，制备时不去皮，鸡皮/裹料	1.01	R
543	24125120	鸡肉，鸡胸肉，去骨或带骨，裹面粉，烘烤或油炸，制备时不去皮，不食用鸡皮/裹料	1.02	R
544	24125140	鸡肉，鸡胸肉，去骨或带骨，裹面粉，烘烤或油炸，制备时去皮，未指定是否食用裹料	0.23	R
545	24126100	鸡肉，鸡胸肉，去骨或带骨，裹面包屑，烘烤或油炸，制备时不去皮，未指定是否食用鸡皮/裹料	0.93	R
546	24126110	鸡肉，鸡胸肉，去骨或带骨，裹面包屑，烘烤或油炸，制备时不去皮，食用鸡皮/裹料	0.93	R
547	24126120	鸡肉，鸡胸肉，去骨或带骨，裹面包屑，烘烤或油炸，制备时不去皮，不食用鸡皮/裹料	0.63	R
548	24126150	鸡肉，鸡胸肉，去骨或带骨，裹面包屑，烘烤或油炸，制备时去皮，食用裹料	1.12	R
549	24126160	鸡肉鸡胸肉，去骨或带骨，裹面包屑，烘烤或油炸，制备时去皮，不食用裹料	0.52	R
550	24127100	鸡肉，鸡胸肉，去骨或带骨，调糊包裹，油炸，制备时不去皮，未指定是否食用鸡皮/裹料	0.70	R
551	24127110	鸡肉，鸡胸肉，去骨或带骨，调糊包裹，油炸，制备时不去皮，食用鸡皮/裹料	0.70	R
552	24127120	鸡肉，鸡胸肉，去骨或带骨，调糊包裹，油炸，制备时不去皮，不食用鸡皮/裹料	1.02	R
553	24127140	鸡肉，鸡胸肉，去骨或带骨，调糊包裹，油炸，制备时去皮，未指定裹料是否食用	0.76	R
554	24127150	鸡肉，鸡胸肉，去骨或带骨，调糊包裹，油炸，制备时去皮，裹料	0.76	R
555	24127160	鸡肉鸡胸肉，去骨或带骨，调糊包裹，油炸，制备时去皮，不食用裹料	1.02	R
556	24130200	鸡肉，鸡腿（上段和下段），去骨或带骨，未指定烹饪方式，未指定是否食用鸡皮	1.04	R
557	24130210	鸡肉，鸡腿（上段和下段），去骨或带骨，未指定烹饪方式，食用鸡皮	1.04	R
558	24130220	鸡肉，鸡腿（上段和下段），去骨或带骨，未指定烹饪方式，不食用鸡皮	0.46	R

559	24131200	鸡肉，鸡腿（上段和下段），去骨或带骨，烧烤，未指定是否食用鸡皮	1.04	R
560	24131210	鸡肉，鸡腿（上段和下段），去骨或带骨，烧烤，食用鸡皮	0.22	R
561	24131220	鸡肉，鸡腿（上段和下段），去骨或带骨，烧烤，不食用鸡皮	0.23	R
562	24132200	鸡肉，鸡腿（上段和下段），去骨或带骨，烧烤，未指定是否食用鸡皮	0.44	R
563	24132210	鸡肉，鸡腿（上段和下段），去骨或带骨，烧烤，食用鸡皮	0.22	R
564	24132220	鸡肉，鸡腿（上段和下段），去骨或带骨，烧烤，不食用鸡皮	0.34	R
565	24133200	鸡肉，鸡腿（上段和下段），带骨或无骨，炖煮，未指定是否食用鸡皮	0.37	R
566	24133210	鸡肉，鸡腿（上段和下段），带骨或无骨，炖煮，食用鸡皮	0.34	R
567	24133220	鸡肉，鸡腿（上段和下段），带骨或无骨，炖煮，不食用鸡皮	0.53	R
568	24134200	鸡肉，鸡腿（上段和下段），带骨或无骨，油炸，不裹料，未指定是否食用鸡皮	0.23	R
569	24134210	鸡肉，鸡腿（上段和下段），带骨或无骨，油炸，不裹料，食用鸡皮	1.07	R
570	24134220	鸡肉，鸡腿（上段和下段），带骨或无骨，油炸，不裹料，不食用鸡皮	0.24	R
571	24135200	鸡肉，鸡腿（上段和下段），带骨或无骨，裹面粉，烤或油炸，制备时不去皮，未指定	0.30	R
572	24135210	鸡肉，鸡腿（上段和下段），带骨或无骨，裹面粉，烤或油炸，制备时不去皮，sk	1.04	R
573	24135220	鸡肉，鸡腿（上段和下段），带骨或无骨，裹面粉，烤或油炸，制备时不去皮，sk	0.48	R
574	24136200	鸡肉，鸡腿（上段和下段），带骨或无骨，裹面包屑，烤或油炸，制备时不去皮，未指定	0.96	R
575	24136210	鸡肉，鸡腿（上段和下段），带骨或无骨，裹面包屑，烤或油炸，制备时不去皮，sk	0.96	R
576	24136220	鸡肉，鸡腿（上段和下段），带骨或无骨，裹面包屑，烤或油炸，制备时不去皮，sk	0.56	R

577	24137200	鸡肉，鸡腿（上段和下段），带骨或无骨，调糊包裹，油炸，制备时不去皮，未指定	0.71	R
578	24137210	鸡肉，鸡腿（上段和下段），带骨或无骨，调糊包裹，油炸，制备时不去皮，鸡皮/裹料	0.71	R
579	24137220	鸡肉，鸡腿（上段和下段），带骨或无骨，调糊包裹，油炸，制备时不去皮，鸡皮/裹料	1.06	R
580	24140200	带骨或者无骨鸡腿，至于烹饪方法和是否吃鸡皮未规定	0.66	R
581	24140210	带骨或者无骨鸡腿，至于烹饪方法未规定，鸡皮可以吃	0.23	R
582	24140220	带骨或者无骨鸡腿，至于烹饪方法未规定，鸡皮不可以吃	1.06	R
583	24141200	烤的带骨或者无骨鸡腿，至于是否吃鸡皮未规定	0.26	R
584	24141210	烤的带骨或者无骨鸡腿，鸡皮可以吃	0.23	R
585	24141220	烤的带骨或者无骨鸡腿，鸡皮不可以吃	0.24	R
586	24142200	烤的带骨或者无骨鸡腿，至于是否吃鸡皮未规定	0.23	R
587	24142210	烤的带骨或者无骨鸡腿，鸡皮可以吃	1.04	R
588	24142220	烤的带骨或者无骨鸡腿，鸡皮不可以吃	0.24	R
589	24143200	炖的带骨或者无骨鸡腿，至于是否吃鸡皮未规定	0.30	R
590	24143210	炖的带骨或者无骨鸡腿，鸡皮可以吃	0.19	R
591	24143220	炖的带骨或者无骨鸡腿，鸡皮不可以吃	0.55	R
592	24144200	油炸的没有表层的带骨或者无骨鸡腿，至于是否吃鸡皮未规定	0.92	R
593	24144210	油炸的没有表层的带骨或者无骨鸡腿，鸡皮可以吃	0.23	R
594	24144220	油炸的没有表层的带骨或者无骨鸡腿，鸡皮不可以吃	0.25	R
595	24145200	烘烤或者油炸撒过粉的带骨或者无骨鸡腿，准备带皮的鸡腿，至于是否吃鸡皮/表层未规定	0.26	R
596	24145210	烘烤或者油炸撒过粉的带骨或者无骨鸡腿，准备带皮的鸡腿，鸡皮/表层可以吃	1.05	R
597	24145220	烘烤或者油炸撒过粉的带骨或者无骨鸡腿，准备带皮的鸡腿，鸡皮/表层不可以吃	0.61	R
598	24145250	烘烤或者油炸撒过粉的带骨或者无骨鸡腿，准备无皮的鸡腿，表层可以吃	0.25	R
599	24146200	烘烤或者油炸裹了面包屑的带骨或者无骨鸡腿，准备带皮的鸡腿，至于是否吃鸡皮/表层未规定	0.82	R
600	24146210	烘烤或者油炸裹上了面包屑的带骨或者无骨鸡腿，准备带皮的鸡腿，鸡皮/表层可以吃	0.82	R

601	24146220	烘烤或者油炸裹上了面包屑的带骨或者无骨鸡腿，准备带皮的鸡腿，鸡皮/表层不可以吃	1.06	R
602	24146250	烘烤或者油炸裹上了面包屑的带骨或者无骨鸡腿，准备无皮的鸡腿，表层可以吃	1.19	R
603	24146260	烘烤或者油炸裹上了面包屑的带骨或者无骨鸡腿，准备无皮的鸡腿，涂层不可以吃	1.19	R
604	24147200	油炸调成糊状的带骨或者无骨鸡腿，准备带皮的鸡腿，至于是否吃鸡皮/涂层未规定	0.69	R
605	24147210	油炸调成糊状的带骨或者无骨鸡腿，准备带皮的鸡腿，鸡皮/涂层可以吃	0.69	R
606	24147220	油炸调成糊状的带骨或者无骨鸡腿，准备带皮的鸡腿，鸡皮/涂层不可以吃	1.06	R
607	24150200	带骨或者无骨鸡大腿肉，至于烹饪方法和是否吃鸡皮未规定	1.03	R
608	24150210	带骨或者无骨鸡大腿肉，至于烹饪方法未规定，鸡皮可以吃	1.03	R
609	24150220	带骨或者无骨鸡大腿肉，至于烹饪方法未规定，鸡皮不可以吃	1.04	R
610	24151200	烤的带骨或者无骨鸡大腿肉，至于是否吃鸡皮未规定	0.21	R
611	24151210	烤的带骨或者无骨鸡大腿肉，鸡皮可以吃	0.24	R
612	24151220	烤的带骨或者无骨大腿肉，鸡皮不可以鸡大腿肉吃	0.22	R
613	24152200	烤的带骨或者无骨鸡大腿肉，至于是否吃鸡皮未规定	0.21	R
614	24152210	烤的带骨或者无骨鸡大腿肉，鸡皮可以吃	0.38	R
615	24152220	烤的带骨或者无骨鸡大腿肉，鸡皮不可以吃	0.44	R
616	24153200	炖的带骨或者无骨鸡大腿肉，至于是否吃鸡皮未规定	0.36	R
617	24153210	炖的带骨或者无骨鸡大腿肉，鸡皮可以吃	0.20	R
618	24153220	炖的带骨或者无骨鸡大腿肉，鸡皮不可以吃	0.62	R
619	24154200	油炸没有涂层的带骨或者无骨鸡大腿肉，至于是否吃鸡皮未规定	1.08	R
620	24154210	油炸没有涂层的带骨或者无骨鸡大腿肉，鸡皮可以吃	0.23	R
621	24154220	油炸没有涂层的带骨或者无骨鸡大腿肉，鸡皮不可以吃	0.43	R
622	24155200	烘烤或者油炸撒过粉的带骨或者无骨鸡大腿肉，准备带皮的鸡大腿肉，至于是否吃鸡皮/涂层未规定	1.04	R
623	24155210	烘烤或者油炸撒过粉的带骨或者无骨鸡大腿肉，准备带皮的鸡大腿肉，鸡皮/涂层可以吃	0.45	R

624	24155220	烘烤或者油炸撒过粉的带骨或者无骨鸡大腿肉，准备带皮的鸡大腿肉，鸡皮/涂层不可以吃	0.39	R
625	24156200	烘烤或者油炸裹上了面包屑的带骨或者无骨鸡大腿肉，准备带皮的鸡大腿肉，至于是否吃鸡皮/涂层未规定	0.96	R
626	24156210	烘烤或者油炸裹上了面包屑的带骨或者无骨鸡大腿肉，准备带皮的鸡大腿肉，鸡皮/涂层可以吃	0.96	R
627	24156220	烘烤或者油炸裹上了面包屑的带骨或者无骨鸡大腿肉，准备带皮的鸡大腿肉，鸡皮/涂层不可以吃	1.06	R
628	24156250	烘烤或者油炸裹上了面包屑的带骨或者无骨鸡大腿肉，准备无皮的鸡大腿肉，涂层可以吃	1.15	R
629	24156260	烘烤或者油炸裹上了面包屑的带骨或者无骨鸡大腿肉，准备无皮的鸡大腿肉，涂层不可以吃	1.15	R
630	24157200	油炸调成了糊状的带骨或者无骨鸡大腿肉，准备带皮的鸡大腿肉，至于是否吃鸡皮/涂层未规定	0.73	R
631	24157210	油炸调成了糊状的带骨或者无骨鸡大腿肉，准备带皮的鸡大腿肉，鸡皮/涂层可以吃	0.73	R
632	24157220	油炸调成了糊状的带骨或者无骨鸡大腿肉，准备带皮的鸡大腿肉，鸡皮/涂层不可以吃	1.06	R
633	24157250	油炸调成了糊状的带骨或者无骨鸡大腿肉，准备无皮的鸡大腿肉，涂层可以吃	0.80	R
634	24157260	油炸调成了糊状的带骨或者无骨鸡大腿肉，准备无皮的鸡大腿肉，涂层不可以吃	0.24	R
635	24158210	熏制的带骨或者无骨鸡大腿肉，鸡皮可以吃	1.63	R
636	24158220	熏制的带骨或者无骨鸡大腿肉，鸡皮不可以吃	1.43	R
637	24160100	带骨或者无骨的鸡翅，至于烹饪方法和是否吃鸡皮未规定	0.53	R
638	24160110	带骨或者无骨的鸡翅，至于烹饪方法未规定，鸡皮可以吃	1.03	R
639	24160120	带骨或者无骨的鸡翅，至于烹饪方法未规定，鸡皮不可以吃	1.05	R
640	24161100	烤的带骨或者无骨的鸡翅，至于是否吃鸡皮未规定	0.21	R
641	24161110	烤的带骨或者无骨的鸡翅，鸡皮可以吃	1.03	R
642	24161120	烤的带骨或者无骨的鸡翅，鸡皮不可以吃	0.39	R
643	24162100	烤的带骨或者无骨的鸡翅，至于是否吃鸡皮未规定	0.21	R
644	24162110	烤的带骨或者无骨的鸡翅，鸡皮可以吃	0.92	R
645	24162120	烤的带骨或者无骨的、鸡翅，鸡皮不可以吃	0.23	R

646	24163100	炖的带骨或者无骨的鸡翅，至于是否吃鸡皮未规定	0.34	R
647	24163110	炖的带骨或者无骨的鸡翅，鸡皮可以吃	0.17	R
648	24163120	炖的带骨或者无骨的鸡翅，鸡皮不可以吃	0.29	R
649	24164100	油炸的没有涂层的带骨或者无骨的鸡翅，至于是否吃鸡皮未规定	0.43	R
650	24164110	油炸的没有涂层的带骨或者无骨的鸡翅，鸡皮可以吃	0.20	R
651	24164120	油炸的没有涂层的带骨或者无骨的鸡翅，鸡皮不可以吃	0.46	R
652	24165100	烘烤或者油炸撒过粉的带骨或者无骨鸡腿，准备带皮的鸡翅，至于是否吃鸡皮/涂层未规定	0.20	R
653	24165110	烘烤或者油炸撒过粉的带骨或者无骨鸡腿，准备带皮的鸡翅，鸡皮/涂层可以吃	0.20	R
654	24165120	烘烤或者油炸撒过粉的带骨或者无骨鸡腿，准备带皮的鸡翅，鸡皮/涂层不可以吃	1.05	R
655	24166100	烘烤或者油炸裹上了面包屑的带骨或者无骨鸡腿，准备带皮的鸡翅，至于是否吃鸡皮/涂层未规定	0.94	R
656	24166110	烘烤或者油炸裹上了面包屑的带骨或者无骨鸡腿，准备带皮的鸡翅，鸡皮/涂层可以吃	0.94	R
657	24166120	烘烤或者油炸裹上了面包屑的带骨或者无骨鸡腿，准备带皮的鸡翅，鸡皮/涂层不可以吃	0.38	R
658	24167100	油炸调成糊状的带骨或者无骨鸡腿，准备带皮的鸡翅，至于是否吃鸡皮/涂层未规定	0.81	R
659	24167110	油炸调成糊状的带骨或者无骨鸡腿，准备带皮的鸡翅，鸡皮/涂层可以吃	0.81	R
660	24167120	油炸调成糊状的带骨或者无骨鸡腿，准备带皮的鸡翅，鸡皮/涂层不可以吃	0.23	R
661	24170210	带骨或者无骨的鸡背肉，至于烹饪方法未规定，鸡皮可以吃	1.04	R
662	24171210	烤的带骨或者无骨的鸡背肉，鸡皮可以吃	1.04	R
663	24172210	烤的带骨或者无骨的鸡背肉，鸡皮可以吃	1.04	R
664	24172220	烤的带骨或者无骨的鸡背肉，鸡皮不可以吃	1.06	R
665	24173210	炖的带骨或者无骨的鸡背肉，鸡皮可以吃	0.98	R
666	24173220	炖的带骨或者无骨的鸡背肉，鸡皮不可以吃	0.99	R
667	24174200	油炸没有涂层的带骨或者无骨的鸡背肉，至于是否吃鸡皮未规定	1.07	R
668	24174210	油炸没有涂层的带骨或者无骨的鸡背肉，鸡皮可以吃	0.25	R

669	24174220	油炸没有涂层的带骨或者无骨的鸡背肉，鸡皮不可以吃	1.08	R
670	24175200	烘烤或者油炸撒过粉的带骨或者无骨的鸡背肉，准备带皮的鸡背肉，至于是否吃鸡皮/涂层未规定	1.05	R
671	24175210	烘烤或者油炸撒过粉的带骨或者无骨的鸡背肉，准备带皮的鸡背肉，鸡皮/涂层可以吃	0.27	R
672	24175220	烘烤或者油炸撒过粉的带骨或者无骨的鸡背肉，准备带皮的鸡背肉，鸡皮/涂层不可以吃	1.01	R
673	24176210	烘烤或者油炸裹上了面包屑的带骨或者无骨的鸡背肉，准备带皮的鸡背肉，鸡皮/涂层可以吃	0.98	R
674	24177210	油炸调成糊状的带骨或者无骨的鸡背肉，准备带皮的鸡背肉，鸡皮/涂层可以吃	0.80	R
675	24180200	带骨或者无骨鸡脖子或者鸡肋，至于烹饪方法和是否吃鸡皮未规定	0.95	R
676	24185220	烘烤或者油炸撒过粉的带骨或者无骨鸡脖子或者鸡肋，准备带皮的鸡脖子或者鸡肋，鸡皮/涂层不可以吃	0.23	R
677	24198440	鸡皮	0.98	R
678	24198500	鸡爪	0.17	R
679	24198640	烤的鸡肉卷，置于是白肉或者黑肉未规定	1.48	R
680	24198710	煮熟的裹上了面包屑、配有奶酪的鸡排	1.76	R
681	24198720	鸡肉末	0.23	R
682	24201000	火鸡，NFS	0.69	R
683	24201010	煮熟的火鸡白肉，至于是否吃鸡皮未规定	0.57	R
684	24201020	煮熟的火鸡白肉，鸡皮不可以吃	0.57	R
685	24201030	煮熟的火鸡白肉，鸡皮可以吃	0.16	R
686	24201060	烘烤或者油炸裹上了面包屑火鸡白肉，鸡皮不可以吃	0.16	R
687	24201110	烤的火鸡白肉，至于是否吃鸡皮未规定	0.57	R
688	24201120	烤的火鸡白肉，鸡皮不可以吃	0.16	R
689	24201130	烤的火鸡白肉，鸡皮可以吃	0.16	R
690	24201210	烤的火鸡黑肉，至于是否吃鸡皮未规定	0.32	R
691	24201220	烤的火鸡黑肉，鸡皮不可以吃	0.32	R
692	24201230	烤的火鸡黑肉，鸡皮可以吃	0.19	R
693	24201310	烤的火鸡白肉和黑肉，至于是否吃鸡皮未规定	0.58	R
694	24201320	烤的火鸡白肉和黑肉，鸡皮不可以吃	0.21	R
695	24201330	烤的火鸡白肉和黑肉，鸡皮可以吃	0.35	R

696	24201350	油炸调成糊状的火鸡白肉或者黑肉，至于是否吃鸡皮未规定	2.03	R
697	24201400	炖的火鸡白肉或者黑肉，至于是否吃鸡皮未规定	0.70	R
698	24201410	炖的火鸡白肉或者黑肉，鸡皮不可以吃	1.18	R
699	24201500	煮熟的熏制火鸡白肉或者黑肉，至于是否吃鸡皮未规定	2.53	R
700	24201520	煮熟的熏制火鸡白肉或者黑肉，鸡皮不可以吃	2.53	R
701	24202000	煮熟的火鸡鸡腿，至于是否吃鸡皮未规定	0.20	R
702	24202010	煮熟的火鸡鸡腿，鸡皮不可以吃	0.80	R
703	24202020	煮熟的火鸡鸡腿，鸡皮可以吃	0.20	R
704	24202050	烤的火鸡鸡腿，至于是否吃鸡皮未规定	1.01	R
705	24202060	烤的火鸡鸡腿，鸡皮不可以吃	0.20	R
706	24202070	烤的火鸡鸡腿，鸡皮可以吃	1.01	R
707	24202120	煮熟的熏制火鸡鸡腿，鸡皮可以吃	2.53	R
708	24202450	煮熟的火鸡大腿肉，至于是否吃鸡皮未规定	0.33	R
709	24202460	煮熟的火鸡大腿肉，鸡皮可以吃	1.01	R
710	24202500	煮熟的火鸡大腿肉，鸡皮不可以吃	1.02	R
711	24202600	煮熟的火鸡脖子	0.96	R
712	24203000	煮熟的火鸡翅，至于是否吃鸡皮未规定	0.15	R
713	24203010	煮熟的火鸡翅，鸡皮不可以吃	0.70	R
714	24203020	煮熟的火鸡翅膀，鸡皮可以吃	0.16	R
715	24203120	煮熟的熏制火鸡翅，鸡皮可以吃	2.53	R
716	24204000	煮熟的火鸡白肉或者黑肉烤肉卷	1.73	R
717	24205000	煮熟的火鸡尾巴	0.16	R
718	24205100	煮熟的火鸡背肉	1.00	R
719	24207000	火鸡肉	0.51	R
720	24300110	煮熟的鸭肉，鸭皮可以吃	0.56	R
721	24300120	煮熟的鸭肉，鸭皮不可以吃	0.58	R
722	24301000	烤的鸭肉，至于是否吃鸭皮未规定	0.56	R
723	24301010	烤的鸭肉，鸭皮可以吃	0.56	R
724	24301020	烤的鸭肉，鸭皮不可以吃	0.25	R
725	24400000	煮熟的考尼什雏鸡肉，至于是否吃鸡皮未规定	0.57	R
726	24400010	煮熟的考尼什雏鸡肉，鸡皮可以吃	0.57	R
727	24400020	煮熟的考尼什雏鸡肉，鸡皮不可以吃	0.16	R

728	24401000	烤的考尼什雏鸡肉，至于是否吃鸡皮未规定	0.57	R
729	24401010	烤的考尼什雏鸡肉，鸡皮可以吃	0.45	R
730	24401020	烤的考尼什雏鸡肉，鸡皮不可以吃	0.32	R
731	24402100	煮熟的鸽子肉，至于烹饪方法未规定	0.56	R
732	24402110	油炸鸽子肉	0.14	R
733	24403100	煮熟的鹌鹑肉	0.54	R
734	24404100	煮熟的野鸡肉	0.52	R
735	25110000	煮熟的肝，至于种类未规定	0.58	R
736	25110100	煮熟的牛肝，至于烹饪方法未规定	0.27	R
737	25110120	用文火炖的牛肝	1.35	R
738	25110140	油炸或者烤的没有涂层的牛肝	0.27	R
739	25110150	油炸裹上了面包屑的牛肝	1.15	R
740	25110170	油炸调成糊状的牛肝	0.88	R
741	25110200	煮熟的小牛肝，至于烹饪方法未规定	1.07	R
742	25110240	油炸或者烤的没有涂层的小牛肝	0.34	R
743	25110250	油炸裹上了面包屑的小牛肝	1.25	R
744	25110300	煮熟的猪肝，至于烹饪方法未规定	0.94	R
745	25110320	用文火炖的猪肝	0.94	R
746	25110340	油炸裹上了面包屑的猪肝	1.61	R
747	25110400	煮熟的鸡肝，至于烹饪方法未规定	1.61	R
748	25110410	油炸调成糊状的鸡肝	0.20	R
749	25110420	用文火炖的鸡肝	0.95	R
750	25110440	油炸或者炒的没有涂层的鸡肝	0.29	R
751	25110450	油炸裹上了面包屑的鸡肝	1.10	R
752	25112200	鸡肝泥或者鸡肝酱	0.98	R
753	25120000	煮熟的心脏部位的肉，至于烹饪方法未规定	0.98	R
754	25120150	油炸心脏部位的肉	0.61	R
755	25130000	煮熟的腰子，至于烹饪方法未规定	1.16	R
756	25130150	油炸裹上了面包屑的腰子	2.48	R
757	25150000	煮熟的脑花	1.20	R
758	25160000	煮熟的舌头肉，至于烹饪方法未规定	0.97	R
759	25160100	用文火炖的舌头肉	0.15	R

760	25160110	煮熟的熏制或者腌制舌头肉	2.64	R
761	25160130	焖烧舌头肉，波多黎各风味（Lengua al caldero）	3.15	R
762	25170110	煮熟的牛肚	0.99	R
763	25170210	煮熟的猪肠	0.92	R
764	25170310	煮熟的猪肚	0.09	R
765	25170420	煮熟的胗肉	0.41	R
766	25220110	煮熟的段状的牛肉香肠，煮至棕色，然后上桌	2.63	R
767	25220140	煮熟的新鲜的大块、小肉饼状或者段状的牛肉香肠	2.41	R
768	25220120	血肠	1.73	R
769	25220350	煮熟的德式香肠	1.42	R
770	25221410	煮熟的新鲜的大块、小肉饼状或者段状的猪肉香肠	3.28	R
771	25221450	煮熟的猪肉糯米香肠，烹饪至棕色，然后上桌	1.65	R
772	25221460	猪肉香肠和牛肉香肠	2.05	R
773	25221470	煮熟的猪肉香肠和牛肉香肠，烹饪至棕色，然后上桌	2.05	R
774	25221510	煮熟的意大利蒜味软香肠	2.71	R
775	25221610	煮熟的玉米肉饼	1.94	R
776	25221860	煮熟的低脂土耳其香肠，烹饪至棕色，然后上桌	1.57	R
777	25221870	煮熟的新鲜的大块、小肉饼状或者段状的土耳其香肠和猪肉香肠	2.23	R
778	25221890	熏制的低脂土耳其香肠、猪肉香肠和牛肉香肠	2.02	R
779	25230810	小牛肉卷	3.38	R
780	27111050	配有牛肉或者小羊肉和羊肉以外的肉类的意大利面酱，自制风味	0.87	R
781	27111200	法式红酒炖牛肉	0.12	R
782	27114000	（蘑菇）牛肉汤（混合物）	0.85	R
783	27115100	日式照烧酱牛排（混合物）	1.44	R
784	27116350	炖的调过味的绞碎牛肉，墨西哥风味（Picadillo de carne de rez）	0.59	R
785	27116400	鞑靼牛排（生的绞碎牛肉和鸡蛋）	0.30	R
786	27118110	肉丸，波多黎各风味（Albondigas）	2.07	R
787	27120000	（蘑菇）火腿或者猪肉汤（混合物）	0.81	R
788	27120110	涂有番茄酱的香肠（混合物）	2.06	R
789	27121000	配有红辣椒和番茄的猪肉（混合物）（Puerco con chile）	0.64	R

790	27121010	炖猪肉，波多黎各风味	1.61	R
791	27130010	配有肉汁的小羊肉或者羊肉（混合物）	0.72	R
792	27130040	配有小羊肉或者羊肉的意大利面酱，自制风味	1.20	R
793	27130100	咖喱小羊肉	0.53	R
794	27133010	炖的山羊肉，波多黎各风味（Cabrito en fricase, chilindron de chivo）	2.09	R
795	27135040	配有黄油酱的小牛肉（混合物）	1.46	R
796	27135050	马沙拉白葡萄酒炖小牛肉	0.58	R
797	27136050	含有番茄酱的鹿肉（混合物）	0.54	R
798	27136050	含有肉汁的鹿肉（混合物）	0.71	R
799	27136050	含有鹿肉和大豆的辣肉酱	1.40	R
800	27136050	含有家禽肉的意大利面酱，自制风味	1.21	R
801	27136050	含有番茄酱的炖鸡，墨西哥风味（混合物）	0.35	R
802	27136050	鸡肉或原汁炖火鸡	0.53	R
803	27136050	（含有蘑菇的）鸡肉的汤或原汁炖火鸡（混合物）	0.81	R
804	27136050	基辅鸡肉	0.89	R
805	27136050	酿馅鸡肉、鸡腿或鸡胸肉，波多黎各风格	2.06	R
806	27136050	豆豉（基于肉汤的）	2.20	R
807	27136050	含有肉类混合物的意大利面酱，自制风味	1.23	R
808	27136050	（含有蘑菇的）牛肉土豆汤（混合物）	0.57	R
809	27136050	含有土豆的、经过调味的炖绞碎牛肉，墨西哥风味	0.43	R
810	27136050	含有（蘑菇）汤的牛肉面（混合物）	0.66	R
811	27136050	无酱牛肉饭（混合物）	0.76	R
812	27136050	含番茄酱的豪猪肉馅饼（混合物）	1.16	R
813	27136050	含（蘑菇）汤的豪猪肉馅饼（混合物）	1.27	R
814	27136050	牛肉做的肉馅糕	0.31	R
815	27136050	牛肉做的肉馅糕，带番茄酱	1.00	R
816	27136050	炖的腌制牛肉，波多黎各风格	1.74	R
817	27136050	带填料的火腿或猪肉（混合物）	2.07	R
818	27136050	带（蘑菇）汤的香肠饭（混合物）	1.56	R
819	27136050	带奶油或白汁的香肠面（混合物）	1.16	R
820	27235000	用鹿肉制成的肉馅糕	0.64	R
821	27236000	带奶油或白汁的鹿肉面（混合物）	0.76	R

822	27242250	有（蘑菇）汤的鸡肉面或火鸡面（混合物）	0.62	R
823	27243400	带（蘑菇）汤的鸡肉饭或火鸡饭（混合物）	1.16	R
824	27246500	用鸡肉或火鸡制成的肉馅糕	0.39	R
825	27250270	卡西诺烧蛤	0.80	R
826	27260010	肉馅糕，为规定肉的类型	0.63	R
827	27260090	牛肉、牛犊肉、猪肉制成的肉馅糕	0.29	R
828	27260510	饺子	1.95	R
829	27311610	牛肉、土豆、和蔬菜（包括胡萝卜、花椰菜、和/或绿叶蔬菜），（蘑菇）汤（混合物）	0.63	R
830	27311620	（不包括胡萝卜、花椰菜和绿叶蔬菜），（蘑菇）汤（混合物）	0.65	R
831	27313310	牛肉、面条和蔬菜（包括胡萝卜、花椰菜和/或绿叶蔬菜），（蘑菇）汤（混合物）	0.79	R
832	27313320	牛肉、面条和蔬菜（不包括胡萝卜、花椰菜和绿色蔬菜），（蘑菇）汤（混合物）	0.78	R
833	27315270	其馅料中含有葡萄叶的菜叶大米牛肉包	0.18	R
834	27315310	牛肉、大米和蔬菜（包括胡萝卜、花椰菜、和/或绿叶蔬菜），（蘑菇）汤（混合物）	0.76	R
835	27315320	牛肉、大米和蔬菜（不包括胡萝卜、花椰菜和绿叶蔬菜），（蘑菇）汤（混合物）	0.58	R
836	27319010	青辣椒镶肉，波多黎各风味	1.78	R
837	27330060	羔羊肉或羊肉蔬菜饭（包括胡萝卜、花椰菜和/或绿叶蔬菜）番茄为主	1.17	R
838	27330170	其馅料中含有葡萄叶的菜叶大米羔羊肉包	0.17	R
839	27331150	原汁炖牛犊肉，波多黎各风格	1.67	R
840	27335100	有蔬菜和土豆的炖兔肉	0.71	R
841	27336100	含有土豆和蔬菜的炖鹿肉（包括胡萝卜、花椰菜和/或绿叶蔬菜）	0.65	R
842	27336200	鹿肉、土豆和蔬菜（包括胡萝卜、花椰菜和/或绿叶蔬菜），肉汁（混合物）	0.51	R
843	27336310	鹿肉、面条和蔬菜（不包括胡萝卜、花椰菜和绿叶蔬菜），番茄为主的汤	0.60	R
844	27345410	鸡肉或火鸡、大米和蔬菜（包括胡萝卜、花椰菜和/或绿叶蔬菜），（蘑菇）	0.38	R

845	27345420	鸡肉或火鸡、大米和蔬菜（不包括胡萝卜、花椰菜和绿叶蔬菜），（蘑菇）汤	0.71	R
846	27350020	含有海鲜的肉菜饭	1.34	R
847	27362000	含有土豆的烩牛肚，波多黎各风格	1.37	R
848	27363000	秋葵汤饭（新奥尔良风味，带有贝类海鲜、猪肉和/或家禽肉、番茄、秋葵、大米）	0.96	R
849	27363100	用肉和米饭制成的什锦饭	0.35	R
850	27410250	有蔬菜的烤牛肉串，不包括土豆	0.72	R
851	27411120	瑞士牛排	0.64	R
852	27411150	卷有蔬菜或肉混合物的牛肉卷，番茄酱	0.92	R
853	27414100	蔬菜牛肉汤［含有胡萝卜、花椰菜和/或绿叶蔬菜（无土豆）］，（蘑菇）汤	1.22	R
854	27414200	蔬菜牛肉汤［不含胡萝卜、花椰菜和绿叶蔬菜（无土豆）］，（蘑菇）汤	0.81	R
855	27416150	青椒牛排	0.66	R
856	27416200	绞碎牛肉，含鸡蛋和洋葱（混合物）	0.53	R
857	27418110	调味碎肉汤	0.60	R
858	27418310	带有番茄酱和洋葱的咸牛肉，波多黎各风味（混合物）	1.99	R
859	27418410	带洋葱的牛排，波多黎各风味（混合物）	2.54	R
860	27420010	白菜火腿（混合物）	1.02	R
861	27420400	猪肉和蔬菜［包括胡萝卜、花椰菜和/或绿叶蔬菜（无土豆），番茄酱	0.69	R
862	27420460	香肠和蔬菜［不包括胡萝卜、花椰菜和绿叶蔬菜（无土豆）］，番茄酱	1.96	R
863	27430500	菜炖牛肉［不包括胡萝卜、花椰菜和绿叶蔬菜（无土豆）］，番茄酱	0.36	R
864	27430510	菜炖牛肉［包括胡萝卜、花椰菜和/或绿叶蔬菜（无土豆）］，番茄酱	0.64	R
865	27450410	虾和蔬菜［包括胡萝卜、花椰菜和/或绿叶蔬菜（无土豆）］，大豆酱	0.69	R
866	27450420	虾和蔬菜［不包括胡萝卜、花椰菜和绿叶蔬菜（无土豆）］，大豆酱	0.36	R
867	27450600	贝类混合物与蔬菜［包括胡萝卜、花椰菜和/或绿叶蔬菜（无土豆）］，汤	0.29	R
868	27460750	肝、牛肉或小牛肉、和洋葱	0.74	R

869	27463000	炖胗，波多黎各风味	1.11	R
870	27454000	秋葵，无米饭（新奥尔良风味，含有贝类海鲜、猪肉和/或家禽肉、番茄、秋葵）	1.11	R
871	27510210	奶酪汉堡包，小圆面包上无其他配料	1.39	R
872	27510220	奶酪汉堡包，抹蛋黄酱或沙拉酱调料在小圆面包	1.34	R
873	27510230	奶酪汉堡包，抹蛋黄酱或沙拉酱调料及西红柿在小圆面包上	1.17	R
874	27510240	奶酪汉堡包，加 1/4 磅①肉，小面包上无其他配料	1.43	R
875	27510250	奶酪汉堡包，加 1/4 磅肉、蛋黄酱或沙拉酱调料在小面包上	1.47	R
876	27510260	奶酪汉堡包，加 1/4 磅肉、酱中放蘑菇涂在小面包上	1.45	R
877	27510270	双层奶酪汉堡包（包两个小馅饼），小面包上无调料	1.43	R
878	27510280	双层奶酪汉堡包（两个小馅饼），涂蛋黄酱或沙拉酱调料在小面包上	1.45	R
879	27510300	双层奶酪汉堡包（两个小馅饼），涂蛋黄酱或沙拉酱调料在双层小面包上	1.42	R
880	27510310	奶酪汉堡包，加番茄和/或番茄酱在小面包上	1.41	R
881	27510311	奶酪汉堡包，加 1 盎司肉，微型面包上无其他配料	1.21	R
882	27510230	奶酪汉堡包，在小面包上加 1/4 磅肉、番茄和/或番茄酱	1.63	R
883	27510330	双层奶酪汉堡包（两个小馅饼），在小面包上加番茄和/或番茄酱	1.61	R
884	27510340	双层奶酪汉堡包（两个小馅饼），面包上加蛋黄酱或色拉酱调料和番茄	1.32	R
885	27510350	奶酪汉堡包，面包上加 1/4 磅肉、涂蛋黄酱或色拉酱调料及番茄	1.31	R
886	27510360	奶酪汉堡包，面包上加蛋黄酱或色拉酱调料、番茄和腊肉	1.39	R
887	27510370	双层奶酪汉堡包（两个馅饼、每个馅饼上加 1/4 磅肉），汉堡上加蛋黄酱或色拉酱调料	1.19	R
888	27510380	三层奶酪汉堡包（3 个馅饼，每个馅饼上加 1/4 磅肉），面包上加蛋黄酱或色拉酱调料及番茄	1.11	R
889	27510390	双层腊肉奶酪汉堡包（两个馅饼，每个馅饼上加有 1/4 磅肉）	1.43	R

① 1 磅=0.453 592kg。

890	27510400	腊肉奶酪汉堡包，加有 1/4 磅肉，面包上加番茄和/或番茄酱	1.83	R
891	27510420	煎玉米卷汉堡	1.44	R
892	27510430	双层腊肉奶酪汉堡包（两个馅饼，每个馅饼上加有 1/4 磅肉），夹有蛋黄酱或色拉酱调料及番茄	1.21	R
893	27510440	腊肉奶酪汉堡包，加有 1/4 磅肉，面包上加有蛋黄酱或色拉酱调料及番茄	1.24	R
894	27510480	奶酪汉堡包（汉堡包上加有奶酪酱），有 1/4 磅肉，黑麦面包上加有烤洋葱	1.01	R
895	27510500	汉堡包，面包上无其他配料	1.14	R
896	27510510	汉堡包，面包上加番茄和/或番茄酱	1.24	R
897	27510520	汉堡包，面包上加蛋黄酱或色拉酱调料及番茄	0.82	R
898	27510530	汉堡包，加有 1/4 磅肉，面包上无其他配料	1.10	R
899	27510540	双层汉堡包（两个馅饼），面包上加番茄和/或番茄酱	1.34	R
900	27510550	双层汉堡包（两个馅饼），在双层面包上加蛋黄酱或色拉酱调料及番茄	1.09	R
901	27510560	汉堡包，加 1/4 磅肉，面包上加蛋黄酱或色拉酱调料及番茄	1.07	R
902	27510590	汉堡包，面包上加蛋黄酱或色拉酱调料	1.13	R
903	27510600	汉堡包，加有 1 盎司肉，微型面包上无其他配料	1.73	R
904	27510610	汉堡包，加有 1 盎司肉，微型面包上加有番茄和/或番茄酱	1.18	R
905	27510620	汉堡包，加有 1/4 磅肉，面包上加有番茄和/或番茄酱	1.34	R
906	27510630	汉堡包，加有 1/4 磅肉，面包上加有蛋黄酱或色拉酱调料	1.20	R
907	27510640	汉堡包，加有 1/4 磅肉（脂肪含量中提炼的牛肉），面包上加有番茄和/或番茄酱	0.95	R
908	27510670	双层汉堡包（两个馅饼），面包上加有蛋黄酱或色拉酱调料及番茄	1.06	R
909	27510680	双层汉堡包（两个馅饼，每个馅饼上有 1/4 磅肉），面包上加有番茄和/或番茄酱	0.98	R
910	27510690	双层汉堡包（两个馅饼，每个馅饼上有 1/4 磅肉），加有蛋黄酱或色拉酱调料及番茄和/或猫肉	0.90	R
911	27515000	潜艇形牛排三明治，卷有生菜和番茄	0.81	R
912	27515010	牛排三明治，未卷有其他配料	0.96	R

913	27515020	潜艇形牛排奶酪三明治，卷有生菜和番茄	1.13	R
914	27515030	牛排奶酪三明治，未卷有其他配料	1.21	R
915	27515040	潜艇形牛排奶酪三明治，未卷有其他配料	1.62	R
916	27515080	牛排三明治，饼干上无其他配料	1.67	R
917	27515150	牛排馅饼（裹上面包屑油煎的）三明治，面包上加有蛋黄酱或色拉酱调料、生菜及番茄	1.51	R
918	27516010	皮塔三明治（皮塔饼、牛肉、羔羊肉、洋葱、调味料），加有番茄和调味酱	0.66	R
919	27520120	腊肉奶酪三明治，加有调味酱	2.33	R
920	27520140	腊肉鸡蛋三明治	1.12	R
921	27520150	含有腊肉、生菜、番茄和调味酱的三明治	1.30	R
922	27520170	腊肉饼干	2.82	R
923	28310160	牛肉清汤，含有番茄，自制	0.44	R
924	28310170	牛肉清汤，无番茄，自制	0.50	R
925	28330110	苏格兰浓汤（羔羊肉、蔬菜及大麦）	1.07	R
926	28340120	鸡汤，无番茄，自制	0.36	R
927	28340130	鸡汤，有番茄，自制	0.40	R
928	28340590	鸡肉玉米汤，自制	0.47	R
929	28340660	鸡肉或火鸡素菜汤，自制	0.55	R
930	28500050	杂碎肉汁	1.33	R
931	28500150	肉汁，番茄酱	0.10	R
932	28510010	肉汁或调味汁，由波多黎各风味的炖鸡肉而来的家禽肉汁	1.27	R
933	32105030	煎蛋卷或炒鸡蛋，加有火腿或腊肉	1.56	R
934	32105060	煎蛋卷或炒鸡蛋，加有胡椒粉、洋葱和火腿	0.73	R
935	32105080	煎蛋卷或炒鸡蛋，加有奶酪和火腿或腊肉	1.43	R
936	32105085	煎蛋卷或炒鸡蛋，加有奶酪、火腿或腊肉、番茄	1.27	R
937	32105110	煎蛋卷或炒鸡蛋，加有牛肉	0.83	R
938	32105120	煎蛋卷或炒鸡蛋，加有香肠和蘑菇	1.28	R
939	32105121	煎蛋卷或炒鸡蛋，加有香肠和奶酪	0.98	R
940	32105122	煎蛋卷或炒鸡蛋，加有香肠	1.44	R
941	32105160	煎蛋卷或炒鸡蛋，加有西班牙腊香肠	1.34	R
942	32105170	煎蛋卷或炒鸡蛋，加有鸡肉	0.69	R
943	32105190	加有面包、奶酪、牛奶和肉的鸡蛋砂锅	1.11	R

944	32202070	饼干上加鸡蛋、奶酪、腊肉	2.57	R
945	32202080	英式松饼上加鸡蛋、奶酪和腊肉	1.71	R
946	32202090	饼干上加鸡蛋和腊肉	1.69	R
947	32202130	饼干上加鸡蛋和牛排	2.19	R
948	41101000	豆子，干式，煮熟的，未知风味，未规定烹饪时是否加脂肪	0.79	R
949	41101010	豆子，干式，煮熟的，未知风味，烹饪时加脂肪	0.52	R
950	41101100	白豆，干式，煮熟的，未规定烹饪时是否加脂肪	0.79	R
951	41101110	白豆，干式，煮熟的，烹饪时加脂肪	0.04	R
952	41102000	黑色的、棕色的或巴约豆，干式，煮熟的，未规定烹饪时是否加脂肪	0.89	R
953	41102010	黑色的、棕色的或巴约豆，干式，煮熟的，烹饪时加脂肪	0.05	R
954	41102210	蚕豆，煮熟的，烹饪时加脂肪	0.61	R
955	41103000	利马豆，干式，煮熟的，未规定烹饪时是否加脂肪	0.29	R
956	41103010	利马豆，干式，煮熟的，烹饪时加脂肪	0.03	R
957	41103050	粉红豆，干式，煮熟的，未规定烹饪时是否加脂肪	0.78	R
958	41103070	粉红豆，干式，煮熟的，烹饪时加脂肪	0.01	R
959	41104000	杂色的、有斑点的、或红色墨西哥豆，干式，煮熟的，未规定烹饪时是否加脂肪	0.79	R
960	41104010	杂色的、有斑点的、或红色墨西哥豆，干式，煮熟的，烹饪时加脂肪	0.04	R
961	41106000	红芸豆，干式，煮熟的，未规定烹饪时是否加脂肪	0.78	R
962	41106010	干式，煮熟的，烹饪时加脂肪	0.11	R
963	41205100	豆豉酱	2.45	R
964	41207030	豆子，干式，煮有绞碎牛肉	1.09	R
965	41208100	豆子，干式，煮有猪肉	1.04	R
966	41210100	炖干红豆，波多黎各风味	0.49	R
967	41210110	炖干利马豆，波多黎各风味	0.64	R
968	41210150	炖粉红豆，加有粮食、火腿，波多黎各风味	0.21	R
969	41301000	豇豆，干式，煮熟的，未规定烹饪时是否加脂肪	0.88	R
970	41301010	豇豆，干式，煮熟的，烹饪时加脂肪	0.23	R
971	41302000	鹰嘴豆，干式，煮熟的，未规定烹饪时是否加脂肪	0.91	R
972	41302010	鹰嘴豆，干式，煮熟的，烹饪时加脂肪	0.20	R

973	41304130	豇豆，干式，与猪肉煮	1.85	R
974	41310100	炖木豆，波多黎各风味	0.23	R
975	41310200	鹰嘴豆炖猪腿，波多黎各风味	0.32	R
976	41601180	豆子火腿汤，自制	0.53	R
977	58101800	绞碎牛肉面包，面包壳上涂番茄酱和玉米卷调料	1.38	R
978	58101820	墨西哥式砂锅菜，用绞碎牛肉、豆子、番茄酱、奶酪、玉米卷调料和炸玉米片	0.54	R
979	58101830	墨西哥式砂锅菜，用绞碎牛肉、番茄酱、奶酪、玉米卷调料和炸玉米片	0.64	R
980	58105110	拉丁式夹饼，里面含肉	0.22	R
981	58107000	绞碎牛肉比萨饼，饼上有番茄酱	2.16	R
982	58109010	有肉的意大利式馅饼	1.92	R
983	58116110	肉卷饼，波多黎各风味	1.39	R
984	58120110	法式薄饼，里面含肉、鱼肉、或家禽肉、调味汁	1.11	R
985	58127350	新月形三明治，加有腊肉、鸡蛋和奶酪	1.62	R
986	58128110	鸡肉玉米面包	0.89	R
987	58128250	有肉和蔬菜的调味汁	1.74	R
988	58155110	鸡肉饭，波多黎各风味	1.76	R
989	58155310	肉菜饭，瓦伦西亚式，含肉	1.87	R
990	58155320	海鲜肉菜饭，波多黎各风味	0.71	R
991	58155410	鸡肉粥，波多黎各风味	0.74	R
992	58155510	有鸡肉和土豆的汤饭混合物，波多黎各风味	0.69	R
993	58155810	烩饭，波多黎各风味	1.79	R
994	58160140	大豆猪肉饭	0.18	R
995	58160150	红豆饭	0.45	R
996	58163450	西班牙式绞碎牛肉饭	1.05	R
997	58402100	牛肉面汤，自制	0.26	R
998	58403040	鸡肉面汤，自制	0.08	R
999	58404030	鸡肉或火鸡大米汤，自制	0.36	R
1000	58406020	火鸡面汤，自制	0.36	R
1001	58409000	面汤，有鱼丸、小虾、绿叶蔬菜	0.87	R
1002	58421010	Sopa Seca de Fideo，墨西哥式	1.14	R
1003	71411000	烤土豆，连皮烤，油炸，加奶酪和腊肉	0.89	R

1004	71508060	土豆，加调料，烤制，剥皮吃，加有腊肉和奶酪	0.96	R	
1005	71508070	土豆，加调料，烤制，不剥皮吃，加有腊肉和奶酪	1.12	R	
1006	74415110	番茄和各种调料杂酱，波多黎各风味	1.11	R	
1007	75414020	蘑菇，加调料	1.70	R	
1008	75649110	蔬菜汤，自制	0.66	R	
1009	75649150	蔬菜面汤，自制	0.67	R	
1010	75651000	蔬菜通心粉汤，自制	0.61	R	
1011	75652010	蔬菜牛肉汤，自制	0.27	R	
1012	75652040	蔬菜牛肉汤，加面汤或意大利面，自制	0.25	R	
1013	75652050	香米牛肉蔬菜汤、家庭食谱	0.25	R	
1014	77250110	Stuffed tannier friteers、波多黎各风味（Alpurrias）	3.08	R	
1015	77316010	肉馅卷心菜、波多黎各风味（牛肉馅卷心菜）	2.25	R	
1016	77316510	肉馅米饭卷心菜、叙利亚食物、波多黎各风味（Repollo relleno con carne y con arr）	0.33	R	
1017	81201000	熏肉油脂或肉滴油	1.38	R	
1018	91361050	鸭子调味汁	0.00	R	
1019	25210150	法兰克福香肠或热狗、奶酪馅	2.78	1	a
1020	25210210	法兰克福香肠或热狗、牛肉	2.64	1	a
1021	25210220	法兰克福香肠或热狗、牛肉和猪肉	2.78	1	a
1022	25210250	法兰克福香肠或热狗、肉类和禽类、无脂肪	2.67	1	a
1023	25210610	法兰克福香肠或热狗、牛肉、低脂肪	2.67	1	a
1024	25210700	法兰克福香肠或热狗、肉类和禽类、低脂肪	2.37	1	a
1025	27120250	番茄酱（混合物）法兰克福香肠或热狗	2.26	1	a
1026	27560330	法兰克福香肠或热狗，添加有奶酪，味清淡，加在小面包上	2.43	1	a
1027	27560340	法兰克福香肠或热狗，添加有调味番茄酱和/或者芥末，加在小面包上	2.33	1	a
1028	27560350	夹有猪肉的卷饼（面团内包有法兰克福香肠或热狗）	2.44	1	a
1029	27560370	加有辣椒和奶酪的法兰克福香肠或热狗，加在小面包上	2.21	1	a
1030	27560400	鸡肉法兰克福香肠或热狗，味清淡，加在小面包上	2.60	1	a
1031	14620320	下层为肉比萨的比萨饼	2.82	1	b
1032	21416120	煮熟的咸牛肉，只可以吃瘦肉	2.55	1	b
1033	22300150	目的是吃肥肉	2.81	1	b

1034	22300160	火腿、面包或面粉制作、油炸、瘦肉和肥肉都可以吃	2.81	1	b
1035	22321110	火腿、烟熏或腌制、碎肉饼	2.70	1	b
1036	22431000	猪肉卷、腌制、油炸	2.64	1	b
1037	22602010	腊肉、烟熏或腌制、含较低的钠	2.62	1	b
1038	25220010	冷切、NFS	2.68	1	b
1039	25220100	牛肉香肠、NFS	2.59	1	b
1040	25220130	牛肉香肠、烟熏	2.59	1	b
1041	25220390	博洛尼亚香肠、牛肉、低脂肪	2.87	1	b
1042	25220400	博洛尼亚香肠、猪肉和牛肉	2.57	1	b
1043	25220410	博洛尼亚香肠、NFS	2.59	1	b
1044	25220430	博洛尼亚香肠、牛肉	2.23	1	b
1045	25220440	博洛尼亚香肠、火鸡	2.59	1	b
1046	25220450	博洛尼亚香肠圈、烟熏	2.47	1	b
1047	25220480	博洛尼亚香肠、鸡肉、牛肉和猪肉	2.82	1	b
1048	25220500	博洛尼亚香肠、牛肉和猪肉、低脂肪	2.59	1	b
1049	25220650	鸡肉和牛肉馅香肠、烟熏	2.57	1	b
1050	25221110	德式大香肠	2.74	1	b
1051	25221310	波兰式香肠	2.34	1	b
1052	25221350	意大利式香肠	2.73	1	b
1053	25221480	生熏软质腊肉香肠	2.71	1	b
1054	25221500	意大利蒜味腊肠、NFS	2.41	1	b
1055	25221660	烟熏环状香肠、猪肉和牛肉	2.62	1	b
1056	25221710	腌制品	2.23	1	b
1057	25221850	火鸡香肠、烟熏	2.43	1	b
1058	25221880	火鸡、猪肉，和牛肉香肠、低脂、烟熏	2.46	1	b
1059	25230220	火腿、切片、少量盐、预包装或熟食制品、	2.90	1	b
1060	25230560	午餐肉	2.64	1	b
1061	25230790	肝泥香肠	2.53	1	b
1062	25230800	火鸡火腿、切片，添加有瘦肉，预包装或熟食制品、午餐肉	2.66	1	b
1063	25230820	火鸡火腿	2.55	1	b
1064	25230840	火鸡五香烟熏牛肉	2.32	1	b
1065	25240220	火腿沙拉涂抹调味品	2.32	1	b

1066	27120100	火腿沙拉涂抹调味品	2.50	1	b
1067	27220010	番茄酱（混合物）火腿或猪肉火腿制肉馅糕（不是午餐肉）	2.32	1	b
1068	27220080	火腿炸肉丸	2.27	1	b
1069	27420020	火腿或猪肉沙拉	2.26	1	b
1070	27520300	火腿三明治，添加有涂抹调味品	2.34	1	b
1071	27520320	火腿和奶酪三明治，添加有生菜和涂抹调味品	2.38	1	b
1072	27520350	火腿和奶酪三明治，添加有涂抹调味品，烘烤烹制	2.53	1	b
1073	27520360	火腿和奶酪三明治，加在小面包上，添加有生菜和涂抹调味品	2.31	1	b
1074	27520370	热火腿和奶酪三明治，加在小面包上	2.23	1	b
1075	27560650	加在饼干上的香肠	2.20	1	b
1076	27560670	加在英式松饼上的香肠和奶酪	2.29	1	b
1077	32202020	蛋、奶酪，以及加在饼干上的火腿	2.68	1	b
1078	32202050	蛋、奶酪，以及加在饼干上的香肠	2.38	1	b
1079	58156310	西班牙式香米香肠、波多黎各风味	2.54	1	b
1080	74410110	Sofrito、波多黎各调味品	2.29	1	b
1081	25220470	博洛尼亚香肠、牛肉、含较低的钠	1.73	2	
1082	25230310	鸡肉或火鸡、预包装或熟食制品、午餐肉	1.41	2	
1083	25230710	三明治面包、午餐肉	3.52	2	
1084	25231110	牛肉、切片、预包装或熟食制品、午餐肉	3.66	2	
1085	25240110	鸡肉沙拉涂抹调味品	0.96	2	
1086	27416250	牛肉沙拉	0.41	2	
1087	27446200	鸡肉或火鸡沙拉	0.40	2	
1088	27446220	添加有有蛋的鸡肉或火鸡沙拉	0.63	2	
1089	27446300	鸡肉或火鸡蔬菜沙拉（鸡肉和/或者火鸡、番茄和/或者胡萝卜，其他蔬菜），没有添加调味品	0.09	2	
1090	27446310	鸡肉或火鸡蔬菜沙拉（鸡肉和/或者火鸡，除番茄和胡萝卜的其他蔬菜），没有添加调味品	0.10	2	
1091	27446350	东方鸡肉或火鸡蔬菜沙拉（鸡肉和/或者火鸡、生菜、水果、坚果），没有添加调味品	0.19	2	
1092	27460490	什锦沙拉（肉、奶酪、蛋、蔬菜）、没有添加调味品	0.46	2	
1093	27460510	由火腿、鱼、奶酪和蔬菜组成的开胃菜	1.60	2	
1094	27513010	烤牛肉三明治	0.99	2	

1095	27513040	烤牛肉潜艇形大三明治，加在面包卷上，添加有生菜、番茄和涂抹调味品	0.61	2	
1096	27513050	奶酪烤牛肉三明治	1.32	2	
1097	27520130	烟熏腌肉、鸡肉，以及番茄总汇三明治，添加有生菜和涂抹调味品	0.88	2	
1098	27520160	烟熏腌肉、鸡肉，和番茄总汇三明治，与生菜、涂抹调味品一起添加在多谷面包卷上	1.10	2	
1099	27520340	火腿沙拉三明治	1.94	2	
1100	27520390	火腿奶酪潜艇形大三明治，加在多谷面包卷上，添加有生菜、番茄和涂抹调味品	1.84	2	
1101	27520540	火腿番茄总汇三明治，添加有生菜和涂抹调味品	2.10	2	
1102	27540120	鸡肉沙拉或鸡肉涂抹调味品三明治	0.89	2	
1103	27540310	火鸡三明治，添加有涂抹调味品	0.87	2	
1104	27540320	火鸡沙拉或火鸡涂抹调味品三明治	0.89	2	
1105	27540350	火鸡潜艇形大三明治，加在面包卷上，添加有奶酪、生菜、番茄和涂抹调味品	2.21	2	
1106	27560110	博洛尼亚三明治，添加有涂抹调味品	1.83	2	
1107	27560120	博洛尼亚奶酪三明治，添加有涂抹调味品	2.13	2	
1108	27560910	潜艇形三明治、冷切，添加有生菜，加在小面包上	2.03	2	
1109	58148170	配有鸡肉的通心粉沙拉	1.00	2	
1110	58148550	添加有有肉的面食沙拉（通心粉或面条、蔬菜、肉、调味品）	1.57	2	
1111	74304000	添加有蛤蚌汁或牛肉汁的番茄汁	0.90	2	
1112	75145000	7层沙拉（洋葱、芹菜、青椒、豌豆和蛋黄酱混合制成的生菜沙拉）	0.71	2	
1113	27111000	番茄酱（混合物）牛肉	0.40	3	a
1114	27112100	勃艮第牛肉调味汁	0.36	3	a
1115	27116300	糖醋酱（混合物）牛肉	1.36	3	a
1116	27120030	烤肉调味酱（混合物）火腿或猪肉	1.88	3	a
1117	27120060	糖醋猪肉	0.94	3	a
1118	27145000	鸡肉或火鸡黏糖色烤（加入了酱油的鸡肉或火鸡）	3.34	3	a
1119	27146000	烤肉调味酱（混合物）鸡肉或火鸡	0.54	3	a
1120	27162010	番茄酱（混合物）肉	0.67	3	a

1121	27211110	墨西哥风味马铃薯炖牛肉，浇有番茄酱（混合物） (Carne guisada con papas)	1.04	3	a
1122	27212100	浇有番茄酱（混合物）的牛肉面条	0.68	3	a
1123	27213100	浇有番茄酱（混合物）的牛肉米饭	0.88	3	a
1124	27220110	浇有番茄酱（混合物）的猪肉米饭	1.20	3	a
1125	27220120	浇有番茄酱（混合物）的香肠米饭	1.55	3	a
1126	27242400	鸡肉或火鸡面条，浇有番茄酱（混合物）	0.92	3	a
1127	27243500	浇有番茄酱（混合物）的鸡肉或火鸡米饭	0.39	3	a
1128	27260100	牛肉和猪肉制成的肉馅糕，浇有番茄酱	1.16	3	a
1129	27313210	牛肉、面条和蔬菜（包括胡萝卜、花椰菜，和/或者深绿色叶子蔬菜），浇有番茄酱	0.29	3	a
1130	27313220	牛肉、面条和蔬菜（不包括胡萝卜、花椰菜，和/或者深绿色叶子蔬菜），浇有番茄酱（混合物）	0.79	3	a
1131	27315210	牛肉、米饭和蔬菜（包括胡萝卜、花椰菜，和/或者深绿色叶子蔬菜），浇有番茄酱（混合物）	0.71	3	a
1132	27315220	牛肉、米饭和蔬菜（不包括胡萝卜、花椰菜，和/或者深绿色叶子蔬菜），浇有番茄酱（混合物）	0.70	3	a
1133	27320070	火腿或猪肉、面条和蔬菜（包括胡萝卜、花椰菜，和/或者深绿色叶子蔬菜），浇有番茄酱	1.80	3	a
1134	27320080	香肠、面条和蔬菜（不包括胡萝卜、花椰菜，和/或者深绿色叶子蔬菜），浇有番茄酱	1.28	3	a
1135	27320090	香肠、面条和蔬菜（包括胡萝卜、花椰菜，和/或者深绿色叶子蔬菜），浇有番茄酱	1.25	3	a
1136	27320110	猪肉、马铃薯和蔬菜（不包括胡萝卜、花椰菜，以及深绿色叶子蔬菜），浇有番茄酱（混合物）	1.31	3	a
1137	27343510	鸡肉或火鸡、面条和蔬菜（包括胡萝卜、花椰菜和/或深绿色叶子蔬菜），浇有番茄酱	0.62	3	a
1138	27343520	鸡肉或火鸡、面条和蔬菜（不包括胡萝卜、花椰菜，以及深绿色叶子蔬菜），浇有番茄酱	0.77	3	a
1139	27345520	鸡肉或火鸡、米饭和蔬菜（不包括胡萝卜、花椰菜，以及深绿色叶子蔬菜），浇有番茄酱	0.55	3	a
1140	27411100	牛肉蔬菜［包括胡萝卜、花椰菜和/或深绿色叶子蔬菜（没有马铃薯）］，浇有番茄酱	0.24	3	a
1141	27411200	牛肉蔬菜［不包括胡萝卜、花椰菜，以及深绿色叶子蔬菜（没有马铃薯）］，浇有番茄酱	1.01	3	a

1142	27420410	猪肉蔬菜［不包括胡萝卜、花椰菜，以及深绿色叶子蔬菜（没有马铃薯）］，浇有番茄酱	0.20	3	a
1143	28110620	牛肋条、去骨，添加有烤肉调味酱、马铃薯、蔬菜（冷冻餐食）	0.49	3	a
1144	28113050	番茄酱内加入有蔬菜的索尔斯伯利牛肉饼、面条（食用冷冻餐食）	1.11	3	a
1145	28140740	鸡肉馅饼、或炸鸡块、去骨、涂面包屑，添加有面团和番茄酱、水果、甜点（冷冻餐食）	0.98	3	a
1146	28141200	鸡肉粘糖色烤，添加有米饭和蔬菜（冷冻餐食）	1.77	3	a
1147	28160310	浇有番茄酱的肉馅糕，添加有马铃薯和蔬菜（冷冻餐食）	0.91	3	a
1148	28500010	肉汁、肉类或禽类，添加有酒	1.02	3	a
1149	58126150	半圆形酥饼、肉馅和奶酪馅，浇有番茄酱	1.88	3	a
1150	58131110	略有馅的水饺、NS 目的在与馅，浇有番茄酱	1.02	3	a
1151	58134610	意大利式饺子、肉馅，浇有番茄酱	1.65	3	a
1152	58134710	意大利式饺子、菠菜馅，浇有番茄酱	1.59	3	a
1153	58301010	卤汁面条，添加有奶酪、蔬菜和甜点，浇有番茄酱（冷冻餐食）	0.76	3	a
1154	58302060	意大利式细面条或者番茄酱内添加有牛肉的面条、低脂、低钠（食用冷冻餐食）	0.45	3	a
1155	58304020	意大利式细面条，以及添加有番茄酱、切片苹果和面包的肉丸子（冷冻餐食）	1.72	3	a
1156	58304300	意大利式烤碎肉卷、奶酪馅，浇有番茄酱（食用冷冻餐食	1.20	3	a
1157	24198700	鸡肉馅饼、里脊、或者嫩肉，涂有面包屑，煮熟	1.35	3	b
1158	27246300	鸡肉或火鸡蛋糕、小馅饼，或者炸肉饼	0.65	3	b
1159	41501000	墨西哥式炒黄豆餐、冷冻	1.01	3	c
1160	58100340	玉米卷饼，添加有蛋、香肠、奶酪和蔬菜	1.37	3	c
1161	58100400	墨西哥辣椒乳酪肉馅玉米卷饼，没有添加有黄豆	0.41	3	c
1162	58100510	墨西哥辣椒乳酪肉馅玉米卷饼，添加有黄豆	0.66	3	c
1163	58100520	墨西哥辣椒乳酪肉馅玉米卷饼，添加有黄豆和奶酪	0.74	3	c
1164	58100530	墨西哥辣椒乳酪肉馅玉米卷饼，添加有牛肉和奶酪、无黄豆	0.62	3	c
1165	58100560	墨西哥辣椒乳酪肉馅玉米卷饼，添加有鸡肉，浇有番茄酱	1.14	3	c

1166	58100600	墨西哥辣椒乳酪肉馅玉米卷饼，添加有鸡肉和黄豆，浇有番茄酱	0.40	3	c
1167	58100610	墨西哥辣椒乳酪肉馅玉米卷饼，添加有鸡肉、黄豆、奶酪，浇有番茄酱	0.65	3	c
1168	58100620	墨西哥辣椒乳酪肉馅玉米卷饼，添加有鸡肉、奶酪，但没有黄豆，浇有番茄酱	0.70	3	c
1169	58100630	鸡肉 Flauta	0.61	3	c
1170	58101240	肉类和/或禽类的玉米粉蒸肉	0.44	3	c
1171	58103110	牛肉、炖肉、煮熟，瘦肉和肥肉都可以吃	1.53	3	c
1172	58103310	玉米粉蒸肉砂锅	0.82	3	c
1173	58104080	烤干酪辣味玉米片，添加有牛肉、黄豆、奶酪和酸奶油	0.83	3	c
1174	58104130	烤干酪辣味玉米片，添加有牛肉、黄豆，以及奶酪	0.86	3	c
1175	58104140	烤干酪辣味玉米片，添加有牛肉，以及奶酪	0.81	3	c
1176	58104180	烤干酪辣味玉米片，添加有牛肉、黄豆、奶酪、番茄和洋葱	0.74	3	c
1177	58104250	烤干酪辣味玉米片，添加有鸡肉或火鸡和奶酪	0.72	3	c
1178	58104310	肉饼，添加有黄豆、鸡肉、奶酪、生菜和番茄	0.54	3	c
1179	58104450	油煎面卷饼，添加有牛肉和番茄	1.24	3	c
1180	58104490	油煎面卷饼、NFS	0.58	3	c
1181	58104500	油煎面卷饼，添加有牛肉、黄豆、生菜和番茄	0.50	3	c
1182	58104510	油煎面卷饼，添加有牛肉、奶酪、生菜和番茄	0.75	3	c
1183	58104530	油煎面卷饼，添加有鸡肉和奶酪	0.84	3	c
1184	58104550	油煎面卷饼，添加有鸡肉、酸奶油、生菜和番茄，没有黄豆	0.33	3	c
1185	58104600	油煎面卷饼，添加有牛肉和米饭	0.51	3	c
1186	58104730	油炸玉米粉饼，添加有肉和奶酪	0.90	3	c
1187	58104810	Taquitoes	1.04	3	c
1188	58105000	鸡肉蔬菜卷	0.43	3	c
1189	58105050	牛肉蔬菜卷	0.86	3	c
1190	58115110	玉米粉蒸肉砂锅、波多黎各风味（砂锅中的玉米粉蒸肉）	0.72	3	c
1191	58306010	墨西哥辣椒乳酪牛肉馅玉米卷饼餐、NFS（冷冻餐食）	1.01	3	c
1192	58306020	墨西哥辣椒乳酪牛肉馅玉米卷饼、辣椒调味汁、米饭、已煎炸好的黄豆（冷冻餐食）	1.01	3	c

1193	58306100	墨西哥辣椒乳酪鸡肉馅玉米卷饼（食用冷冻餐食）	1.07	3	c
1194	58306200	鸡肉卷饼（食用冷冻餐食）	0.78	3	c
1195	58306500	墨西哥鸡肉卷饼（食用冷冻餐食）	3.94	3	c
1196	75410530	肉馅奶酪辣椒食物（红辣椒馅）	0.71	3	c
1197	13412000	牛奶肉汁、快速煮熟的肉汁	0.59	3	d
1198	21410110	牛肉、炖肉、煮熟，瘦肉和肥肉都可以吃	0.98	3	d
1199	24198740	鸡肉炸鸡块	1.35	3	d
1200	24208000	火鸡、炸鸡块	2.15	3	d
1201	27111100	菜炖牛肉	0.46	3	d
1202	27113000	奶油或者白调味汁（混合物）牛肉	0.53	3	d
1203	27115000	添加有酱油（混合物）的牛肉	0.90	3	d
1204	27116100	咖喱牛肉	1.54	3	d
1205	27120020	火腿或添加有肉汁（混合物）的猪肉	0.70	3	d
1206	27135020	油炸牛犊肉片	0.92	3	d
1207	27135110	帕尔马干酪调制成的牛犊肉	1.11	3	d
1208	27141000	罐焖鸡肉或火鸡	0.26	3	d
1209	27146100	糖醋鸡肉或火鸡	1.42	3	d
1210	27146150	咖喱鸡肉	1.18	3	d
1211	27146200	奶酪酱汁鸡肉或火鸡肉（杂拌）	0.78	3	d
1212	27146250	蓝缓带鸡肉或火鸡肉	0.74	3	d
1213	27146300	帕尔干奶酪调制鸡肉或火鸡肉	1.10	3	d
1214	27146350	柠檬鸡，中国菜	1.92	3	d
1215	27150160	豆豉虾仁（杂拌）	1.42	3	d
1216	27163010	卤肉，未指明是哪种肉（杂拌）	0.66	3	d
1217	27211000	牛肉和土豆，无酱汁（杂拌）	0.14	3	d
1218	27211150	土豆炖牛肉	0.48	3	d
1219	27211190	奶油或白酱汁牛肉和土豆（杂拌）	0.95	3	d
1220	27211300	烤绞碎牛肉	1.17	3	d
1221	27211400	咸绞碎牛肉	1.37	3	d
1222	27211500	奶酪酱汁牛肉和土豆（杂拌）	0.90	3	d
1223	27212000	牛肉面，无酱汁（杂拌）	0.11	3	d
1224	27212050	奶酪酱汁牛肉通心粉（杂拌）	0.73	3	d

1225	27212150	红烩牛肉面	0.44	3	d
1226	27212200	卤牛肉面（杂拌）	0.79	3	d
1227	27212300	奶油或白酱汁牛肉面（杂拌）	0.18	3	d
1228	27213200	卤肉饭（杂拌）	1.01	3	d
1229	27213300	奶油酱汁牛肉饭（杂拌）	1.15	3	d
1230	27213400	牛肉（蘑菇）泡饭（杂拌）	0.80	3	d
1231	27213500	酱油牛肉饭（杂拌）	0.91	3	d
1232	27214500	咸牛肉馅饼	1.37	3	d
1233	27220020	奶油或白酱汁火腿面（杂拌）	1.53	3	d
1234	27220210	火腿面，无酱汁（杂拌）	1.27	3	d
1235	27220310	火腿或猪肉饭，无酱汁（杂拌）	1.56	3	d
1236	27220510	火腿或猪肉卤土豆（杂拌）	1.03	3	d
1237	27220520	奶酪酱汁土豆火腿或猪肉（杂拌）	1.29	3	d
1238	27241000	绞碎鸡肉或火鸡肉	0.82	3	d
1239	27242000	鸡肉或火鸡肉面，无酱汁（杂拌）	0.30	3	d
1240	27242310	奶酪酱汁鸡肉或火鸡肉面 with（杂拌）	0.66	3	d
1241	27243000	鸡肉或火鸡肉饭，无酱汁（杂拌）	0.92	3	d
1242	27243300	奶油酱汁鸡肉或火鸡肉饭（杂拌）	0.78	3	d
1243	27243600	酱油鸡肉或火鸡肉饭（杂拌）	0.75	3	d
1244	27243700	奶酪酱汁西班牙什锦饭中的鸡肉	1.11	3	d
1245	27246200	填馅鸡肉或火鸡肉（杂拌）	0.65	3	d
1246	27260080	牛肉或猪肉肉馅糕	0.30	3	d
1247	27260110	碎肉，未指明肉类	1.37	3	d
1248	27311110	牛肉、土豆和蔬菜（包括胡萝卜、花椰菜和/或绿叶蔬菜），无酱汁（杂拌）	0.13	3	d
1249	27311120	牛肉、土豆和蔬菜（不含胡萝卜、花椰菜和绿叶蔬菜），无酱汁（杂拌）	0.33	3	d
1250	27311210	咸牛肉，土豆和蔬菜（包括胡萝卜、花椰菜和/或绿叶蔬菜），无酱汁	0.90	3	d
1251	27311410	土豆蔬菜红烩牛肉（包括胡萝卜、花椰菜和/或绿叶蔬菜），卤汁	0.56	3	d
1252	27313010	蔬菜牛肉面（包括胡萝卜、花椰菜和/或绿叶蔬菜），无酱汁（杂拌）	0.66	3	d

1253	27313020	蔬菜牛肉面（不含胡萝卜、花椰菜和绿叶蔬菜），无酱汁（杂拌）	0.66	3	d
1254	27313110	牛肉炒面或牛肉杂烩面	1.10	3	d
1255	27313150	蔬菜牛肉面（包括胡萝卜、花椰菜和/或绿叶蔬菜），酱油汁	0.68	3	d
1256	27313160	蔬菜牛肉面（不含胡萝卜、花椰菜和绿叶蔬菜），酱油汁	0.69	3	d
1257	27313410	蔬菜牛肉面（包括胡萝卜、花椰菜和/或绿叶蔬菜），卤汁（杂拌）	0.80	3	d
1258	27313420	蔬菜牛肉面（不含胡萝卜、花椰菜和绿叶蔬菜），卤汁（杂拌）	0.91	3	d
1259	27315010	蔬菜牛肉饭（包括胡萝卜、花椰菜和/或绿叶蔬菜），无酱汁（杂拌）	0.66	3	d
1260	27315020	蔬菜牛肉饭（不含胡萝卜、花椰菜和绿叶蔬菜），无酱汁（杂拌）	0.66	3	d
1261	27315250	填塞卷心菜卷牛肉饭	0.74	3	d
1262	27315410	蔬菜牛肉饭（包括胡萝卜、花椰菜和/或绿叶蔬菜），卤汁（杂拌）	0.88	3	d
1263	27315420	蔬菜牛肉饭（不含胡萝卜、花椰菜和绿叶蔬菜），卤汁（杂拌）	0.73	3	d
1264	27315510	蔬菜牛肉饭（包括胡萝卜、花椰菜和/或绿叶蔬菜），酱油汁	0.65	3	d
1265	27315520	蔬菜牛肉饭（不含胡萝卜、花椰菜和绿叶蔬菜），酱油汁（杂拌）	0.69	3	d
1266	27317100	蔬菜牛肉饺子（包括胡萝卜、花椰菜和/或绿叶蔬菜），卤汁（杂拌）	0.98	3	d
1267	27320030	火腿或猪肉，面和蔬菜（不含胡萝卜、花椰菜和绿叶蔬菜），奶酪酱汁	1.83	3	d
1268	27320040	猪肉，土豆和蔬菜（包括胡萝卜、花椰菜和/或绿叶蔬菜），无酱汁（杂拌）	1.02	3	d
1269	27320120	香肠，土豆和蔬菜（包括胡萝卜、花椰菜和/或绿叶蔬菜），卤汁（杂拌）	1.22	3	d
1270	27320130	香肠，土豆和蔬菜（不含胡萝卜、花椰菜和绿叶蔬菜），卤汁（杂拌）	1.45	3	d
1271	27320140	猪肉，土豆和蔬菜（包括胡萝卜、花椰菜和/或绿叶蔬菜），卤汁（杂拌）	1.13	3	d

1272	27320150	猪肉，土豆和蔬菜（不含胡萝卜、花椰菜和绿叶蔬菜），卤汁（杂拌）	0.59	3	d
1273	27320210	猪肉，土豆和蔬菜（不含胡萝卜、花椰菜和绿叶蔬菜），无酱汁（杂拌）	0.12	3	d
1274	27320310	猪肉炒面或猪肉杂烩面	0.98	3	d
1275	27320320	蔬菜猪肉饭（包括胡萝卜、花椰菜和/或绿叶蔬菜），酱油汁	0.60	3	d
1276	27320330	蔬菜猪肉饭（不含胡萝卜、花椰菜和绿叶蔬菜），酱油汁（杂拌）	0.58	3	d
1277	27320450	火腿，土豆和蔬菜（包括胡萝卜、花椰菜和/或绿叶蔬菜），无酱汁（杂拌）	1.69	3	d
1278	27320500	糖醋猪肉饭	0.94	3	d
1279	27341010	鸡肉或火鸡肉，土豆和蔬菜（包括胡萝卜、花椰菜和/或绿叶蔬菜），无 sa	0.62	3	d
1280	27341020	鸡肉或火鸡肉，土豆和蔬菜（不含胡萝卜、花椰菜和绿叶蔬菜），无酱汁	0.21	3	d
1281	27343010	鸡肉或火鸡肉，面和蔬菜（包括胡萝卜、花椰菜和/或绿叶蔬菜），无 sau	0.34	3	d
1282	27343020	鸡肉或火鸡肉，面和蔬菜（不含胡萝卜、花椰菜和绿叶蔬菜），无酱汁	0.66	3	d
1283	27343410	鸡肉或火鸡肉，面和蔬菜（包括胡萝卜、花椰菜和/或绿叶蔬菜），卤汁	0.81	3	d
1284	27343470	鸡肉或火鸡肉，面和蔬菜（包括胡萝卜、花椰菜和/或绿叶蔬菜），奶油	0.38	3	d
1285	27343480	鸡肉或火鸡肉，面和蔬菜（不含胡萝卜、花椰菜和/或绿叶蔬菜），奶油	0.81	3	d
1286	27343910	鸡肉或火鸡肉炒面或杂烩面	1.22	3	d
1287	27343950	鸡肉或火鸡肉，面和蔬菜（包括胡萝卜、花椰菜和/或绿叶蔬菜），奶酪	0.76	3	d
1288	27343960	鸡肉或火鸡肉，面和蔬菜（不含胡萝卜、花椰菜和绿叶蔬菜），奶酪 sa	0.39	3	d
1289	27343970	鸡肉或火鸡肉，面和蔬菜（包括胡萝卜、花椰菜和/或绿叶蔬菜），奶油	0.29	3	d
1290	27343980	鸡肉或火鸡肉，面和蔬菜（不含胡萝卜、花椰菜和绿叶蔬菜），奶油	0.29	3	d
1291	27345010	鸡肉或火鸡肉，饭和蔬菜（包括胡萝卜、花椰菜和/或绿叶蔬菜），无酱汁	0.09	3	d

1292	27345020	鸡肉或火鸡肉，饭和蔬菜（不含胡萝卜、花椰菜和绿叶蔬菜），无酱汁	0.06	3	d
1293	27345210	鸡肉或火鸡肉，饭和蔬菜（包括胡萝卜、花椰菜和/或绿叶蔬菜），卤汁	0.71	3	d
1294	27345220	鸡肉或火鸡肉，饭和蔬菜（不含胡萝卜、花椰菜和绿叶蔬菜），卤汁	0.86	3	d
1295	27345310	鸡肉或火鸡肉，饭和蔬菜（包括胡萝卜、花椰菜和/或绿叶蔬菜），酱油	0.83	3	d
1296	27345320	鸡肉或火鸡肉，饭和蔬菜（不含胡萝卜、花椰菜和绿叶蔬菜），酱油	1.08	3	d
1297	27345440	鸡肉或火鸡肉，饭和蔬菜（包括胡萝卜、花椰菜和/或绿叶蔬菜），奶酪酱汁	0.47	3	d
1298	27345450	鸡肉或火鸡肉，饭和蔬菜（不含胡萝卜、花椰菜和绿叶蔬菜），奶酪酱汁	0.79	3	d
1299	27345510	鸡肉或火鸡肉，饭和蔬菜（包括胡萝卜、花椰菜和/或绿叶蔬菜），番茄酱	0.45	3	d
1300	27347200	蔬菜填料鸡肉或火鸡肉（包括胡萝卜、花椰菜和/或绿叶蔬菜），无 sa	1.02	3	d
1301	27347210	蔬菜填料鸡肉或火鸡肉（不含胡萝卜、花椰菜和绿叶蔬菜），无酱汁	0.66	3	d
1302	27347220	蔬菜填料鸡肉或火鸡肉（包括胡萝卜、花椰菜和/或绿叶蔬菜），卤汁	0.61	3	d
1303	27347230	蔬菜填料鸡肉或火鸡肉（不含胡萝卜、花椰菜和绿叶蔬菜），卤汁	0.87	3	d
1304	27350050	虾仁炒面或杂烩面	1.15	3	d
1305	27360050	肉馅饼，NFS	1.23	3	d
1306	27360080	炒面或杂烩面，未指定肉类	1.11	3	d
1307	27360120	炒面或杂烩面，杂拌肉类	1.33	3	d
1308	27410210	牛肉和蔬菜［包括胡萝卜、花椰菜和/或绿叶蔬菜（无土豆）］，无酱汁	0.84	3	d
1309	27410220	牛肉和蔬菜［不含胡萝卜、花椰菜和绿叶蔬菜（无土豆）］，无酱汁（杂拌）	0.81	3	d
1310	27415100	牛肉和蔬菜［包括胡萝卜、花椰菜和/或绿叶蔬菜（无土豆）］，酱油汁	0.40	3	d
1311	27415120	牛肉，豆腐和蔬菜［包括胡萝卜、花椰菜和/或绿叶蔬菜（无土豆）］，酱油	1.46	3	d

1312	27415150	牛肉炒面或牛肉杂烩面，不食用面条	1.07	3	d
1313	27415200	牛肉和蔬菜［不含胡萝卜、花椰菜和绿叶蔬菜（无土豆）］，酱油汁（m）	0.54	3	d
1314	27415220	牛肉，豆腐和蔬菜［不含胡萝卜、花椰菜和绿叶蔬菜（无土豆）］，酱油	1.43	3	d
1315	27416450	牛肉和蔬菜［包括胡萝卜、花椰菜和/或绿叶蔬菜（无土豆）］，卤汁（杂拌）	0.14	3	d
1316	27416500	牛肉和蔬菜［不含胡萝卜、花椰菜和绿叶蔬菜（无土豆）］，卤汁（杂拌）	0.86	3	d
1317	27420060	猪肉和蔬菜［包括胡萝卜，花椰菜和/或绿叶蔬菜（无土豆）］，无酱汁	0.36	3	d
1318	27420080	蔬菜火腿或猪肉（杂拌）	0.92	3	d
1319	27420100	猪肉，豆腐和蔬菜［包括胡萝卜、花椰菜和/或绿叶蔬菜（无土豆）］，酱油	1.43	3	d
1320	27420160	木须猪肉，没有中式煎饼	1.81	3	d
1321	27420170	酱油洋葱猪肉（杂拌）	1.13	3	d
1322	27420270	火腿和蔬菜［不含胡萝卜、花椰菜和绿叶蔬菜（无土豆）］，无酱汁（杂拌）	1.52	3	d
1323	27420350	猪肉和蔬菜［不含胡萝卜，花椰菜和绿叶蔬菜（无土豆）］，无酱汁（杂拌）	0.58	3	d
1324	27420370	猪肉，豆腐和蔬菜［不含胡萝卜、花椰菜和绿叶蔬菜（无土豆）］，酱油	1.55	3	d
1325	27420390	猪肉炒面或杂烩面，不食用面条	1.07	3	d
1326	27420470	胡椒香肠，无酱汁（杂拌）	1.68	3	d
1327	27420500	猪肉和蔬菜（包括胡萝卜，花椰菜和/或绿叶蔬菜），酱油（杂拌）	0.87	3	d
1328	27420510	猪肉和蔬菜（不含胡萝卜、花椰菜和绿叶蔬菜），酱油（杂拌）	0.54	3	d
1329	27440110	鸡肉或火鸡肉和蔬菜［包括胡萝卜、花椰菜和/或绿叶蔬菜（无土豆）］，无	0.66	3	d
1330	27440120	鸡肉或火鸡肉和蔬菜［不含胡萝卜、花椰菜和绿叶蔬菜（无土豆）］，无 sa	0.29	3	d
1331	27442110	鸡肉或火鸡肉和蔬菜［包括胡萝卜、花椰菜和/或绿叶蔬菜（无土豆）］，gr	0.42	3	d
1332	27442120	鸡肉或火鸡肉和蔬菜［不含胡萝卜、花椰菜和绿叶蔬菜（无土豆）］，卤汁	0.73	3	d

1333	27443150	鸡肉或火鸡肉砂锅菜	0.48	3	d
1334	27445110	鸡肉或火鸡肉和蔬菜〔包括胡萝卜、花椰菜和/或绿叶蔬菜（无土豆）〕，so	1.13	3	d
1335	27445120	鸡肉或火鸡肉和蔬菜〔不含胡萝卜、花椰菜和绿叶蔬菜（无土豆）〕，酱油	1.23	3	d
1336	27445150	左宗（GeneralGau）鸡	1.58	3	d
1337	27445180	蘑菇鸡片	0.36	3	d
1338	27445220	宫保鸡丁	1.42	3	d
1339	27445250	杏仁鸡	0.55	3	d
1340	27446100	鸡肉或火鸡肉炒面或杂烩面，不食用面条	1.11	3	d
1341	27446400	鸡肉或火鸡肉和蔬菜〔包括胡萝卜、花椰菜和/或绿叶蔬菜（无土豆）〕，ch	0.62	3	d
1342	27446410	鸡肉或火鸡肉和蔬菜〔不含胡萝卜、花椰菜和绿叶蔬菜（无土豆）〕，奶酪	1.12	3	d
1343	27450040	虾仁炒面或杂烩面，不食用面条	0.85	3	d
1344	27460010	炒面或杂烩面，未指定肉类，不食用面条	1.09	3	d
1345	27500100	肉三明治，NFS	1.83	3	d
1346	27510950	鲁宾三明治（德国泡菜奶酪咸牛肉三明治），配涂抹调料	1.89	3	d
1347	27513020	烤牛肉三明治，有肉汁	1.16	3	d
1348	27513060	烤牛肉三明治，配腌肉奶酪酱汁	1.41	3	d
1349	27513070	烤牛肉潜水艇三明治，面包卷，原汁	0.81	3	d
1350	27515050	墨西哥奶酪牛肉卷，圆面饼，配生菜和番茄	0.95	3	d
1351	27515070	牛排和奶酪潜水艇三明治，油炸辣椒和洋葱，面包卷	0.77	3	d
1352	27520380	火腿和奶酪英式松饼	1.96	3	d
1353	27540110	鸡肉三明治，涂抹调料	0.91	3	d
1354	27540130	烤鸡肉三明治	0.90	3	d
1355	27540140	鸡胸肉（裹面包屑、油炸）三明治	1.06	3	d
1356	27540150	鸡胸肉（裹面包屑、油炸）三明治配生菜、番茄和涂抹调料	0.87	3	d
1357	27540170	小型鸡肉馅三明治面包	1.39	3	d
1358	27540180	鸡肉馅三明治或饼干	2.58	3	d
1359	27540190	鸡肉馅三明治，配生菜和面包	1.29	3	d
1360	27540200	墨西哥奶酪鸡肉卷，圆面饼，配生菜和番茄	0.96	3	d

1361	27540230	奶酪鸡肉馅三明治，小麦圆面包，配生菜、番茄和涂抹调料	1.29	3	d
1362	27540240	鸡胸肉，（烧烤），三明治，全麦面包卷，配生菜、番茄和涂抹调料	1.03	3	d
1363	27540260	鸡胸肉，烧烤，三明治，燕麦麸面包，配生菜、番茄和涂抹调料	0.95	3	d
1364	27540270	鸡胸肉，烧烤，三明治，配生菜、番茄和非蛋黄酱类型涂抹调料	0.65	3	d
1365	27540280	鸡胸肉，烧烤，奶酪三明治，小圆面包，配生菜、番茄和涂抹调料	0.99	3	d
1366	27560300	美式炸热狗（外裹玉米粉糕的法兰克福腊肠或热狗）	2.03	3	d
1367	28101000	冷冻食品，NFS	0.66	3	d
1368	28110000	牛肉食品，NFS（冷冻食品）	0.66	3	d
1369	28110110	牛肉土豆（冷冻食品）	0.91	3	d
1370	28110220	卤牛里脊碎肉，土豆泥，蔬菜（冷冻食品）	1.45	3	d
1371	28110230	卤牛里脊碎肉，或瑞士牛排，蔬菜，土豆，甜点或小松饼（冷冻食品）	0.62	3	d
1372	28110250	卤牛里脊肉末梢，土豆，蔬菜（冷冻食品）	0.67	3	d
1373	28110260	牛里脊肉末梢，土豆，蔬菜，水果（节食冷冻食品）	0.36	3	d
1374	28110290	料酒牛里脊肉末梢和蘑菇螺旋粉（节食冷冻主菜）	1.07	3	d
1375	28110310	索尔斯伯利卤牛肉饼汁，土豆，蔬菜（冷冻食品）	0.71	3	d
1376	28110330	索尔斯伯利卤牛肉饼，奶油起泡土豆，蔬菜，甜点（冷冻食品）	1.51	3	d
1377	28110340	索尔斯伯利卤牛肉饼，土豆，蔬菜，汤或奶酪通心粉，甜点（冷冻食品）	0.99	3	d
1378	28110350	索尔斯伯利卤牛肉饼，土豆，蔬菜，甜点（冷冻食品，肉占大部分）	0.88	3	d
1379	28110370	索尔斯伯利卤牛肉饼，奶酪通心粉，蔬菜（冷冻食品）	1.10	3	d
1380	28110390	索尔斯伯利牛肉饼，土豆，蔬菜，甜点（节食冷冻食品）	0.35	3	d
1381	28110500	卤牛肉片，小麦和野生稻米饭，蔬菜（节食冷冻食品）	0.27	3	d
1382	28110510	卤牛肉片，土豆，蔬菜（冷冻食品）	0.66	3	d
1383	28110520	卤牛肉片，土豆，蔬菜，甜点（冷冻食品）	1.01	3	d
1384	28110540	牛肉片，调味汁拌蔬菜，裹面包屑焦层的土豆（冷冻食品）	0.85	3	d

1385	28110600	蔬菜牛肉面（冷冻食品）	2.35	3	d
1386	28110640	瑞典式肉丸酱汁面（冷冻食品）	0.75	3	d
1387	28110650	瑞典式肉丸酱汁蔬菜面（冷冻食品）	0.80	3	d
1388	28110660	瑞典式肉丸卤面（节食冷冻食品）	0.66	3	d
1389	28113040	中式蔬菜牛肉饭和水果甜点（节食冷冻食品）	0.50	3	d
1390	28113140	牛肉鸡蛋面疙瘩或牛肉饭，蔬菜（冷冻食品）	0.77	3	d
1391	28113150	牛排饭，蔬菜（节食冷冻食品）	0.95	3	d
1392	28120230	卤猪肉片，土豆泥，蔬菜，甜点（冷冻食品）	0.77	3	d
1393	28130000	小牛肉餐，NFS（冷冻食品）	1.45	3	d
1394	28133340	帕尔干奶酪蔬菜小牛肉，奶酪奶油酱汁宽面，甜点（冷冻食品）	1.00	3	d
1395	28133410	土豆蔬菜小牛肉 parmigiana（冷冻食物）	1.08	3	d
1396	28140100	NFS 鸡肉（冷冻食物）	1.22	3	d
1397	28140150	鸡肉（冷冻食物）	0.71	3	d
1398	28140250	无骨鸡肉（添加肉汁、调料、米饭、蔬菜和甜点）（大块冷冻肉类食物）	0.84	3	d
1399	28140610	土豆炸鸡肉（冷冻食物）	1.40	3	d
1400	28140620	土豆炸鸡肉（大块冷冻肉类食物）	1.59	3	d
1401	28140710	土豆蔬菜炸鸡肉（冷冻食物）	1.28	3	d
1402	28140720	无骨鸡丁（添加面包屑、土豆和蔬菜）或肌肉块（冷冻食物）	1.22	3	d
1403	28140730	鸡丁（添加面包屑、番茄和奶酪、牛油拌面和蔬菜的鸡丁（冷冻食物）	0.70	3	d
1404	28140810	炸鸡肉（添加土豆、蔬菜和甜点）（冷冻食物）	1.22	3	d
1405	28141010	炸鸡肉（添加土豆、蔬菜和甜点）（大块肉类冷冻食物）	0.87	3	d
1406	28141060	蔬菜鸡丁（冷冻食物）	1.35	3	d
1407	28141210	东式蜂蜜酱拌炸鸡饭（添加蔬菜和大豆酱油（冷冻食物）	0.59	3	d
1408	28141250	米饭蔬菜鸡肉（冷冻食物）	0.86	3	d
1409	28141300	鸡肉（添加蔬菜及含量低的脂肪和钠）（冷冻食物）	0.41	3	d
1410	28141600	皇家鸡肉米饭（冷冻食物）	1.03	3	d
1411	28141610	奶油或白酱鸡肉蔬菜（冷冻食物）	0.65	3	d
1412	28141650	鸡肉（添加面包屑和米饭蔬菜混合料）（冷冻食物）	1.10	3	d

1413	28142000	鸡肉（添加奶油酱、褐色野生米饭、蔬菜和果汁甜点）（冷冻食物）	0.32	3	d
1414	28143010	东式鸡肉蔬菜饭（冷冻食物）	0.65	3	d
1415	28143020	东式鸡肉蔬菜饭（冷冻食物）	0.63	3	d
1416	28143030	东式鸡肉蔬菜饭（冷冻食物）	0.89	3	d
1417	28143040	鸡肉炒饭（冷冻食物）	0.85	3	d
1418	28143050	脂肪和钠含量较低的鸡肉炒饭（冷冻食物）	0.66	3	d
1419	28143080	奶酪酱拌鸡肉米线（冷冻食物）	0.27	3	d
1420	28143110	鸡烩米线（冷冻食物）	0.77	3	d
1421	28143130	鸡肉蔬菜面（冷冻食物）	0.64	3	d
1422	28143150	鸡肉蔬菜面（冷冻食物）	0.57	3	d
1423	28143170	奶油酱拌鸡肉蔬菜面（冷冻食物）	1.04	3	d
1424	28143180	黄油酱拌土豆蔬菜鸡肉（冷冻食物）	0.24	3	d
1425	28143190	蘑菇酱拌鸡肉（添加白色野生米饭和蔬菜）（冷冻食物）	0.90	3	d
1426	28143200	大豆酱拌鸡肉（添加米饭和蔬菜）（冷冻食物）	0.90	3	d
1427	28143210	橙汁酱拌鸡肉（添加杏仁米饭）（冷冻食物）	0.76	3	d
1428	28143220	烤肉调味酱拌米饭、蔬菜、甜点及脂肪和钠含量低的鸡肉（冷冻食物）	0.39	3	d
1429	28144100	奶油酱拌鸡肉蔬菜米线（冷冻食物）	0.14	3	d
1430	28145000	turkey dinner, NFS（冷冻食物）NFS火鸡（冷冻食物）	0.52	3	d
1431	28145010	火鸡（添加调料、调味汁和土豆）（冷冻食物）	1.48	3	d
1432	28145100	火鸡（添加调料、调味汁、蔬菜和果汁）（冷冻食物）	0.37	3	d
1433	28145110	蔬菜火鸡馅（冷冻食物）	0.48	3	d
1434	28145210	火鸡（添加调味汁、调料、土豆和蔬菜）（冷冻食物）	0.99	3	d
1435	28145310	火鸡（添加调味汁、调料、土豆、蔬菜和甜点）（冷冻食物）	1.38	3	d
1436	28145610	火鸡（添加调味汁、调料、土豆、蔬菜和甜点）（大块肉类冷冻食物）	0.92	3	d
1437	28145810	火鸡鸡胸（添加调味汁、常粒野生米饭和蔬菜）（冷冻食物）	0.97	3	d
1438	28154010	酱拌菜虾面（冷冻食物）	0.90	3	d
1439	28160300	NFS肉条（冷冻食物）	1.42	3	d
1440	28160650	青椒馅（冷冻食物）	0.78	3	d
1441	28160710	番茄酱拌白菜肉陷（冷冻食物）	0.58	3	d

1442	28500000	家禽调味肉汁	1.47	3	d
1443	28500020	果汁调味汁	1.07	3	d
1444	28500040	牛肉或肉类肉汁	1.43	3	d
1445	28522000	鼹鼠 poblano（酱）	0.58	3	d
1446	32101500	本尼迪特蛋	1.65	3	d
1447	32105210	芙蓉蛋（小鸡蛋）	0.39	3	d
1448	32105220	猪肉芙蓉蛋（小鸡蛋）	0.39	3	d
1449	32202010	英式鸡蛋、奶酪和火腿松饼	1.83	3	d
1450	32202030	英式鸡蛋、奶酪和香肠松饼	1.63	3	d
1451	32202060	鸡蛋香肠饼干	1.61	3	d
1452	32202110	鸡蛋火腿饼干	1.83	3	d
1453	35001000	炒蛋、香肠和炸薯饼（冷冻食物）	1.21	3	d
1454	35002000	炒蛋、熏猪肉和炸土豆（冷冻食物）	1.13	3	d
1455	53306070	馅、肉、单个水果或水果馅饼	1.12	3	d
1456	58108010	半圆形烤乳酪肉馅饼	1.08	3	d
1457	58110130	牛肉和/或猪肉蛋卷	1.09	3	d
1458	58110170	鸡肉或火鸡蛋卷	0.65	3	d
1459	58111110	肉炸馄饨（馄饨）	1.47	3	d
1460	58112110	肉类点心（蛋卷）	0.92	3	d
1461	58112510	肉类、家禽肉或海鲜蒸饺	1.08	3	d
1462	58113110	猪肉炸饺	0.92	3	d
1463	58122310	土豆水果炸饼	1.02	3	d
1464	58125110	肉类、家禽肉或鱼肉乳蛋饼	0.85	3	d
1465	58126000	乳蛋饼（绞绞碎牛肉蔬菜卷饼）	0.65	3	d
1466	58126110	肉卷饼，无调味汁	1.11	3	d
1467	58126120	调味汁拌肉卷饼	1.38	3	d
1468	58126130	奶酪肉卷饼，无调味汁	1.12	3	d
1469	58126140	豆肉卷饼，无调味汁	0.99	3	d
1470	58126170	菜肉卷饼（无土豆和调味汁）	0.89	3	d
1471	58126270	奶酪鸡肉或火鸡卷饼，无调味汁	1.13	3	d
1472	58126280	蔬菜鸡肉或火鸡卷饼	1.19	3	d
1473	58127210	火腿奶酪羊角面包三明治	1.97	3	d

1474	58127220	羊角面包三明治（添加鸡肉、甘蓝和奶酪酱）	1.24	3	d
1475	58127270	羊角面包三明治（添加香肠和鸡蛋）	1.57	3	d
1476	58127310	羊角面包三明治（添加火腿、鸡蛋和奶酪）	1.91	3	d
1477	58127330	羊角面包三明治（添加香肠、鸡蛋和奶酪）	1.65	3	d
1478	58128000	肉汁饼干	1.58	3	d
1479	58128120	玉米调料（添加鸡肉或火鸡和蔬菜）	1.47	3	d
1480	58128220	调料（鸡肉或火鸡和蔬菜）	1.42	3	d
1481	58131100	NS 馄饨馅，无酱油	0.59	3	d
1482	58131310	馄饨肉馅，无酱油	0.49	3	d
1483	58131530	肉酱拌奶酪馄饨	1.56	3	d
1484	58133130	肉酱拌意大利奶酪通心面	1.11	3	d
1485	58134130	肉酱拌奶酪软壳	0.70	3	d
1486	58134650	意大利肉饺，无酱油	1.10	3	d
1487	58134720	意大利菠菜饺，无酱油	0.52	3	d
1488	58135110	菜肉米线	0.76	3	d
1489	58136110	NFS 炒面	0.50	3	d
1490	58145130	通心粉或米线（添加奶酪和牛肉）	0.77	3	d
1491	58145150	通心粉或米线（添加奶酪、猪肉或火腿）	1.52	3	d
1492	58146130	Carbonara 酱拌面	0.66	3	d
1493	58150310	NFS 炒饭	1.05	3	d
1494	58160130	大豆鸡肉饭	0.66	3	d
1495	58162110	米饭和肉类椒馅	0.76	3	d
1496	58163110	肉汁拌饭	1.19	3	d
1497	58163130	淡色米饭	0.59	3	d
1498	58163510	米饭调料	1.34	3	d
1499	58163610	米饭蔬菜混合料	1.48	3	d
1500	58301050	奶酪肉酱卤汁米线（冷冻食物）	0.63	3	d
1501	58301080	低脂肪奶酪肉酱卤汁米线，低脂肪和低钠（冷冻食物）	0.46	3	d
1502	58302050	奶酪肉酱牛肉面（冷冻食物）	0.97	3	d
1503	58304010	NFS 意大利米线和肉丸（冷冻食物）	0.75	3	d
1504	58304030	意大利米线和肉丸（添加蔬菜和甜点）（冷冻食物）	0.73	3	d
1505	58304050	意大利米线（添加肉类和蘑菇酱）（冷冻食物）	1.05	3	d

1506	58304060	意大利肉酱拌米线（冷冻食物）	0.89	3	d
1507	58304220	肋状通心粉（添加肉汁和奶酪）（冷冻食物）	0.77	3	d
1508	58305100	通心粉或米线（添加菠菜、鸡肉和奶酪酱）（冷冻食物）	0.59	3	d
1509	58306800	鸡肉米线（添加肉汁、蔬菜和甜点）（冷冻食物）	0.80	3	d
1510	58310310	香肠煎饼（冷冻食物）	1.79	3	d
1511	71305110	扇形白薯条加火腿	1.23	3	d
1512	71507100	剥皮吃的烤白薯条（添加鸡肉、甘蓝和奶酪酱）	0.53	3	d
1513	71508050	带皮吃烤白薯条（添加鸡肉、甘蓝和奶酪酱）	0.68	3	d
1514	71508120	带皮吃的烤白薯（添加火腿、甘蓝和奶酪酱）	0.55	3	d
1515	77316600	茄子和肉盘	0.37	3	d
1516	14620330	菜肉比萨	2.03	4	a
1517	27111500	炒牛肉酱（无酱团）	1.30	4	a
1518	27113100	沙拉酱牛肉	0.67	4	a
1519	27116200	烤肉调味汁拌牛肉（混合料）	0.61	4	a
1520	27121410	墨西哥辣味绞绞碎牛肉（添加大豆和猪肉）	1.20	4	a
1521	27146050	辣椒酱拌鸡翅	0.52	4	a
1522	27160010	烤肉调味汁拌 NS 类肉（混合料）	0.60	4	a
1523	27211100	土豆、番茄酱拌炖牛肉（混合料）	0.38	4	a
1524	27212350	沙拉酱牛肉拌面	0.81	4	a
1525	27510110	烤牛肉或炒牛肉酱，无酱团	1.62	4	a
1526	27510130	烤牛肉三明治，无肉团	0.94	4	a
1527	27510700	肉丸和意粉酱三明治，无面团	0.79	4	a
1528	27520500	猪肉、烤肉调味酱、洋葱和泡菜	1.20	4	a
1529	27520510	烤猪肉或炒牛肉酱，无酱团	1.29	4	a
1530	58100120	牛肉大豆奶酪卷饼	1.04	4	a
1531	58106520	薄皮肉质比萨	1.95	4	a
1532	58106530	厚皮肉质比萨	1.73	4	a
1533	58106710	NS 菜肉比萨	1.64	4	a
1534	58106720	薄皮菜肉比萨	1.64	4	a
1535	58106730	厚皮肉质比萨	1.53	4	a
1536	58106740	NS 果肉比萨	1.56	4	a
1537	58106760	厚皮果肉比萨	1.47	4	a

1538	58106780	薄皮低脂肪菜肉比萨	1.33	4	a
1539	58108050	比萨卷	1.93	4	a
1540	58130010	肉质和/或家禽肉卤汁米线	0.81	4	a
1541	58130020	菠菜肉卤汁米线	0.77	4	a
1542	58130150	卤汁米线（添加鸡肉或火鸡和菠菜）	0.45	4	a
1543	58130610	卤汁米线（添加肉类和纯小麦米线）	0.81	4	a
1544	58132910	意大利番茄酱拌鸡肉或火鸡面	0.53	4	a
1545	58162090	肉拌辣椒馅	0.47	4	a
1546	27212120	墨西哥辣味绞绞碎牛肉（添加大豆和通心粉）	1.04	4	c
1547	27416300	罐装牛肉：牛肉、奶酪、番茄和炸玉米酱	1.18	4	c
1548	58100100	牛肉卷饼，不含大豆	1.22	4	c
1549	58100110	大豆牛肉卷饼	0.91	4	c
1550	58100130	牛肉奶酪卷饼，不含大豆	1.37	4	c
1551	58100140	卷饼（添加牛肉、大豆、奶酪和酸奶油）	0.88	4	c
1552	58100150	牛肉土豆卷饼，不含大豆	0.65	4	c
1553	58100180	猪肉大豆卷饼	0.86	4	c
1554	58100200	鸡肉卷饼，不含大豆	1.00	4	c
1555	58100210	鸡肉大豆卷饼	0.86	4	c
1556	58100220	鸡肉大豆奶酪卷饼	1.05	4	c
1557	58100230	鸡肉奶酪卷饼	1.23	4	c
1558	58100240	NFS 鸡肉卷饼	1.11	4	c
1559	58101300	油炸玉米饼（添加牛肉、奶酪和生菜）	1.50	4	c
1560	58101310	油炸玉米饼（添加牛肉、生菜、番茄和沙拉）	0.67	4	c
1561	58101320	油炸玉米饼（添加牛肉、奶酪、生菜、番茄和沙拉）	1.11	4	c
1562	58101350	软油炸玉米饼（添加牛肉、奶酪、生菜、番茄和酸奶油）	1.24	4	c
1563	58101400	软油炸玉米饼（添加牛肉、奶酪和生菜）	1.64	4	c
1564	58101450	软油炸玉米饼（添加鸡肉、奶酪和生菜）	1.10	4	c
1565	58101510	油炸玉米饼（添加鸡肉或火鸡、生菜、番茄和沙拉）	1.01	4	c
1566	58101520	油炸玉米饼（添加鸡肉、奶酪、生菜、番茄和沙拉）	1.06	4	c
1567	58101730	油炸玉米饼（添加大豆、奶酪、肉类、生菜、番茄和沙拉）	1.20	4	c
1568	58101910	油炸玉米饼沙拉（添加牛肉、奶酪和玉米片）	0.74	4	c

1569	58101930	油炸玉米饼沙拉（添加牛肉、奶酪和油炸玉米面饼）	1.01	4	c
1570	58106750	薄皮果肉比萨	1.55	4	c
1571	21407110	牛肉：炖牛肉、红烧牛肉或熟牛肉、熛牛肉和脂肪含量高的牛肉	0.16	4	d
1572	21417100	NS 未脱脂的熟牛胸肉	0.16	4	d
1573	21417110	脂肪含量高的和低的熟牛胸肉	0.32	4	d
1574	21417120	纯瘦的熟牛胸肉	0.18	4	d
1575	25210510	盐含量低的熏猪牛肉香肠或热狗	0.80	4	d
1576	25220360	奶酪腊肠	1.64	4	d
1577	25221840	大块早餐用火鸡香肠	1.75	4	d
1578	25231150	压实的咸牛肉	2.56	4	d
1579	27111400	NS 墨西哥辣味大豆绞绞碎牛肉	1.31	4	d
1580	27111410	墨西哥辣味大豆绞绞碎牛肉	1.31	4	d
1581	27111420	墨西哥辣味绞绞碎牛肉，不含大豆	1.72	4	d
1582	27111430	NS 墨西哥辣味大豆奶酪绞绞碎牛肉	0.97	4	d
1583	27111440	墨西哥辣味大豆奶酪绞绞碎牛肉	1.11	4	d
1584	27112000	牛肉肉汁（混合料）	0.27	4	d
1585	27112010	索尔兹伯里牛肉饼和肉汁（混合料）	1.01	4	d
1586	27113300	瑞典肉团添加奶油或白酱（混合料）	1.29	4	d
1587	27120120	香肠肉汁	0.75	4	d
1588	27120210	辣味熏猪牛肉香肠或热狗，无肉团	1.96	4	d
1589	27141500	墨西哥辣味绞绞碎牛肉添加鸡肉或火鸡和大豆	1.31	4	d
1590	27142000	鸡肉肉汁（混合料）	0.86	4	d
1591	27142200	火鸡肉汁（混合料）	0.84	4	d
1592	27143000	奶油酱鸡肉或火鸡（混合料）	0.32	4	d
1593	27160100	酱拌肉团（混合料）	1.64	4	d
1594	27241010	肉汁拌土豆鸡肉或火鸡（混合料）	1.17	4	d
1595	27242200	肉汁拌鸡肉或火鸡米线（混合料）	1.15	4	d
1596	27242300	奶油和白酱拌鸡肉或火鸡米线（混合料）	0.63	4	d
1597	27242350	鸡肉或火鸡脆皮	0.73	4	d
1598	27246100	鸡肉或火鸡饺子（混合料）	0.96	4	d
1599	27260050	NS 肉丸（添加面包和肉汁）	1.07	4	d

1600	27311220	咸牛肉（添加土豆蔬菜但不包括胡萝卜、甘蓝和深绿菜叶），不含酱油（混合料）	0.77	4	d
1601	27311510	牛肉馅土豆饼	0.69	4	d
1602	27317010	牛肉馅饼	1.04	4	d
1603	27320020	猪肉馅饼	1.55	4	d
1604	27343420	肉汁拌鸡肉或火鸡米线（添加蔬菜但不包含胡萝卜、甘蓝和深绿菜叶）（混合料）	1.06	4	d
1605	27347100	鸡肉或火鸡馅饼	0.66	4	d
1606	27347240	肉汁拌鸡肉或火鸡饺子（添加蔬菜包括胡萝卜、甘蓝和/或深绿菜叶）	0.43	4	d
1607	27347250	肉汁拌鸡肉或火鸡饺子（添加蔬菜但不包括胡萝卜、甘蓝和/或深绿菜叶）	0.75	4	d
1608	27420040	熏煮牛肉香肠或热狗和泡菜（混合料）	1.99	4	d
1609	27443110	皇家鸡肉或火鸡（添加蔬菜包括胡萝卜、甘蓝和/或深绿菜叶）（非罐装食物）	0.69	4	d
1610	27443120	皇家鸡肉或火鸡（添加蔬菜但不包括胡萝卜、甘蓝和/或深绿菜叶）（不含土豆）	1.07	4	d
1611	27520520	猪肉三明治	1.18	4	d
1612	27540330	火鸡肉汁三明治	1.14	4	d
1613	27560320	普通熏煮牛肉香肠或热狗，无肉团	2.11	4	d
1614	27560360	辣味熏煮牛肉香肠或热狗，无肉团	1.88	4	d
1615	41201010	NFS 烤大豆	0.24	4	d
1616	41201040	猪肉甜酱烤大豆	0.85	4	d
1617	41204020	波斯顿烤大豆	0.24	4	d
1618	41205030	肉炒豆	1.11	4	d
1619	41206030	大豆和猪牛肉混合香肠	1.09	4	d
1620	41208030	猪肉和大豆	1.12	4	d
1621	58106510	NS 肉质比萨	1.95	4	d
1622	58121510	肉饺	1.33	4	d
1623	58145160	通心粉或米线（添加奶酪和熏猪牛肉混合香肠或热狗）	1.31	4	d
1624	58145190	通心粉或米线（添加奶酪、鸡肉或火鸡）	0.64	4	d
1625	71602010	德式土豆色拉	0.64	4	d

附录 C 一般保温食品

下列食物列表由美国食品服务公司提供，用于帮助选择个人食物摄入的持续调查中应当放入第 4 类的食品。

预制腌肉	牛肉和菜豆辣椒	熟火鸡肉肉丸
牛肉烧烤	热狗辣椒	意大利千层香肠肉酱面
鸡肉烧烤	裹了 4 层面包屑的熟鸡肉	鸡肉串
猪肉烧烤		羔羊肉串
火鸡烧烤	裹了 8 层面包屑的熟鸡肉	巴伐利亚蜂蜜烧烤火腿
牛胸肉		
勃艮第牛肉、蘑菇和洋葱	鸡肉饺	原汁熟火腿
	意大利鸡肉蔬菜宽面条	黑森林火腿
奶油牛肉片		火腿罐头
裹面包屑炸牛肉条	鸡肉杂烩	黑胡椒火腿，加水
	口蘑香肠鸡	褐色蜂糖做的熟火腿
裹面包屑牛肉馅饼块	撒有帕尔玛干酪的鸡肉	熟火腿
熟牛肉饼	意大利烧鸡	腌制火腿
牛肉煲	抹了酱汁的烤鸡	一半火腿
蔬菜牛肉煲		蜜汁烤火腿
	蔬菜酱汁手撕鸡	
熟牛肉肋排		预煮火腿馅饼
	糖醋鸡	烟熏无骨无脂肪火腿
熟的烤牛肉丝	熟布法罗辣鸡翅	意大利带皮熏火腿
熟牛排	熟酱烤鸡翅	熏火腿
炖牛肉		螺旋形火腿
裹面包屑的熟牛排	腌牛肉	火腿排
	蜜汁鸡翅	早餐火鸡火腿
索尔斯伯里牛排	鸡蛋卷	烟熏火鸡火腿
熟里脊肉牛排	蔬菜火鸡蛋卷	弗吉尼亚火腿

牛肉脆玉米饼馅料

牛后腿肉

牛排饼干

火腿饼干

香肠和奶酪饼干

香肠饼干

牛肉玉米煎饼

菜豆牛肉煎饼

肉馅白菜卷

肉和奶酪千层饼

通心粉和牛肉

酱汁肉丸

牛肉丸

熟意大利肉丸

瑞典肉丸

烘肉卷

五香烟熏牛前胸肉

熟五香烟熏牛肉

不加调味品的熏牛肉

无香熏牛肉

牛肉和牛肉卷饼

鸡肉卷饼

铁板烧牛肉

炖鸡肉馅饼

焦糖烟熏肉

香肠肉汁

鸡肉片夹饼

碎烤牛肉薄饼

牛肉和羔羊肉串

填馅辣椒

腊肠比萨半圆卷饼

火腿奶酪半圆卷饼

烤牛肉

烤牛圆腿肉精肉块

烤牛后腿肉

烤牛肋排

烤猪肋排三明治

烤奶酪汉堡三明治

牛肉和切达奶酪半圆卷饼

火腿和奶酪半圆卷饼

墨西哥辣椒、奶酪半圆卷饼

意大利辣香肠半圆卷饼

比萨条半圆卷饼

传统千层面

肉类千层面

俱乐部火腿和火鸡三明治

火鸡腊肠奶酪三明治

俄式奶油口蘑牛肉丝

麻辣牛肉玉米卷

酱汁手撕火鸡

泰特拉兹尼奶油火鸡烤面条

火鸡肉饺

火鸡胸

附录 D　每份食物的含肉量

通过采用个人食物摄入的持续调查（美国农业部）配料数据库组件，对个人食物摄入的持续调查中选择的每份食物的含肉量（可能是芽胞或营养细胞的来源）进行估计。个人食物摄入的持续调查中的每份食物都有相关的食物代码[①]（参见附录 B）和该食物的质量，个人食物摄入的持续调查食谱数据库中的每个食物代码都有相关的配料表。该食谱数据库包括一份食谱中每种配料的质量，可以计算出与每个食物代码相关的每种配料的质量组分，因此，可以计算出每份食物中该配料的质量。按照是否包含能成为芽胞或营养细胞来源的肉制品的原则将配料分类。由于个人食物摄入的持续调查内没有关于列出配料中的肉类组分信息，因此假设按照包含肉类的原则进行分类的每种配料含有100％的肉。这可能高估了许多配料的含肉量。下文列出了本风险评估（附录 B）中各个食物代码的配料，按照肉类等级通过个人食物摄入的持续调查的配料代码排序。

个人食物摄入的持续调查

配料代码	个人食物摄入的持续调查的配料说明	按照肉类配料分类
4001	肥肉，牛肉牛脂	是
4002	肥肉，猪油	是
4542	肥肉，鸡肉	是
5004	小鸡，WHL，RSTD	是
5006	小鸡肉和鸡皮，未加工	是
5007	裹面粉糊的炸小鸡肉和鸡皮	是
5008	炸小鸡肉和鸡皮，FLR	是
5009	小鸡肉和鸡皮，RSTD	是
5010	小鸡肉和鸡皮，STWD	是
5011	生小鸡肉	是
5013	小鸡肉，RSTD	是
5014	小鸡肉，STWD	是
5018	小鸡皮，RSTD	是
5020	未加工的小鸡内脏	是

[①]　我们仅采用个人食物摄入的持续调查中记录类型为 rt30 的食品代码输入。忽略 MOD 型代码。备有文件的食谱修改对预计肉类组分所产生的影响应忽略不计。

5022	炖小鸡内脏	是
5031	炸小鸡，鸡胸肉和皮，FLR	是
5041	小鸡，鸡胸肉，RSTD	是
5042	小鸡，鸡胸肉，STWD	是
5045	小鸡，鸡腿肉，RSTD	是
5047	小鸡，肥肉可分离，未加工	是
5058	小鸡，鸡胸，肉和皮，油炸，裹面粉糊	是
5060	小鸡，鸡胸，肉和皮，RSTD	是
5062	小鸡，鸡胸肉，未加工	是
5063	小鸡，鸡胸肉，油炸	是
5064	小鸡，鸡胸肉，RSTD	是
5065	小鸡，鸡胸肉，STWD	是
5078	小鸡，鸡腿，肉和皮，RSTD	是
5103	小鸡，鸡翅，肉和皮，RSTD	是
5118	小鸡，烧烤，白肉，RSTD	是
5122	小鸡，炖煮，WHL，STWD	是
5166	火鸡，肉和皮，RSTD	是
5168	火鸡，仅肉，RSTD	是
5174	火鸡，鸡胗，文火炖	是
5182	火鸡，白肉和皮，RSTD	是
5186	火鸡，白肉，RSTD	是
5200	火鸡，油炸-烧烤，肉和皮，RSTD	是
5220	火鸡，鸡胸肉，RSTD	是
5277	小鸡，CND，去骨，肉汤	是
5296	烤火鸡，去骨，油炸，鸡胸肉和鸡腿肉，RSTD	是
5306	火鸡末，CKD	是
6075	汤，牛肉汤/牛肉清汤，PDR，干燥	是
6076	汤，牛肉清汤，肉块，干燥	是
6116	肉汁，牛肉，CND	是
6119	肉汁，小鸡，CND	是
6125	肉汁，火鸡，CND	是
6475	汤，牛肉汤/牛肉清汤，PDR，用水做	是

6480	汤，小鸡汤，DEHYD，用水做	是
6524	肉汁，猪肉，DEHYD，用水做	是
7007	牛肉腊肠	是
7008	牛肉和猪肉腊肠	是
7011	火鸡腊肠	是
7013	德国香肠	是
7014	熏干香肠，猪肉	是
7016	奶酪法兰克福香肠，牛肉和猪肉	是
7017	小鸡肉肉卷，鸡胸肉	是
7021	荷兰面包，牛肉和猪肉	是
7022	法兰克福香肠，牛肉和猪肉	是
7023	法兰克福香肠，小鸡肉	是
7024	火腿片，11％的肥肉，REG	是
7029	火腿沙拉，SPRD	是
7031	头肉冻，猪肉	是
7034	德国熏肉香肠	是
7037	短粗蒜肠，大香肠，猪肉，牛肉	是
7038	午餐肉，牛肉，薄片	是
7043	摩泰台拉香肠，牛肉，猪肉	是
7050	五香烟熏牛肉，火鸡	是
7052	用胡椒调味的面包，猪肉，牛肉	是
7056	意大利辣香肠，猪肉，牛肉	是
7057	新鲜猪肉香肠，CKD	是
7065	新鲜香肠，猪肉和牛肉，CDK	是
7067	禽肉沙拉三明治，SPRD	是
7068	意大利蒜味腊肠，CKD，牛肉	是
7069	意大利蒜味腊肠，CKD，牛肉和猪肉	是
7070	意大利蒜味腊肠，CKD，火鸡	是
7074	扎节烟熏香肠，猪肉	是
7075	扎节烟熏香肠，猪肉和牛肉	是
7076	扎节烟熏香肠，猪肉和牛肉，有面粉和 NFDM	是
7079	火鸡鸡胸肉	是

7080	火鸡火腿，熏制腿肉	是
7081	火鸡面包卷，鸡胸肉	是
7082	火鸡面包卷，鸡胸肉和鸡腿肉	是
7089	意大利香肠，CKD，猪肉	是
7905	法兰克福香肠，猪肉、牛肉和火鸡肉，无脂肪	是
10002	新鲜生猪肉，COMP，瘦肉	是
10003	新鲜生猪肉，COMP，瘦肉和肥肉	是
10011	新鲜猪腿肉，WHL，瘦肉，RSTD	是
10020	新鲜猪腰肉，WHL，瘦肉和肥肉	是
10021	新鲜猪腰肉，WHL，瘦肉和肥肉，BRSD	是
10022	新鲜猪腰肉，WHL，瘦肉和肥肉，BRLD	是
10023	新鲜猪腰肉，WHL，瘦肉和肥肉，BRTD	是
10024	新鲜生猪腰肉，WHL，瘦肉	是
10025	新鲜猪腰肉，WHL，瘦肉，BRSD	是
10027	新鲜猪腰肉，WHL，瘦肉，RSTD	是
10036	新鲜生猪肉，腰部中间肉，瘦肉和肥肉	是
10060	新鲜生猪肉，腰部嫩肉，瘦肉	是
10078	新鲜猪肘子肉，瘦肉，BRSD	是
10085	新鲜猪肉，肩胛骨，波士顿，瘦肉，BRSD	是
10086	新鲜猪肉，肩胛骨，波士顿，瘦肉，BRLD	是
10093	新鲜混合猪肉，瘦肉，CKD	是
10124	猪肉，熏制，腌肉，BRLD/放在平底锅油炸/RSTD	是
10134	熏制猪肉火腿，去骨，精瘦肉，RSTD	是
10136	生猪肉，中间切片，乡村风味，瘦肉	是
10141	油炸熏制猪肉卷	是
10147	熏制猪肉火腿，WHL，瘦肉和猪肉，RSTD	是
10151	熏制猪肉火腿，WHL，瘦肉，UNHTD	是
10152	熏制猪肉火腿，WHL，瘦肉，RSTD	是
10153	熏制生猪肉，咸肉	是
10165	熏制猪肉火腿，去骨，UNHTD	是
10182	熏制猪肉火腿，去骨，RSTD	是
10183	熏制猪肉火腿，CND，UNHTD	是

10184	熏制猪肉火腿，CND，RSTD	是
10185	新鲜猪肉末，CKD	是
10220	新鲜生猪肉，腰部肉和肘子肉，瘦肉和肥肉	是
10227	新鲜猪肉，全腰肉和肘子肉，瘦肉和肥肉，CKD	是
13020	牛肉，零售分切，肥肉，CKD	是
13022	全为牛前胸肉，WHL，瘦肉＋肥肉，1/4′，BRSD	是
13024	全为牛前胸肉，WHL，瘦肉，1/4′，BRSD	是
13034	牛肉，全为炖前肘肉，瘦肉＋肥肉，1/4′，BRSD	是
13036	牛肉，炖前肘肉，瘦肉＋肥肉，1/4′，CHOIC，BRSD	是
13038	精选牛肉，炖前肘肉，瘦肉＋肥肉，1/4′，BRSD	是
13043	精选生牛肉，炖牛肉，瘦肉	是
13044	牛肉，炖牛肉，瘦肉，1/4′，CHOIC，BRSD	是
13046	精选牛肉，炖牛肉，瘦肉，1/4′，BRSD	是
13050	牛肉，全为烤牛肩肉，瘦肉＋肥肉，1/4′，BRSD	是
13058	牛肉，全为烤牛肩肉，瘦肉，1/4′，BRSD	是
13061	精选生牛肉，烤牛肩肉，瘦肉	是
13062	精选牛肉，烤牛肩肉，瘦肉，BRSD	是
13065	生牛肉，后腹肉，瘦肉＋肥肉，CHOIC，0″	是
13068	生牛肉，全为后腹肉，瘦肉	是
13088	牛肉，肋骨肉，WHL，瘦肉，1/4″，CHOIC，RSTD	是
13143	精选牛肉，小端肋骨肉，瘦肉，1/4″，RSTD	是
13150	牛肉，牛小排，瘦肉，CHOIC，BRSD	是
13151	生牛肉，全为牛后臀肉，瘦肉＋肥肉，1/4″，CHOIC	是
13152	牛肉，全为牛后臀肉，瘦肉＋肥肉，1/4″，CHOIC，BRLD	是
13155	生牛肉，全为牛后臀肉，瘦肉，CHOIC	是
13156	牛肉，全为牛后臀肉，瘦肉，1/4″，CHOIC，BRLD	是
13160	牛肉，全为后腹部肉，瘦肉＋肥肉，1/4″，BRSD	是
13162	牛肉，精选后腹部肉，瘦肉＋肥肉，1/4″，CHOIC，BRSD	是
13168	牛肉，全为后腹部肉，瘦肉，1/4″，BRSD	是
13194	牛肉，背部后臀肉，瘦肉＋肥肉，1/4″，CHOIC，RSTD	是
13202	牛肉，背部后臀肉，瘦肉，1/4″，CHOIC，RSTD	是

13204	牛肉，精选背部后臀肉，瘦肉，1/4″，RSTD	是
13281	牛肉，顶部后腰肉，瘦肉＋肥肉，1/4″，CHOIC，放在平底锅里煎	是
13288	生牛肉，顶部后腰肉，瘦肉，CHOIC	是
13289	牛肉，顶部后腰肉，瘦肉，1/4″，CHOIC，BRLD	是
13291	生牛肉，精选顶部后腰肉，瘦肉	是
13292	牛肉，精选顶部后腰肉，瘦肉，1/4″，BRLD	是
13295	生绞碎牛肉，精瘦肉	是
13298	绞碎牛肉，精瘦肉，BRLD，五分熟	是
13299	绞碎牛肉，精瘦肉，BRLD，全熟	是
13302	生绞碎牛肉，瘦肉	是
13306	绞碎牛肉，瘦肉，BRLD，全熟	是
13312	普通绞碎牛肉，BRLD，五分熟	是
13313	普通绞碎牛肉，BRLD，全熟	是
13314	普通绞碎牛肉，放在平底锅里煎，五分熟	是
13347	熏制腌牛肉，近腿前胸肉，CKD	是
13348	熏制腌牛肉，近腿前胸肉，CND	是
13367	牛肉，全为近腿前胸肉，WHL，瘦肉＋肥肉，0″，BRSD	是
13368	牛肉，全为近腿前胸肉，瘦肉，0″，BRSD	是
13373	牛肉，全为炖牛肉，瘦肉＋肥肉，0″，BRSD	是
13376	牛肉，全为炖牛肉，瘦肉，0″，BRSD	是
13379	牛肉，全为烤牛肩肉，瘦肉＋肥肉，0″，BRSD	是
13398	牛肉，全为近腿后臀肉，瘦肉＋肥肉，0″，BRSD	是
13454	牛肉，全为上部腰肉，瘦肉，0″，BRLD	是
16008	BNS，BKD，CND，法兰克福香肠	是
16010	BNS，BKD，CND，猪肉和甜酱	是
16011	BNS，BKD，CND，猪肉和番茄酱	是
17042	美国羔羊肉，肩头肉，WHL，瘦肉，CHOIC，RSTD	是
17089	小牛肉，瘦肉和肥肉，CKD	是
17104	生小牛肉，腰肉，瘦肉和肥肉	是
17117	小牛肉，肩头肉，WHL，瘦肉和肥肉，BRSD	是
17134	生小牛肉，腰肉，瘦肉和肥肉	是
17136	小牛肉，腰肉，瘦肉和肥肉，RSTD	是

21004	鸡蛋火腿饼干	是
21005	鸡蛋香肠饼干	是
21008	火腿饼干	是
21009	香肠饼干	是
21020	奶酪香肠英式松饼	是
21037	去骨裹面包屑油炸小鸡肉	是
22401	精选健康意大利番茄牛肉面，冷菜	是
22402	精选健康牛肉通心粉，冷菜	是
42004	小鸡，鸡胸肉，肉类，油炸，不吸收脂肪	是
42128	火鸡火腿，精瘦肉，预先包装好/熟食	是
42129	大腊肠，牛肉和猪肉，低脂肪	是
42161	大腊肠，牛肉，低脂肪	是
42179	法兰克福香肠，牛肉，低脂肪	是
42241	烟熏香肠，火鸡、猪肉和牛肉，红色脂肪	是
42262	烟熏小鸡肉牛肉香肠	是
42280	法兰克福香肠，肉类和禽肉，低脂肪	是
43325	烟熏/腌制火腿，低钠，CKD，未规定脂肪	是
43378	烟熏/腌制咸肉，红色钠	是
43384	大腊肠，牛肉，红色钠	是
43507	法兰克福香肠，低盐	是
73790	牛肉，罐装土豆绞碎牛肉，CND	是
21540100	具有蔬菜蛋白质结构的熟绞碎牛肉	是
24198740	鸡块	是
25220710	西班牙香肠	是
27111400	墨西哥辣肉酱，未规定豆类	是
27111410	加大豆的墨西哥辣肉酱	是
27112000	调味肉汁（混合肉汁）牛肉（包括乡村风味）	是
27112010	调味肉汁（混合肉汁）索尔斯伯里牛肉饼	是
27113100	俄式口蘑牛肉丝	是
27116200	抹烤肉调味酱（混合酱）的牛肉	是
27120020	抹肉汁（混合肉汁）的火腿/猪肉	是
27135110	用帕尔玛干酪调制的小牛肉	是

27260010	烘肉卷，未规定肉的类型	是
27443120	蔬菜（不包括胡萝卜/丹麦绿色蔬菜）白汁皇家奶油鸡	是
58104500	牛肉、大豆、生菜和番茄油煎面卷饼	是
58104530	鸡肉奶酪油煎面卷饼	是
58112510	蒸饺，肉或海鲜馅	是
1001	咸黄油	否
1009	奶酪，美国切达干酪	否
1012	奶酪，白软干酪，裹面包屑	否
1014	奶酪，白软干酪，脱脂，未裹面包屑，无水分，大凝块或小凝块	否
1016	奶酪，白软干酪，低脂肪，1％乳脂	否
1025	奶酪蒙特利奶酪	否
1026	奶酪，马苏里拉奶酪，WHL	否
1027	奶酪，马苏里拉奶酪，WHL，低水分	否
1028	奶酪，马苏里拉奶酪，半脱脂	否
1029	奶酪，马苏里拉奶酪，半脱脂，低水分	否
1032	奶酪，帕尔玛干酪粉	否
1033	奶酪，帕尔玛干酪块	否
1035	奶酪，波罗弗洛干酪	否
1036	奶酪，意大利乳清干酪，WHL	否
1037	奶酪，意大利乳清干酪，半脱脂	否
1038	奶酪，罗马诺干酪	否
1040	奶酪，瑞士奶酪	否
1042	奶酪，美国巴氏消毒奶酪	否
1044	奶酪，瑞士巴氏消毒奶酪	否
1046	干酪食品，巴氏灭菌法处理过的美国干酪	否
1048	奶酪酱	否
1049	半对半奶油，半对半牛奶	否
1050	液体奶油，淡奶油（咖啡奶油或餐桌奶油）	否
1053	奶油，重泡打奶油	否
1056	酸奶油	否
1077	液体牛奶，3.25％乳脂	否
1085	具有维生素 A 的脱脂液体牛奶（无脂肪或脱脂）	否

1088	牛奶，白脱牛奶，液体，发酵，低脂肪	否
1090	牛奶，奶粉，WHL	否
1091	具有维生素 A 的普通牛奶，奶粉，脱脂	否
1092	牛奶，具有维生素 A 的速溶奶粉	否
1094	白脱牛奶，奶粉，甜奶油	否
1113	酸乳清粉	否
1115	甜乳清粉	否
1123	蛋，鸡蛋，WHL，生/冷藏	否
1124	蛋，鸡蛋，蛋白，生/冷藏	否
1125	蛋，生鸡蛋，蛋黄	否
1128	蛋，鸡蛋，WHL，煎蛋	否
1129	蛋，鸡蛋，WHL，HARD−BLD	否
1131	蛋，鸡蛋，WHL，水煮蛋	否
1132	蛋，鸡蛋，WHL，SCRMBLD	否
1154	具有维生素 A 的普通牛奶，奶粉，脱脂	否
1168	奶酪，切达干酪，低脂肪	否
2001	多香果粉	否
2002	大茴香籽	否
2003	罗勒粉	否
2009	辣椒粉	否
2010	肉桂粉	否
2011	丁香粉	否
2014	小茴香籽	否
2015	咖喱粉	否
2020	大蒜粉	否
2021	姜粉	否
2024	黄芥菜籽	否
2025	肉豆蔻末	否
2026	洋葱粉	否
2027	牛至粉	否
2028	辣椒粉	否
2029	干荷兰芹	否

2030	黑胡椒	否
2031	红辣椒/辣椒	否
2034	禽肉调味品	否
2038	鼠尾草粉	否
2042	百里香粉	否
2046	黄色芥末	否
2047	食用盐	否
2048	醋，苹果醋	否
2053	醋，蒸馏醋	否
2054	酸豆，CND，DRND	否
4017	普通沙拉调味品，千湖岛	否
4018	普通沙拉调味品，蛋黄酱型	否
4025	沙拉调味品，蛋黄酱，大豆	否
4027	蜂蜜芥末酱	否
4031	家用起酥油，大豆，CTTNSD，HYDR	否
4034	大豆油，HYDR	否
4042	花生油	否
4044	大豆油	否
4053	橄榄油	否
4058	芝麻油	否
4105	人造奶油，液体，大豆（HYDR&REG）&CTTNSD	否
4114	普通意大利沙拉调味品	否
4120	普通法国沙拉调味品	否
4131	普通人造黄油，未指定油类，无盐	否
4132	普通人造咸黄油，未指定油类	否
4502	棉籽油	否
4518	玉米油	否
4521	普通人造黄油，向日葵、大豆&CTTNSD（HYDR）	否
4531	大豆卵磷脂油	否
4543	大豆油，HYDR&CTTNSD	否
4610	普通合成人造黄油块，80％脂肪	否
4615	家用混合型起酥油	否

4616	工厂用混合型起酥油	否
6008	汤，牛肉汤或法国牛肉清汤，CND，RTS	否
6013	汤，普通鸡汤，冷凝	否
6016	汤，普通鸡肉奶油，冷凝	否
6043	汤，普通蘑菇奶油，冷凝	否
6134	豆酱	否
6150	烧烤酱	否
6164	洋葱做的辣调味汁，商用	否
6165	家用酱，白酱，淡酱	否
6166	家用酱，白酱，MED	否
6303	酱，奶酪，脱水，牛奶做成	否
6313	白酱，脱水，牛奶做成	否
6413	汤，普通鸡汤，用水做成	否
6555	荷兰酱，脱水，用水做成	否
6931	酱，意大利面食，意大利细面条/大蒜番茄酱，RTS	否
8120	谷类，燕麦，WO/去皮，干燥	否
9005	苹果，未加工，WO/去皮，BLD	否
9006	苹果，未加工，WO/去皮，微波炉	否
9007	苹果，CND，SWTND，DRND	否
9009	苹果，脱水，硫熏果	否
9016	苹果汁，CND，UNSWTND，WO/＋维生素 C	否
9019	苹果酱，CND，UNSWTND，WO/＋维生素 C	否
9020	苹果酱，CND，SWTND，WO/盐	否
9036	杏梅露，CND，WO/维生素 C	否
9037	牛油果，未加工，所有种类	否
9063	酸的红樱桃，未加工	否
9066	酸的红樱桃，CND，浓缩糖浆	否
9071	甜樱桃，CND，水 PK	否
9072	甜樱桃，CND，果汁 PK	否
9078	蔓越橘，未加工	否
9150	柠檬，未加工，WO/去皮	否
9152	柠檬汁，未加工	否

9153	柠檬汁，CND/BTLD	否
9156	柠檬皮，未加工	否
9193	熟橄榄，CND（SML-EX LRG）	否
9206	新鲜橙汁	否
9214	冰冻的未稀释的橙汁，UNSWTND	否
9215	冰冻的稀释橙汁，UNSWTND	否
9216	新鲜橙皮	否
9232	新鲜的紫色西番莲果汁	否
9237	桃子，CND，H_2O PK	否
9238	桃子，CND，JUC PK	否
9266	新鲜的凤梨	否
9267	凤梨，CND，H_2O PK	否
9268	凤梨，CND，JUC PK	否
9270	凤梨，CND，浓糖浆	否
9273	凤梨汁，CND，UNSWTND	否
9279	新鲜的李子	否
9298	无籽葡萄干	否
9299	去籽葡萄干	否
9354	凤梨，CND，JUC PK，DRND	否
11026	新鲜竹笋	否
11028	竹笋，CND，DRND	否
11032	豆类，未成熟的利马豆，BLD，DRND	否
11037	豆类，冰冻的未成熟的 FORDHOOK 利马豆	否
11038	豆类，冰冻的未成熟的 FORDHOOK 利马豆，BLD，DRND	否
11043	豆类，成熟的已发芽的新鲜绿豆	否
11044	豆类，成熟的已发芽的新鲜绿豆，BLD，DRND	否
11052	豆类，新鲜的绿色四季豆	否
11053	豆类，绿色四季豆，BLD，DRND	否
11061	豆类，冰冻的绿色四季豆，BLD，DRND	否
11090	新鲜的花椰菜	否
11091	花椰菜，BLD，DRND	否
11092	冰冻的花椰菜，CHOPD	否

11093	冰冻的花椰菜，CHOPD，BLD，DRND	否
11095	冰冻的花椰菜芽，BLD，DRND	否
11109	新鲜的卷心菜	否
11110	卷心菜，BLD，DRND	否
11112	新鲜的红色卷心菜	否
11116	新鲜的卷心菜，白菜	否
11117	卷心菜，白菜，BLD，DRND	否
11119	新鲜的卷心菜，大白菜	否
11124	新鲜的胡萝卜	否
11125	胡萝卜，BLD，DRND	否
11130	冰冻的胡萝卜	否
11131	冰冻的胡萝卜，BLD，DRND	否
11136	花菜，BLD，DRND	否
11138	冰冻的花菜，BLD，DRND	否
11143	新鲜的芹菜	否
11144	芹菜，BLD，DRND	否
11156	新鲜的香葱	否
11162	羽衣甘蓝，BLD，DRND	否
11165	新鲜的胡荽	否
11168	黄色的甜玉米，BLD，DRND	否
11172	黄色的甜玉米，CND，卤水，DRND	否
11174	黄色的甜玉米，CND，CRM，REG PK	否
11178	冰冻的黄色甜玉米，KRNLS	否
11179	冰冻的黄色甜玉米，KRNLS，BLD，DRND	否
11205	新鲜的黄瓜	否
11209	新鲜的茄子	否
11215	新鲜的大蒜	否
11216	新鲜的生姜根	否
11234	甘蓝，BLD，DRND	否
11246	新鲜的韭菜	否
11252	新鲜的卷心莴苣	否
11260	新鲜的蘑菇	否

11261	蘑菇，BLD，DRND	否
11264	蘑菇，CND，DRND	否
11269	蘑菇，香菇，CKD	否
11282	新鲜的洋葱	否
11283	洋葱，BLD，DRND	否
11284	脱水洋葱片	否
11288	冰冻的已剁碎的洋葱，BLD，DRND	否
11291	新鲜的洋葱，春葱或者冬葱（包括顶部和茎部）	否
11297	新鲜的欧芹	否
11300	新鲜的可食用的有荚豌豆	否
11301	可食用的有荚豌豆，BLD，DRND	否
11304	新鲜的绿豌豆	否
11305	绿豌豆，BLD，DRND	否
11308	绿豌豆，CND，REG，DRND	否
11312	冰冻的绿豌豆	否
11313	冰冻的绿豌豆，BLD，DRND	否
11327	冰冻的豌豆和洋葱，BLD，DRND	否
11329	辣椒类，绿色的红辣椒，CND	否
11333	辣椒类，新鲜的绿色甜辣椒	否
11334	辣椒类，新鲜的绿色甜辣椒，BLD，DRND	否
11352	新鲜的马铃薯，鲜嫩部分	否
11363	烤马铃薯，鲜嫩部分	否
11365	煮熟的烤马铃薯，带皮，鲜嫩部分	否
11367	煮熟的烤马铃薯，不带皮，鲜嫩部分	否
11371	马铃薯，MSHD，自制的配有牛奶和人造黄油	否
11378	脱水的马铃薯片，MSHD，未添加牛奶	否
11379	马铃薯片，MSHD，储备牛奶和黄油	否
11391	马铃薯，冰冻的炸薯饼，准备	否
11403	冰冻的油炸马铃薯，部分油炸，放入烤箱加热	否
11429	新鲜的萝卜	否
11439	已沥干的德国泡菜	否
11457	新鲜的菠菜	否

11458	菠菜，BLD，DRAD	否
11468	南瓜类，SMMR，弯颈南瓜和直颈南瓜，BLD，DRAD	否
11478	南瓜类，SMMR，夏南瓜，BLD，DRAD	否
11529	新鲜的已成熟的红色番茄	否
11530	已成熟的红色番茄，BLD	否
11531	红色番茄，CND，WHL，REG PK	否
11540	番茄汁，CND，加盐	否
11546	番茄酱，CND	否
11547	番茄泥，CND	否
11579	番茄酱，CND	否
11584	冰冻的什锦蔬菜，BLD，DRAD	否
11588	新鲜的中国马蹄	否
11590	中国马蹄，CND	否
11642	南瓜类，SMMR，所有种类的南瓜，BLD，DRAD	否
11660	红色番茄，STWD	否
11670	辣椒类，新鲜的绿色红辣椒	否
11674	烤马铃薯，鲜嫩部分和皮	否
11718	豆类，绿豆芽，BLD，DRAD，加盐	否
11724	豆类，黄色的四季豆，BLD，DRAD	否
11820	辣椒类，红色的红辣椒，CND	否
11821	辣椒类，新鲜的红色甜辣椒	否
11823	辣椒类，红色甜辣椒，BLD，DRAD	否
11831	马铃薯，BLD 带皮，鲜嫩部分，加盐	否
11833	马铃薯，BLD 不带批，鲜嫩部分，加盐	否
11887	番茄酱，CND，加盐	否
11888	番茄泥，CND，加盐	否
11935	番茄酱	否
11937	泡菜，黄瓜，茴香	否
11940	泡菜，甜黄瓜	否
11941	泡菜，酸黄瓜	否
11943	西班牙甘椒，CND	否
11945	甜泡菜食品	否

11962	辣椒类，晒干的红辣椒	否
11979	辣椒类，新鲜的墨西哥辣椒	否
12014	干南瓜和干南瓜 SD KRNLS	否
12061	干杏仁，未经过沸水烫以去皮	否
12062	干杏仁，经过沸水烫以去皮	否
12063	未弄干的杏仁	否
12067	杏仁，TSTD	否
12085	未弄干的腰果	否
12201	干芝麻 SD KERNELS	否
14057	甜葡萄酒，DSSRT	否
14175	巧克力口味的 BEV 调酒配料	否
14429	城市用水	否
15002	欧洲鳀鱼，CND，油，DRND	否
15149	新鲜的小虾，混生种类	否
15152	小虾，混生种类，CND	否
16033	豆类，成熟的红芸豆，BLD	否
16034	豆类，成熟的红芸豆，CND	否
16049	豆类，新鲜的已成熟的白豆	否
16050	豆类，成熟的白豆，BLD	否
16059	红辣椒中添加有豆类，CND	否
16080	豆类，新鲜的已成熟的绿豆	否
16103	罐装的油炸豆瓣（包括美国农业部的商品）	否
16115	新鲜的全脂大豆粉	否
16117	脱脂大豆粉	否
16118	低脂大豆粉	否
16122	大豆分离蛋白	否
16123	用大豆和小麦生产出的酱油（SHOYU，酱油）	否
16124	用大豆生产出的酱油（TAMIRI 酱油）	否
16125	用水解植物蛋白生产出的酱油	否
16127	嫩豆腐，准备硫酸钙和氯化镁（盐卤）	否
16390	未弄干的花生，所有种类的花生	否
18009	饼干，普通烘制的纯饼干/酸奶饼干	否

18060	面包类，黑麦面包	否
18069	面包类，普通烘制的白面包（包括软式面包屑）	否
18070	面包类，普通烘制的白面包，TSTD	否
18075	面包类，普通烘制的 WHL 小麦面包	否
18079	磨碎的纯干面包屑	否
18081	面包填料，干式混合料	否
18173	纯/蜂蜜/肉桂酸全麦饼干	否
18229	饼干，标准的零食类，REG	否
18239	黄油羊角面包	否
18243	调过味的油炸面包丁	否
18259	纯英式松饼，TSTD，ENR（包括酵母）	否
18335	冰冻的烘制馅饼皮，标准类型，RTB	否
18350	面包卷，纯汉堡包/热狗面包卷	否
18360	烘制的塔可饼饼皮	否
18363	墨西哥玉米粉圆饼，RTB/RTF，玉米	否
18364	墨西哥玉米粉圆饼，RTB/RTF，面粉	否
18369	烘烤的 PDR，双重作用，NaAlSO4	否
18370	烘烤的 PDR，双重作用，磷酸盐	否
18372	烘烤的苏打	否
18374	面包房的压缩酵母	否
18375	面包房的干酵母	否
19003	纯玉米片	否
19056	纯墨西哥玉米片	否
19078	糖果，烘烤的巧克力，UNSWTND	否
19177	干明胶，UNSWTND	否
19296	STR/提取的蜂蜜	否
19304	糖蜜	否
19334	糖类，红糖	否
19335	糖类，砂糖	否
19350	糖浆类，淡玉米糖浆	否
19719	杏子果酱和蜜饯	否
20005	新鲜的珍珠大麦	否

20016	黄色的玉米粉，WHL	否
20017	玉米粉糊，ENR	否
20022	杀过菌的黄色玉米粉，ENR	否
20027	玉米淀粉	否
20037	煮熟的长粒糙米	否
20044	新鲜的长粒白米，REG，ENR	否
20045	煮熟的长粒白米，REG，ENR	否
20047	煮熟的长粒白米，PARBLD，ENR	否
20048	提前煮熟/顷刻即熟的干燥的长粒白米，ENR	否
20061	白米粉	否
20081	白小麦粉，ALLPURP，ENR，漂白剂	否
20088	新鲜的野生米	否
20099	干通心粉，ENR	否
20100	煮熟的干通心粉，ENR	否
20108	煮熟的WHL-小麦通心粉	否
20100	面条类，煮熟的鸡蛋面，ENR	否
20112	面条类，煮熟的菠菜鸡蛋面，ENR	否
20113	面条类，中式面条，炒面	否
20121	煮熟的意大利面，ENR，不加盐	否
20345	煮熟的长粒白米，ENR，加盐	否
20400	煮熟的通心粉，UNENR	否
20410	面条类，煮熟的鸡蛋面，UNENR，不加盐	否
20445	煮熟的长粒白米，UNENR，不加盐	否
20481	白小麦粉，ALLPURP，UNENR	否
21018	快餐类，鸡蛋快餐，SCRMBLD	否
21138	油炸马铃薯，用植物油	否
42011	给烤鸡/炸鸡裹上面包屑	否
42061	不含酒精的葡萄酒	否
42213	佐餐葡萄酒，所有种类的葡萄酒，BKD/SIMMRD 1-59MIN	否
4214	佐餐葡萄酒，所有种类的葡萄酒，BKD/SIMMRD 2HR-2HR29MIN	否
42215	佐餐葡萄酒，所有种类的葡萄酒，BKD/SIMMRD 1HR-1HR29MIN	否

42216	佐餐葡萄酒，所有种类的葡萄酒，搅入烈酒中	否
42218	干葡萄酒，DSSRT，搅入烈酒中	否
42219	干葡萄酒，DSSRT，BKD/SIMMRD 1-29MIN	否
42221	干葡萄酒，DSSRT，BKD/SIMMRD 46-60MIN	否
43212	素食培根块	否
43216	果糖甜味剂	否
43374	伍斯特郡辣酱油	否
44005	食油类，玉米油、花生油、橄榄油	否
44051	添加有或者未添加意式细面，以及其他意大利面、干制蔬菜的大米混合物，ENR	否
78862	消过毒的煮熟的黄色玉米面，ENR，不加盐	否
84060	腌制绿橄榄，CND/BTLD	否
85390	辣椒类，绿色的红辣椒，CND，辣椒酱	否
85420	辣椒类，红色的红辣椒，CND，辣椒酱	否
92320	糖类，无水葡萄糖	否
92330	糖类，透明葡萄糖	否
92871	塔可酱	否
92872	番茄辣椒酱，BTLD，不加盐	否
11100000	牛奶，NFS	否
11112000	液体牛奶，并非全部，至于脂肪含量未规定	否
14410200	加工奶酪，美国奶酪/切达干酪	否
41205010	炸豆泥	否
41205100	发酵的黑豆	否
51109100	面包，全麦口袋面包	否
51150000	白软面包卷	否
51157000	面包卷，特大号潜水艇三明治	否
51182010	面包类，面包填料（包括自制的面包填料；填料，NFS）	否
51186010	英式松饼（包括酸面团）	否
51300110	面包类，全麦面包，并非100%/至于是否为100%未规定	否
51502100	燕麦麸面包卷	否
51620000	多谷物面包卷	否
52202060	自制的玉米面包	否
52215100	墨西哥玉米粉圆饼	否

52215200	墨西哥玉米粉圆饼，面粉（小麦）	否
53204010	核仁巧克力饼干，没有糖衣	否
53410100	苹果馅饼（包括水果馅饼）	否
56117100	煮熟的干炒米粉，未添加肥肉	否
56205210	煮熟的100％的野生米，未添加肥肉	否
58121410	清淡味饺子	否
58132110	素意大利面，加番茄酱	否
58145110	鳄梨酱，NFS	否
63409010	通心粉或者面条，加奶酪	否
72201230	煮熟的花椰菜，至于产地未规定，加奶酪酱	否
74404010	意大利面酱	否
75121400	辣椒类，新鲜的波不拉诺辣椒	否
75510030	夹心绿橄榄	否
82101000	植物油，NFS（包括食用油，NFS）	否

附录 E　采用本程序

本节按顺序介绍了如何设定和运行程序、输出是什么和输出在什么地方、如何改变敏感度输入。

E.1　设定和运行程序

本程序为"控制台"应用程序，在 Windows® 中的命令框里运行（该程序仅在 Windows XP® 中进行了测试）。本程序包括一个单独的程序文件 C_perfringens.exe 和以下的 ASCII 文本数据文件：

Basic_growth.dat

Category_12_temps.dat

Category_34_a_temps.dat

Cold_storage.dat

Cooking.dat

dose_response.dat

D_values_high.dat

D_values_low.dat

Food_samples.dat

garlic.dat

Growth_corrections.dat

Home_empirical.dat

Home_intra_var.dat

hot_holding.dat

misc_spice.dat

mustard.dat

oregano.dat

Raw_meat.dat

RTE_meat.dat

Type_A_Plus.dat

Category_la_Cold_Eat.dat

这些数据文件必须都具有指定名称，而且要放在相同的（"数据"）子目录里（根据用户的喜好，该子目录可能是同一个含有程序文件的子目录，也可能不是）。另外，在这一相同的数据子目录里，必须包括两个添加的文件，这两个文件的名称是任意给定的，而且文件对参数的可变性分布进行了详细说明。这些参数不能根据可用数据进行适宜地评估，而且还要在敏感度分析中进行处理。在以下的说明中。这些文件的名称为：

Sensitivity. dat

Init _ Germ _ fracs. dat

最后，一个控制文件（提供的示例为"control. dat"）有可能会放在任何一个方便的子目录里，而且文件名称任意给定。

本程序和一个命令行一起被调用，例如，

＞C _ perfringens. exe［"］［directory \ ］controlfile［„］

其中［］代表一个任意的允许值，"directory"规定了一条目录路径（与当前目录为相对关系或者绝对关系），而"controlfile"为控制文件的名称。该控制文件提供了与示例文件"control. dat"同等的信息。如果控制文件名称或者目录路径包括空间，即围绕在整个带有引号的字符串周围的空间。

示例设置：你拥有一个名称为 Root \ . 的默认目录（在我的计算机上，Root \ 为 "C：Document and settings \ Edmund \ My Documents \ PROJECT \ B-1640 C Perfringens \ "，所以，使用相对参考要容易得多）。

创建一个目录 Root \ progs，然后将 C _ perfringens. exe 放在该目录中。

创建一个目录 Root \ progdata，然后将所有的数据文件放在该目录中，包括 control. dat 文件。

为了使该程序运行，首先要将命令框打开（在 Windows XP 中，首先选择 Start，然后选择 Run，最后规定 cmd 为命令，以便运行），将目录更改为 Root \ progs，然后输入

＞C _ perfringens. . \ progdata \ control. dat

或者

＞C _ perfringens Root \ progdata \ control. dat

（该程序可以在 Windows 中运行——它将创建自己的命令框，而且快捷文件或者 PIF 文件也会得到设置。快捷文件或者 PIF 文件能够自动提供控制文件的名称作为参数，但是在命令框中完成所有这些步骤要容易一些）。

E. 2　控制文件的结构

程序运行用的基本的蒙特卡罗参数是根据在控制文件中所规定的内容进行设置的（而且通过更改敏感度参数，进一步进行不同的更改是有可能的，见下文）。控制文件格式为

\# Any number of comment and/or blank lines, indicated by \# as

\# the first character of the line. Comment lines and blank

\# lines may beinterspersed anywhere.

！！can also be used as a commentdelimiter，

｛as can ｛（curly left brace）

Data _ directory	.. \ progdata \
Output _ file	output. txt
Sensitivity _ file	sensitivity. dat
Init _ germ _ file	Init _ Germ _ frace. dat
Variability _ loops	10000000
Uncertainty-loops	1

共有 6 组关键字-数值。在 6 个非注释行中，每一个注释行上所显示的第一次输入为关键字。第二次输入是其数值，这些数值可以进行更改，以便改变程序的运行。每个关键字必须出现在单独的一行中，这是因为第一个数值出现在该行。它们的排列顺序是任意的，而且没有大小写之分。每个关键字的数值必须在同一行，通过关键字处的任意数量的空格隔开。如果你要在文件中重复相同的关键字，最后出现的关键字会将之前出现的关键字覆盖。

Data _ directory 会告知程序在哪可以找到数据文件和在哪放置输出。Data _ directory 为目录路径（与程序是绝对关系或者相对关系）。在该目录路径中，可以找到数据文件。注明 terminating \ ，它必须放置在目录路径上。所显示的示例与上文中所描述的示例设置是相符合的。

Output _ file 为文件名称，程序会将输出放入在该文件中。如果 Output _ file 已经不存在，那么在 Data _ directory 目录里，将会创建和重写 Output _ file。Output _ file 的数值必须是一个有效的文件名称。

Sensitivity _ file 为与下文描述中的 Sensitivity. dat 相符合的文件的名称。对于敏感度分析来说，将相同格式的多个文件都称为 Sensitivity. dat 是很容易的，每个文件都带有一个已更改的单个参数值。在敏感度分析中，对 Sensitivity _ file 中的参数使用不同的数值，可以进行多次运行。然后，不同的控制文件可以用于每次敏感度运行，而且每个控制文件都规定了一个不同的 Sensitivity _ file。

Init _ germ _ file 为与下文描述中的 Init _ Germ _ fracs. dat 相符合的文件的名称。对于敏感度分析来说，将相同格式的多个文件都称为 Init _ Germ _ fracs. dat 是很容易的，每个文件都带有一个已更改的单个参数值。在敏感度分析中，对 Init _ germ _ file 中的参数使用不同的数值，可以进行多次运行。然后，不同的控制文件可以用于每次敏感度运行，而且每个控制文件都规定了一个不同的 Init _ germ _ file。

Variability _ loops 为可变性循环（例如，上菜）的数量。在稳定和每个不确定性循环期间，可变性循环用来运行每个增长数值。可变性循环的数量必须是低于或者等于 2 147 483 647（例如，20 亿左右）的正数。注：不包括逗号。这一范围内的实数（带有小数点或者指数符号）将同样有效——它将被删减为下一个最小的整数。

Uncertainty _ loops 为用来运行的不确定性循环的数量。不确定性循环的数量必须是低于或者等于 2 147 483 647（例如，20 亿左右）的正数。注：不包括逗号。这一范围内的实数（带有小数点或者指数符号）将同样有效——它将被删减为下一个最小的整数。

警告：所计算的上菜总数为（增长分布数量）×Variability _ loops×Uncertainty _

loops（关于增长分布的数量，见下文中的增长敏感度参数）。在具有很大内存（512 兆字节或者更多）的 2.6GHz 奔腾 4 中，本程序每分钟可以运行大约 400 000 道菜。因为在敏感度参数文件中那个所规定的稳定期间，每个蒙特卡罗运行都会针对每个增长数值而予以重复进行，所以便出现了该系数（增长步骤的分布）。为了获取准确的生病人数，在每一个可变性循环中，要求至少要达到 1000 万道菜。

E.3 输出文件和输出信息结构

运行时，程序在命令框（屏幕）中生成输出信息，指示正在发生的事情并将输出信息保存在输出文件中（所有输出信息都被即刻保存，所以断电只会停止程序，并不会丢失目前为止已保存内容）。不确定性 _ 循环＝1 与不确定性 _ 循环＞1 所保存的输出文件不同，但屏幕上出现的内容相同。

E.3.1 命令框（屏幕）输出信息

范例（其中不确定性 _ 循环＝1，可变性 _ 循环＝10 000 000）

创建耗时 1.08s

··············· 0.50 1 397563 11 0 1 29.22
··············· 1.00 1 407090 18 0 1 57.50
··············· 1.50 1 411722 24 0 0 85.59
··············· 2.00 1 415962 34 0 1113.80
··············· 2.50 1 414950 270 2 141.89
··············· 3.00 1 417296 32 0 0 170.67
··············· 3.50 1 416444 28 0 1 198.69

完成。

创建是指设置所需内存结构并读取所有数据文件。完成初始程序后屏幕上会显示这一行。随着程序的运行，每个点会慢慢出现并指示继续前进。每个点相当于 500 000 次服务（所以它们在所述机器上以 1.6s 的间隔出现，并反馈程序正在运行当中）。指定增长的每次不确定性循环之后，在同一行上会给出 7 个数字，作为该不确定性循环的最后一个点。按顺序排列分别如下几项。

（1）稳定期间的增长（这是敏感度参数文件中规定的总增长值，参见下文）。

（2）不确定性循环数。

（3）食用期间非零营养细胞的食品数（总食品数当中＝此不确定性循环的可变性 _ 循环）。

（4）此不确定性循环的疾病数。

（5）如果检测到污染，则为此不确定性循环的病例数；这仅在"假设"情况下出现（参见下文）。

（6）此不确定性循环中热存食品的疾病数。

（7）程序开始到输出此行的计时器数值差值，单位为秒（注：计时器增加数最多为一天，然后又重新开始，所以运行超过一天可能出现负数；必须加上天数才能得到正确时间）。

如果不确定性 _ 循环被设置为超过 1，则在以"完成"指示最终结束之前，上述输出信息会继续，其中进一步不确定性循环会显示大于 1 的不确定性循环数。

E. 3. 2 输出文件，不确定性 _ 循环＝1

这是每行包含定位分隔的 ASCII 文本文件，每行由一个回车符隔开。就每次不确定性循环和稳定期间的增长值而言，首次输出每行时会带有以下 5 个数。

增长 稳定期间的增长，（这是敏感度参数文件中规定的总增长值，参见下文）。

非零 食用期间拥有非零营养细胞的不确定性循环的食品数。

♯中断 检测到的污染的食品数（以及摒弃的食品数）；这仅在"假设"情况下出现（参见下文）。

♯疾病 疾病数。

♯热保存 热保存食品的疾病数。

随后，会输出一行标题信息，然后出现一行该不确定性循环中出现的每种疾病信息。标题行是一组键值（被制表符分隔）。每条输出行中（每种疾病一行），会记录以下导致该疾病的食品信息（此列表左边键与该行输入的标题值输出信息相符）：

Randkey 随机键。为整数（目前为 0～$2^{64}-1$，以便在大部分试算储存表格范围之外进行准确记录）。可将此用于复制此具体输入（复制时需要对程序进行修改和重新编辑）。

类别 食品类别。

无 _ 香料 所上食品中无香料（对/错）。

营养细胞/肉食品最初包含源自肉类的营养细胞（对/错）。

（最初，此处和下文是指任何生产加热步骤之后和稳定之前）。

芽胞/肉 食品最初包含源自肉类的芽胞（对/错）。

营养细胞/香料食品最初包含源自香料的营养细胞（对/错）。

原始营养细胞 生产稳定期间生长前食品中的原始营养细胞数。

原始芽胞 稳定前食品中的原始芽胞数（稳定后也一样）。

营养细胞增长 稳定后食品中的营养细胞数。

零售温度 零售储存温度（℃）。

零售营养细胞 零售储存后食品中的营养细胞数。

零售芽胞 零售储存后食品中的芽胞数。

家用温度 家用储存温度（℃）。

家用营养细胞 家用储存后食品中的营养细胞数。

家用芽胞 家用储存后食品中的芽胞数。

热储存 热储存则对，其他则错。

烤箱　　　如果在烤箱内加热则对，其他则错。

冷食　　　如果冷食则对，否则错。

食用营养细胞　　　食用时食品的营养细胞数。

食用芽胞　　　食用时食品的芽胞数。

E. 3. 3　输出文件，不确定性 _ 循环＞1

这是每行包含定位分隔的 ASCII 文本文件，每行由一个回车符隔开。就每次不确定性循环和稳定期间的增长值而言，首次输出每行时会带有以下 5 个数。

增长　　　稳定期间的增长（这是敏感度参数文件中规定的总增长值，参见下文）。

非零　　　食用期间拥有非零营养细胞的不确定性循环的食品数。

♯中断　　　检测到的污染的食品数（以及摒弃的食品数）；这仅在"假设"情况下出现（参见下文）。

♯疾病　　　疾病数。

♯热保存　　　热保存食品的疾病数。

E. 3. 4　两种输出文件

输出文件可随时导入电子表格。就电子表格而言，接受默认值（利用数据/获取外部数据/导入文本文件）比较适用，除保留完整 Randkey 数值，需将该字段明确导入未文本之外，因为该字段包含的位数多于导入典型电子表格的数目。如果没有保留精确复制输出文件每行的容量的必要，那么未能明确将此地段作为文本导入就不重要。导入其他应用程序非常简单；指定一个定位分隔文件，若需要（及可能），将 Randkey 字段的字段类型设置为文本。

E. 4　修改输入值——敏感度参数

已按照 ASCII 文本文件（如 E. 2 所述，这些文件可以拥有任何名称且名称包括在控制文件中；为方便起见，它们的具体名称与控制文件范本一致）对暴露评估说明中所述的敏感度参数进行编码：

Init _ Germ _ fracs. dat

Sensitivity. dat

（使用两种文件的原因在于，就技术原因而言，会增加程序的速度）。两种文件的结构相同，其格式如下。

♯注释行以♯开头。忽略注释行和空行。

♯整个文件中注释行和空行可能比较分散。

♯文件的主要部分出现在关键字——值行。

♯必要时，存在许多此类关键字——值行。

♯关键字可以任何顺序出现。

关键字　　　值　　　♯忽略首个♯后出现注解

关键字　　　值

关键字　　　值

该行必须首先出现关键字（例外——参见下文增长关键字的矢量参数说明）。该行剩余部分包括在该行结尾或注释定界符（首个注释定界符之后的任何内容，♯、! 的任何一种或｛，忽略）终止的与该关键字相关的数值（例外——就规定矢量的关键字而言，接下来几行包含与该关键字相关的数值）。用任意空格数将数值与关键字分开。

E. 4. 1 Init ＿ Germ ＿ fracs. dat

此处包含 3 个关键字，这 3 个关键字必须都出现：

Max ＿ germ ＿ frac

First ＿ heat ＿ frac

No ＿ heat ＿ frac

Max ＿ germ ＿ frac 是常量，且默认值（格式为现行 control. dat 文件）为 0. 75。仅芽胞的最大部分才可能在两个加热步骤后开始发芽。此处可输入任何数字格式的 0 和 1 之间的单一值。应由用户确保单一值为 0～1。

First ＿ heat ＿ frac 和 No ＿ heat ＿ frac 是可变性分布。默认输入值为

First ＿ heat ＿ frac 三角 0. 05 0. 50 0. 75 0. 50

No ＿ heat ＿ frac 三角 0. 01 0. 05 0. 10 0. 05

（参加下文中如何指定广义函数）。

First ＿ heat ＿ frac 是 RTE 食品生产加热期间（致死率步骤）芽胞中被激活的部分。警告：应由用户确保此部分输入的任何广义函数中返回的数值在 [0，Max ＿ germ ＿ frac] 之间。

No ＿ heat ＿ frac 是在温和条件下芽胞中会发芽的部分。警告：应由用户确保此部分输入的任何广义函数中返回的数值在 [0，1] 之间。

E. 4. 2 Sensitivity. dat

此文件包含以下关键字，所有关键字必须都出现。

Growth

Second ＿ heat ＿ frac

Storage ＿ frac

Pre ＿ retail ＿ time

Category ＿ 1 ＿ cold

Oven ＿ fraction

Microwave ＿ heat ＿ time

Oven _ heat _ time

Hot _ holding _ fraction

Hot _ hold _ time triangular

Max _ Cell _ Density

Max _ Allowed _ conc Point 1e15 1/g! 需要单位

OverGrowthFraction 0.0! 常量

OverGrowthTemp Point 12 K! 可变性分布。需要单位

SpoiledMinConc 1e9 1/g! 需要单位；常量

SpoiledConc90 1e8 1/g! 需要单位；常量

提供的默认文件中的关键字及与关键字相关的数值如下所示。

增长矢量 7

0.5 点

1.0 点

1.5 点

2.0 点

2.5 点

3.0 点

3.5 点

关键字"增长"与可变性分布的矢量（列表）有关，一般设置为每步 0.5，0.5～3.5 的 7 点广义函数。程序执行期间，稳定过程的增长列表中的每次输入都要重复不确定性和可变性循环。关键字"矢量"必须出现在关键字"增长"之后，其后为此轮中需模拟的增长可变性分布数（可以是 1 以上的任何数字）。"增长"关键字行之后必须是每个可变性分布行。每行都描述稳定期间所需的以 10 为底的对数增长的可变性分布。广义函数（参见下文中的广义函数规范——一点广义函数的最佳数值即为单一点数值）的"最佳"数值即为屏幕上出现的及稳定期间此增长的输出文件中的数值。

Second _ heat _ frac 三角 0.0 0.5 1.0 0.5

RTE 生产后剩余的被二次加热步骤激活的热—激活芽胞部分。可变性分布。

Storage _ frac 三角 0.0 0.025 0.0.5 0.025

储存和运输期间发芽的芽胞部分。可变性分布。

Pre _ retail _ time 均匀 10 3020 d！注意需要单位。

所有类别的预零售储存时间。提供最后一个数值时需要单位。合格单位可以是标准时间单位的缩写（任何标准 MKS 倍数为 s，μ①，分钟、小时和天分别为 min、h 和 d，禁止加前缀）。

Category _ 1 _ cold 0.2！常量

1 类食品部分为冷食食品。常量。

Oven _ fraction 0.5！常量

---

① μ 由 u 代替，但在此应用中，没有必要使用微秒。

即食（RTE）食品和半熟食品于烤箱中加热，假设所有食品都已加热。常量。

Microwave _ heat _ time 均匀 1 10 5.5min！需要单位

微波炉加热时间的可变性分布。需要单位。合格单位可以是标准时间单位的缩写（任何标准 MKS 倍数为 s，分钟、小时和天分别为 min、h 和 d，禁止加前缀）。

Oven _ heat _ time 均匀 10 30 20min！需要单位

标准烤箱加热时间的可变性分布。需要单位。合格单位可以是标准时间单位的缩写（任何标准 MKS 倍数为 s，分钟、小时和天分别为 min、h 和 d，禁止加前缀）。

Hot _ holding _ fraction 0.01！常量。

1 类和 4 类食品的热保存部分。常量。

Hot _ hold _ time 三角 0.5 2 8 3h！需要单位

热保存时间的可变性分布。需要单位。合格单位可以是标准时间单位的缩写（任何标准 MKS 倍数为 s，分钟、小时和天分别为 min、h 和 d，禁止加前缀）。

Max _ Cell _ Density 对数常态 18.42 1.151 1e8 1/g

最大细胞密度的可变性分布，单位 CFU/g。此默认值为 $8\text{-}\log_{10}$，其中 SD 0.5 按照 $\log_{10}$ 比例。注意"对数常态"需要利用自然对数$=2.303 * \log_{10}$ 的输入值。合格单位可以是任何质量单位的倒数（例如，CFU/g，CFU/kg，CFU/lb 的单位可以是 1/g、1/kg、1/lb 等）。

关键字最后一组规定"假设"方案。

Max _ Allowed _ conc Point 1e15 1/g！需要单位

"假设"制造商能够检测出产气荚膜梭菌（所有类型，而非只是 A 类和 cpe-阳性或 cpe-阴性）并扔掉包含产气荚膜梭菌的某些浓度以上的食品。需要单位。此关键词描述可检测并摒除的浓度可变性分布。通过设置更大的数值（例如，此处指定的 10^{15} CFU/g）便可忽略该"假设"。

OverGrowthFraction0.0！常量

OverGrowthTemp Point12 K！可变性分布。需要单位

"假设"低温下一些其他生物体的生长速度比产气荚膜梭菌要更快，从而妨碍产气荚膜梭菌生长。这两个参数指定了其中能够生长生长速度被一些其他生物体（OverGrowthFraction)超过的产气荚膜梭菌的食品部分，以及可能出现这种情况的温度（OverGrowthTemp）条件。如果 OverGrowthFraction 设置为 0，则可忽略该"假设"。（应由用户确保该部分少于一）。就 OverGrowthTemp 而言，需要单位（兰金刻度为 R，或华氏温度为 F，都是合格[①]的选项；但 OverGrowthTemp 指定了 0℃或 32℉的温差，非绝对温度）。

SpoiledMinConc 1e9 1/g！需要单位；常量

SpoiledConc90 1e8 1/g！需要单位；常量

"假设"消费者能够发现"腐坏"食品并将它们扔掉。这两个参数指定了发现所必需的最低产气荚膜梭菌浓度和发现概率增加至 90%（SpoiledMinConc）的浓度。2 个参

---

① 禁止用 C 替代摄氏度；MKS 单位制中，C 代表库伦，电量单位。

数都需要单位。假设发现概率为在 SpoiledMinConc 零以下，并按照以下公式增加至

$$p = 1 - \exp\left(1 - \ln(10)\,\frac{\ln(C/C_{\min})}{\ln(C_{90}/C_{\min})}\right)$$

$C_{\min} =$ SpoiledMinConc 以上，其中 C 为食品中产气荚膜梭菌的浓度，$C_{90} =$ SpoiledConc90，而 p 为发现食品为"腐坏"食品并将它们扔掉的概率。将 SpoiledConc90 设置为低于或等于 SpoiledMinConc，则可忽略该"假设"。

E.5　广义函数规范

广义函数规范也是按照关键字——值对归类，其中关键字是广义函数名称，而"数值"是数字顺序，后面可跟单位（如必要），作为广义函数的参数。此时广义函数存在以下关键字——值组。如上述关键字所述，除非明确需要，否则文件中的以下"单位"数值应留出空白（还可使用"无单位"数值）。该表后为进一步说明。

点数值单位

常态平均标准偏差首选单位

truncnormalabove　平均标准偏差高位首选单位

truncnormalbelow　平均标准偏差低位首选单位

truncnormalboth　平均标准偏差高位和低位首选单位

对数常态中值标准偏差首选单位

对数常态 2 平均算术标准偏差首选单位

trunclognormalabove　中值标准偏差高位首选单位

trunclognormalbelow　中值标准偏差高位首选单位

trunclognormalboth　中值标准偏差高位和低位首选单位

均匀高位和低位首选单位

loguniform　高位和低位首选单位

三角低位中断高位首选单位

指数衰变常数首选单位

gamma parmA parmB 首选单位

chisquared nu parmB 首选单位

beta parmA parmB parmC 首选单位

对数 AB 首选单位

威布尔阿尔法-贝塔首选单位

帕累托西塔-阿尔法首选单位

几何概率首选单位

Poisson 拉姆达首选单位

Pert 最小值、众数和最大值首选单位

Mass _ point 文件名

Piecewise _ linear 文件名

　　定义广义函数的行中的每次数值输入必须拥有数字，"单位"数值除外。即所有数值，包括"首选"输入在数据文件中必须拥有一个相应的数字。

　　"首选"一般相当于广义函数的输出"首选"数值。该输入在此应用中被用于指不确定性广义函数的最大可能性估量值，因此应该将其设置为任何指定不确定性的广义函数的最大可能性估量（MLE）值。就指定可变性的广义函数而言，通常不使用该数值（例外：该数值被用于描述稳定期间出现的屏幕和输出文件中的生长广义函数），但输入文件中可提供一些输入值。敏感度参数文件中仅包括可变性分布——这些参数的不确定性广义函数未知。

　　"单位"是指给出的（一个或多个）数值的单位。单位被指定为规定 MKS 或英制单位（例如，m/s、kg、km-s/Mg-mol）的字符串。单位说明符（如 m、kg、mol）被连字符分开，而单个/可能用于区分。所有出现在任何/之前的单位说明符都是倍增的，且任何/后面的所有说明符都有反乘方。任何单位说明符后面都可跟上单位数，指明该单位的乘方。MKS 单位说明符前面可跟任何标准 MKS 乘数字符（atto、femto、pico、nano、micro、milli、centi、deci、hecto、kilo、mega、giga、tera、peta 和 exa 分别用 a、f、p、n、u、m、c、d、h、k、M、G、T、P 和 E 表示 -18、-15、-12、-9、-6、-3、-1、$+2$、$+3$、$+6$、$+9$、$+12$、$+15$ 和 $+18$ 的小数乘方；u 对于 micro 来说属于非标准，但却是最接近希腊字母 μ 的）。总共处理了 7 种尺寸（质量、长度、时间、电流、温度、物质量和照度）；基本 MKS 单位分别是米（m）、千克（kg）、安培（A）、开尔文（K）、摩尔（mol）和坎德拉（cd）。单位说明符都区分大小写（大写字母通常指与小写字母不同的意思）。

　　所有需要尺寸值的输入必须跟上一个单位串，指明提供数值的单位。标准单位转换是自动的。

　　与单位不同的是关键字不区分大小写。

　　Mass_point 和 Piecewise_linear 是特殊情况。

　　其他数值输入为广义函数的参数。大部分都不需加以说明并在下文中会进一步作指示。

　　点数值单位

　　数值＝点广义函数的单一值。注意这与常量不同——指定为常量的输入只能接受常量输入，而非点广义函数。指定为广义函数的输入可以接受点广义函数，以模拟常量值。点广义函数的首选值为点广义函数的单一值。

　　常态平均标准偏差首选单位

　　平均＝平均值

　　sd＝标准偏差

　　truncnormalabove　平均标准偏差高位首选单位

　　这是"高位"数值以上的舍位常态

　　平均值＝基本常态平均值

　　sd＝基本常态标准偏差

　　高位＝舍位点

truncnormalbelow　平均标准偏差低位首选单位

这是"低位"数值以下的舍位常态

平均值＝基本常态平均值

sd＝基本常态标准偏差

低位＝舍位点

truncnormalboth　平均标准偏差低位高位首选单位

这是数值以上和以下的舍位常态。参见上文中的定义。

对数常态中值标准偏差首选单位

中值＝对数转换值平均值

sd＝对数转换值标准偏差

对数常态 2 平均算术标准偏差首选单位

同上，为对数常态广义函数，但预置不同：

平均值＝广义函数的算术平均值

arithsd＝广义函数的算术标准偏差

舍位对数常态。虽然中值和标准偏差都处于转换空间，但舍位点处于算术空间，而非对数转换空间。

trunclognormalabove　中值标准偏差高位首选单位

trunclognormalbelow　中值标准偏差低位首选单位

trunclognormalboth　中值标准偏差低位高位首选单位

均匀低位高位首选单位

均匀分布的低位高位范围。

loguniform　低位高位首选单位

对数均匀分布的低位高位范围。

三角低位中断高位首选单位

三角分布的低位、高位和端点（＝众数）

指数衰变常数首选单位

衰变常数是指数的衰变常数。单位为"首选"单位，即 1/衰变常数单位。

gamma parmA parmB 首选单位

伽马分布，有两个参数。parmA 是形状参数，parmB 是比例参数。单位是比例参数单位。

chisquared nu parmB 首选单位

chisquared nu＝自由度，parmB 是比例参数。单位是比例参数单位。

beta parmA parmB parmC 首选单位

贝塔分布。parmC 按照比例排列 [0，1] 至 [0，parmC] 的输出且单位是比例参数单位。

对数 AB 首选单位。

对数分布。A 是位置参数，B 是比例。单位是比例参数单位。

威布尔阿尔法-贝塔首选单位

阿尔法是形状参数，贝塔是比例。单位是比例参数单位。

帕累托西塔-阿尔法首选单位

西塔是形状参数，阿尔法比例（最小可能的值）。单位是比例参数单位。

几何概率首选单位

没有可行缩放比例且没有单位。返回整数值。概率是指与此几何分布有关的概率。

Poisson 拉姆达首选单位

没有可行缩放比例且没有单位。返回整数值。拉姆达是指返回值的期望值。

Pert 最小值、众数和最大值首选单位

Pert 是移位贝塔分布的特殊情况。单位是最小值、众数和最大值单位。

Mass_point 文件名

Mass_point 分布包括任意数值数，每个数值与概率有关（概率总和为单一体）。该关键字要求将定义分布的文件名称指定为与该关键字有关的数值。该文件必须与包含关键字的文件处于同一目录中。定义分布的文件如下所示。

```
n        单位     ♯第 1 行
p1       v1       ♯第 1 对（第 2 行）
p2       v2       ♯第 2 对
………………
♯直至：
pn       vn       ♯第 n 对（第 n+1 行）
首选             ♯首选值（第 n+2 行）
```

任何一行都可以有如图所示的注释（前面加上♯、! 或 {）；注释行在整个文件中可能较分散；且注释行被完全忽略。n 是（数值、概率）对数目，而（p1，p2）和（p2，v2）便是（概率，数值）对子。"单位"是指定值的单位且如果数值无因次，单位可为空白。"首选"是分布返回值的首选值［此应用中应设置为最大可能性估量（MLE）值］。概率总和应为一，在千分之一以内（否则会导致错误出现，从而终止程序；概率必须随时被标准化至总和等于一，并在机器舍入误差范围内）。文件内单行的输入被任意空格数分开。

Piecewise_linear 文件名

Piecewise_linear 分布包括任意数值数和连续数值之间呈分段线性的累积分布。密度函数是指每对数值之间的统一值。该关键字要求将定义分布的文件名称指定为与该关键字有关的数值。该文件必须与包含关键字的文件处于同一目录中。定义分布的文件排列格式与 Mass_point 分布完全相同，但输入的意义不同。n 仍然是指指定点数，但（p1，p2）和（p2，v2）等则是定义累积分布的（概率，数值）对子。指定概率为累积概率，所以 $0=p1 \leqslant p2 \leqslant p3 \leqslant \cdots \leqslant pn=1$ 是必然的（如果这是错误的，则视为误差）且数字必须严格递增，即 $v1 < v2 < v3 < v4 < \cdots < vn$（而且如果这是错误的，则视为误差）。